建·筑·工·程
施工现场速成系列

建筑工程
施工
快速上手

吴 波 编著

化学工业出版社
·北京·

内 容 简 介

本书主要介绍了土建工程中各分部分项工程的施工步骤、施工做法、容易出现的问题、质量检验等内容，主要包括现场施工基本常识、土方工程施工、地基与基坑施工、桩基础施工、脚手架与垂直运输工程、地下结构防水施工、混凝土结构施工、砌体施工、屋面施工、装配式混凝土结构施工、装饰装修施工、季节性施工等内容。全书内容的编写主要针对刚入行的施工员和技术员，以贴近现场的实用知识和现场图片，将建筑工程施工现场技术讲述明白，达到快速上手、参考施工的目的。书中在介绍基本施工技术的同时，辅以丰富的现场经验总结和指导，并附有现场施工视频，让读者能够更为全面地了解现场施工技术。本书内容简明实用，图文并茂，实用性和实际操作性较强。

本书可作为建筑工程技术人员和管理人员的参考用书，也可作为土建类相关专业大中专院校师生的参考教材。

图书在版编目（CIP）数据

建筑工程施工快速上手/吴波编著．—北京：化学工业出版社，2022.3

（建筑工程施工现场速成系列）

ISBN 978-7-122-40531-9

Ⅰ.①建… Ⅱ.①吴… Ⅲ.①建筑工程-工程施工
Ⅳ.①TU74

中国版本图书馆 CIP 数据核字（2021）第 273164 号

责任编辑：彭明兰 　　　　　　　　文字编辑：冯国庆
责任校对：宋　夏 　　　　　　　　装帧设计：刘丽华

出版发行：化学工业出版社（北京市东城区青年湖南街 13 号　邮政编码 100011）
印　　刷：北京京华铭诚工贸有限公司
装　　订：三河市振勇印装有限公司
787mm×1092mm　1/16　印张 16¼　字数 435 千字　2022 年 4 月北京第 1 版第 1 次印刷

购书咨询：010-64518888 　　　　　　售后服务：010-64518899
网　　址：http://www.cip.com.cn
凡购买本书，如有缺损质量问题，本社销售中心负责调换。

定　　价：78.00 元

作为一个实践性、操作性很强的专业技术领域，建筑工程行业在很多方面要求有理论依据的同时，更需要以实践经验为指导。如果对于现场实际操作缺乏一定的了解，即便理论知识再丰富，进入建筑施工现场后，往往也是"丈二和尚摸不着头脑"，无从下手。尤其对于刚参加工作的新手来说，理论知识与实际施工现场的差异，是阻碍他们快速适应工作岗位的第一道障碍。因此，如何快速了解并"学会"工作，是每个进入建筑行业的新人所必须解决的首要问题。为了解决如何快速上手工作这一问题，我们针对建筑工程领域最关键的几个基础能力和岗位，即图纸识图、现场测量、现场施工、工程造价这四个方面，力求通过简洁的文字、直观的图表，分别将这四个核心岗位应掌握的技能讲述得清楚明白，力求指导初学者顺利进入相关工作岗位。

本书主要介绍了土建工程中各分部分项工程的施工步骤、施工做法、容易出现的问题、质量检验等内容，主要内容包括现场施工基本常识、土方工程施工、地基与基坑施工、桩基础施工、脚手架与垂直运输工程、地下结构防水施工、混凝土结构施工、砌体施工、屋面施工、装配式混凝土结构施工、装饰装修施工、季节性施工等内容。全书内容的编写主要针对刚入行的施工员和技术员，以贴近现场的实用知识和现场图片，将建筑工程施工现场技术讲述明白，达到快速上手、参考施工的目的。在介绍基本施工技术的同时，辅以丰富的现场经验总结和指导，让读者能够更为全面地了解现场施工技术。

本书在编写过程中参考了有关文献和一些项目施工管理经验性文件，并且得到了许多专家和相关单位的关心与大力支持，在此表示衷心的感谢。

由于编者水平有限，尽管编者尽心尽力，反复推敲核实，但难免有不妥之处，恳请广大读者批评指正，以便做进一步的修改和完善。

编著者

2021 年 10 月

目录

第一章

现场施工基本常识

第一节　施工现场基础配套设施布置

1. 现场围挡构造

（1）砌体围挡

根据《施工现场临时建筑物技术规范》（JGJ/T 188—2009）的规定，砌体围挡的高厚比和强度应符合现行标准《砌体结构设计规范》（GB50003—2011）的规定。砌体围挡的结构构造应符合下列规定。

① 砌体围挡不应采用空斗墙浇筑方式。

② 砌体围挡厚度不宜小于 200mm，并应在两端设置壁柱，壁柱尺寸不宜小于 370mm×490mm，壁柱间距不应大于 5.0m，如图 1-1 所示。

③ 单片砌体围挡长度大于 30m 时，宜设置变形缝，变形缝两侧均应设置端柱。

④ 围挡应有防雨水渗透措施。

⑤ 墙体间设置拉结钢筋，拉结钢筋直径不应小于 6mm，间距不应大于 500mm，伸入两侧墙内的长度均不应小于 1000mm。

⑥ 砌体围挡适用于施工工期较长的项目。

⑦ 围墙砖柱宜内向凸出，便于外墙面布置。

（2）彩钢金属围挡

① 市区主要路段的工地应设置高度不小于 2.5m 的封闭围挡。

② 一般路段的工地应设置不小于 1.8m 的封闭围挡。

③ 围挡应坚固、稳定、整洁、美观。

根据《施工现场临时建筑物技术规范》（JGJ/T 188—2009）的规定，围挡宜选彩钢板、砌体等硬质材料搭设，并应保证施工作业人员和周边行人的安全。彩钢板围挡应满足下列规定。

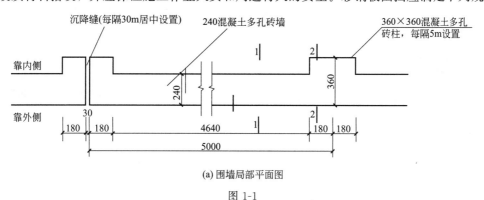

(a) 围墙局部平面图

图 1-1

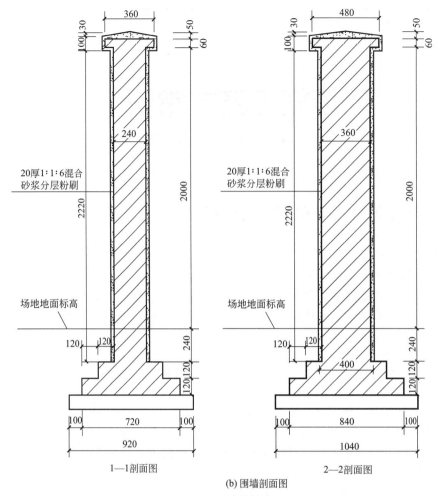

1—1剖面图　　　2—2剖面图

(b) 围墙剖面图

图 1-1　围墙的做法

① 围挡的高度不宜超过 2.5m。

② 当高度超过 1.5m 时，宜设置斜撑，斜撑与水平地面的夹角宜为 45°。

③ 立杆间距不宜大于 3.6m。

④ 横梁与立柱之间应采用螺栓可靠连接。

⑤ 围挡应有抗风措施。

临时围挡做法如图 1-2 所示。

① 彩钢金属围挡适用于施工工期较短的项目。

② 围挡立柱应采用膨胀螺栓牢靠固定于地面。

2. 公示标牌

(1) 七牌二图

① 大门口处应设置公示标牌，主要内容应包括工程概况牌、工程建设目标牌、安全生产牌、文明施工牌、消防保卫牌、项目管理网络牌、安全无事故牌、施工现场平面布置图、消防平面布置图等。

② 各图牌高宽比为 3∶2，一般尺寸高度宜为 1.2m、宽度宜为 0.8m，外径下沿离地高度宜为 0.7m。

③ 办公区：设置在醒目的位置处。施工区：设置在场内主出入口醒目处（带钢架）或

扫码看视频

消防井施工

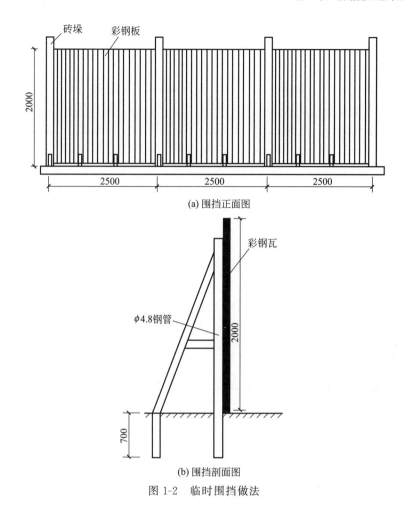

(a) 围挡正面图

(b) 围挡剖面图

图 1-2 临时围挡做法

设置在围墙上（不带钢架）。

（2）宣传标语

① 非特殊要求时，项目统一按如图 1-3 所示样式制作标语，蓝底白字。

② 横幅常规尺寸宽度为 1m，长度为 10m、15m、20m。根据现场实际情况选用。

③ LOGO（商品标志）高度为 600mm，字高 1800pt。如需要大尺寸时应按比例设计。

细节决定成败   安全重于泰山

重视合同 规范运作 确保质量 信誉承诺

图 1-3 宣传标语

（3）安全镜

① 在工人上岗的必经之路应设置安全镜。上岗前，安全管理人员应在安全镜旁检查工人是否做到着装整齐且防护用具佩戴齐备。

② 支架宜采用不锈钢材质。

（4）宣传栏

宣传栏尺寸为 2400mm×2000mm，材质要求采用不锈钢，底部采用膨胀螺栓固定立柱。

3. 施工场地

（1）车辆冲洗设施

施工区主干道一侧设置自动洗车台，出厂车辆应按指示牌经过洗车池，进行第一次水清洗，然后经过红外线感应设备，进入自动洗车台，车辆冲洗

扫码看视频

场地道路施工

完成后驶离，洗车设备自动关闭。废水流进沉淀池，经过三级沉淀后，通过循环水处理系统后再使用，以达到节水的目的。

（2）施工场地道路硬化

① 主要道路混凝土厚度不低于 200mm，混凝土强度等级不低于 C30。

② 其他硬化路面混凝土厚度不低于 150mm，混凝土强度等级不低于 C15。

（3）施工场地吸烟室、饮水室

① 施工现场应设置吸烟室、饮水室，严禁在施工区域内吸烟。

② 饮水室应设置密封式保温桶，保温桶应加盖加锁，保持卫生、清洁。

③ 室内配备座椅、直饮水机、洗手池、灭烟架等。

（4）花坛

① 绿化施工前应绘制绿化平面布置图。

② 办公区应在适当位置布置花坛（如办公楼前、旗杆两侧）。办公楼前花坛尺寸应视现场场地大小确定，宽度宜不小于 1m，花坛间人行通道宜不小于 1.3m。

③ 花坛可采用混凝土、砖砌或栅栏式。如使用栅栏式，栅栏可采用废旧模板自制。

④ 栅栏背横楞、立柱为蓝色，竖楞为白色。

⑤ 砖砌或混凝土花坛涂刷油漆。

第二节　施工现场临时建筑以及设施布置

1. 材料管理

① 材料标识牌尺寸为 300mm×400mm，材料标识牌应标明材料名称、生产厂家、型号、炉批号、进场时间、进场数量、检验状态、检验时间。

② 建筑材料、构件、料具应按总平面布局进行码放。

③ 施工现场材料码放应有防火、防腐蚀、防雨等措施。

④ 建筑物内施工垃圾的清运，应采取器具或管道运输，严禁随意抛掷。

⑤ 易燃易爆物品应分类储存在专用库房内，并应制定防火措施。

2. 现场防火

根据《建设工程安全生产管理条例》有关规定，施工单位应当在施工现场建立消防责任制度，确定消防责任人，制定用火、用电、使用易燃易爆材料等各项消防安全管理制度和操作规程，设置消防通道、消防水源，配备消防设施和灭火器材，并在施工现场入口处设置明显标志。

① 施工现场应建立消防安全管理制度、制定消防措施。

② 施工现场临时用房和作业场所的防火设计应符合规范要求。

③ 施工现场应设置消防通道、消防水源，并应符合规范要求。

④ 施工现场灭火器材应保证可靠有效，布局配置应符合规范要求。

《建设工程施工现场消防安全技术规范》（GB 50720—2011）有关规定如下。

① 施工现场应设置灭火器、临时消防给水系统和应急照明灯临时消防设施。

② 临时消防设施的设置应与在建工程的施工保持同步。对于房屋建筑工程，临时消防设施的设置与在建工程主体结构施工进度的差距不应超过 3 层。

③ 建筑高度大于 24m 或单体体积超过 30000m³ 的在建工程，应设置临时室内消防给水系统。

④ 建筑高度超过 100m 的在建工程，应在适当楼层增设临时中转水池及加压水泵。中转水池的有效容积不应少于 10m³，上下两个中转水池的高差不应超过 100m。

3. 现场办公与住宿

（1）办公区布置

① 设置在靠近施工现场所在地，步行时间不宜超过 3min，临时建筑与在建工程的最小安全距离不得小于 4m，客观条件不允许的按实际情况执行，但应采取相应的加强措施。

② 不应建造在易发生滑坡、坍塌、泥石流、山洪等危险地段和低洼积水区域，应避开水源保护区、水库泄洪区、濒险水库下游地段、强风口和危房影响范围，且应避免有害气体、强噪声等对临时建筑使用人员的影响。

③ 宜位于建筑的坠落半径和塔吊机械作业半径之外。当在河沟、高边坡、深基坑边时，应采取结构加强措施。

④ 不应占压原有的地下管线；不应影响文物和历史文化遗产的保护与修复。

⑤ 应与施工组织设计的总体规划协调一致，尽量减少现场的二次拆装。

⑥ 项目自建临时办公区及生活区用地的征地面积必须满足 $0.5 \leqslant$ 容积率（R）$\leqslant 1$ 的要求，临建用地紧张时容积率适当增大。容积率计算公式：$R =$ 临建用房总建筑面积/临建征（用）地面积。

（2）办公室平面设置

① 办公室室内净高不低于 2.8m，通道宽度不小于 1.0m，人均面积不少于 6m^2。

② 工地办公及生活区域应与施工作业区分隔设置，保持安全距离，办公及生活区域的建筑必须符合安全、防火、通风、采光及卫生要求。

③ 办公区应与生活区分隔，室内外高差不小于 0.3m，办公区室外地面硬化，注意保持办公环境的安全、清洁。

④ 办公室墙面按公司规定挂设有关管理人员岗位责任和安全、质量责任牌，项目经理室张挂项目管理体系表，安全生产、文明施工管理体系表，施工许可证。

⑤ 办公桌采用成品，统一采购配置。办公室平面布置图如图 1-4 所示。

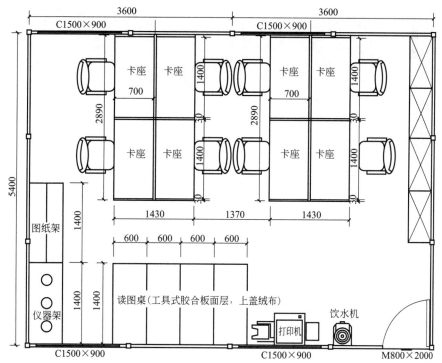

图 1-4　办公室平面布置图

（3）会议室平面布置

① 会议室在整体上应做到布局合理、干净整洁，宜设置成长方形，且面积不宜小于 40m²。会议室平面布置图如图 1-5 所示。

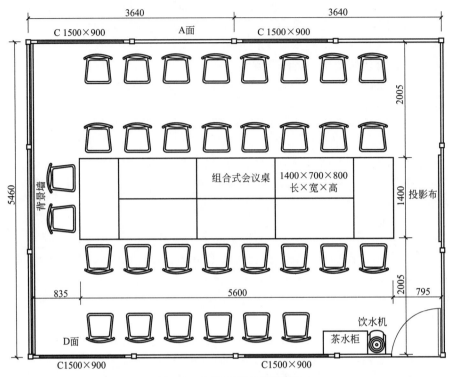

图 1-5　会议室平面布置图

② 会议室座椅配置要求简洁大方，座位数不少于 30 个，应配备音响、投影设备以及适量的绿化盆景，盆景高度以不遮挡对面人员脸部为宜。

③ 会议室正侧面应根据公司安全手册要求设置标志、企业精神以及项目部名称。

④ 会议室其他墙面应依次张挂企业方针、管理体系要素职能分配表（质量、环境及职业健康安全）、管理目标、项目组织机构图（党组织机构图）、管理网络图（安全生产管理、文明施工及质量管理）、领导小组（综合治理、卫生防疫及消防工作）。

（4）住宿区设置要求

① 不应建造在易发生滑坡、坍塌、泥石流、山洪等危险地段和低洼积水区域，应避开水源保护区、水区泄洪区、涉险水库下游地段、强风口和危房影响区域。

② 当活动房建造在河沟、高边坡、深基坑边时，应采取结构加固措施。

③ 生活区可以与办公区结合，集中布置，但必须采用相应的措施隔开。

④ 活动房选址与布局应与施工组织设计的总体规划协调一致，尽量减少现场的二次拆装。

⑤ 生活区要做好排水系统，且排水体系与总平面图排水系统统筹布置，应该排水畅通、无积水。

⑥ 生活用房宜集中建设，成组布置，并宜设置室外活动区域。

⑦ 生活区由职工宿舍、食堂、餐厅、洗衣房、盥洗池（间）、晒衣区、休息区及绿化等设施构成。住宿区布置图如图 1-6 所示。

（5）宿舍平面布置

① 工地宿舍必须由专人负责管理，宿舍区应挂有"宿舍管理制度""报警电话"。每间

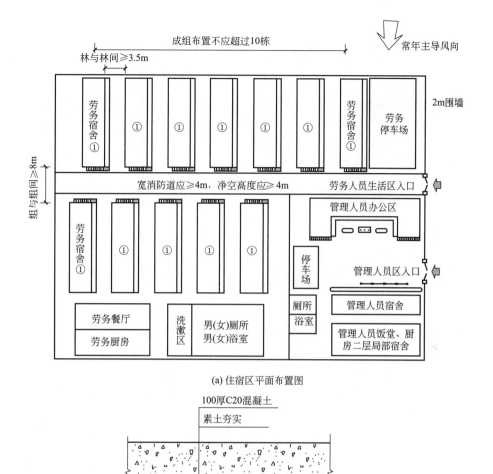

(a) 住宿区平面布置图

100厚C20混凝土
素土夯实

(b) 住宿区基础构造图

图 1-6 住宿区布置图

宿舍住宿人员不超过 10 人，有条件的项目可设置一定数量的亲情房。住宿人员名单应上墙，并设置保洁值日牌。宿舍区内设置必要的消防灭火器，并明确每间宿舍的治安防火负责人，工地必须使用双层铁床（颜色必须统一）。

② 配置木箱、搁物架、挂衣钩。室内生活用品做到"五线一方"（即工作服、安全帽、毛巾、餐具、鞋等排列成线，被盖折叠成方）。工地宿舍内不准使用通铺，不准用架料管搭设铺位，不准使用草垫和稻草，严禁卧床吸烟和随地乱扔烟头、果皮、纸屑。宿舍内保持清洁，无异味。生活区内划分专门区域，设置晾衣设施、工具间。卫生做到"一要干净、二要铺面平整、三要折叠被子、四要床下整洁、五要物品摆放有序"。

4. 生活设施

（1）食堂

① 食堂与厕所、垃圾站的距离不宜小于 15m，且不应设在污染源的下风侧，宜设置在主导风向的下风侧。食堂平面布置图如图 1-7 所示。

② 地面应硬化或铺防滑地砖，纱门纱窗齐全，有防蝇、防蚊、防鼠措施。

③ 窗户外侧安装不锈钢防盗网。

扫码看视频

消防管安放

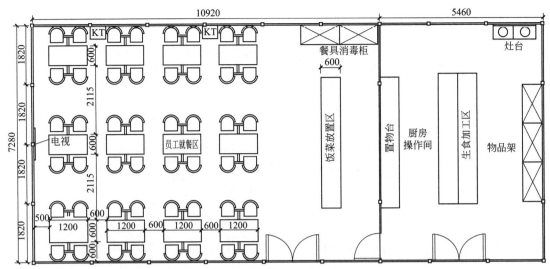

图 1-7　食堂平面布置图

④ 厨房灶具、烟道等高温部位应采取防火隔热措施。

⑤ 应设置独立的制作间、储存间，食品储存到离墙离地距离不小于 0.2m，门扇下方应设不小于 0.2m 的防鼠挡板。同时还应独立设置燃气罐存放间和更衣间。

⑥ 厨房应有排水沟、隔油池，要定期清理并做好记录。食堂外应设置密闭的泔水桶，做到及时清运，保持清洁。

⑦ 应配备必要的排风设施、消毒设施和冷藏设施，厨房和餐厅内应设有紫外线消毒灯管。

⑧ 各种食品、菜墩、案板、刀具、容器等应按生、熟分开，做好标识。做好食品 48 小时留样，并做好记录。

⑨ 食堂必须有卫生许可证，炊事人员必须持身体健康证上岗，并将卫生许可证和健康证在醒目位置公示。

⑩ 炊事员上岗时必须穿工作服，戴工作帽、口罩，保持整洁。

⑪ 有预防食物中毒的管理措施，有明确的岗位职责，定期对炊事人员进行安全卫生知识的学习和教育。设专人负责食堂的卫生管理，日常的清扫和消毒工作要有记录。

（2）卫生间

① 卫生间的地址力求合理、方便，大小应根据作业人员的数量设置。

② 卫生间应为水冲式，尽量采用节水型的冲水设备。

③ 卫生间地面应铺设防滑地砖，沟、池应采用面砖材料饰面。蹲位之间设置隔板，隔板高度不低于 0.9m，如图 1-8 所示。

④ 应设置化粪池对卫生间排污进行处理，未经处理污水不能排入市政管道。

⑤ 要建立卫生管理制度，应设专人清扫、消毒，保持清洁，无异味、无滋生。

（3）浴室

① 浴室应结合现场条件、施工高峰期人数等确定使用面积和淋浴喷头数量，淋浴喷头数量每 5 人至少有 1 个。浴室平面布置图如图 1-9 所示。

② 室内应设与浴室规模相适应的衣柜或挂衣架、凳子等设施。

③ 浴室应能正常开放、要建立浴室管理制度、应设专人清扫、消毒，保持清洁。

④ 应保证 24h 冷热水供应，排水、通风良好，管理制度上墙。

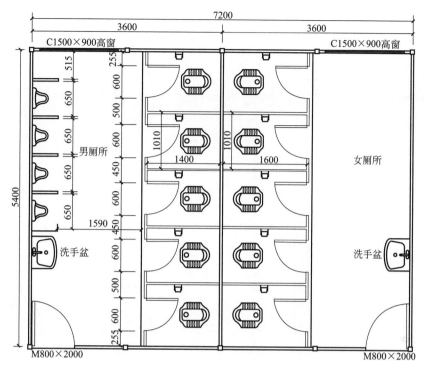

图 1-8　卫生间平面布置图

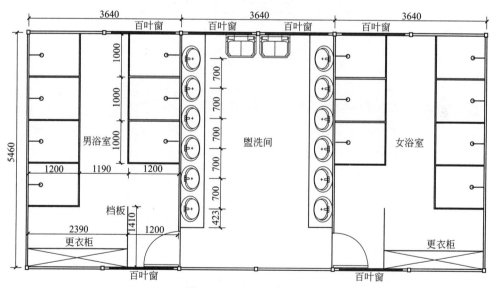

图 1-9　浴室平面布置图

⑤ 浴室的淋浴设备应尽量采用节水型淋浴器，浴室用水应尽可能重复利用于厕所冲洗。

⑥ 浴室应设换气扇、防爆灯，地面应有防滑措施。

（4）化粪池

① 化粪池的容积应按现场实际使用人数等情况，按照规范做计算设计。

② 采用 MU10 普通砖，M5 水泥砂浆砌筑，20mm 的 1:3 水泥砂浆抹面，防止渗漏。

③ 推荐使用成品化粪池（混凝土预制化粪池、玻璃钢化粪池）。

④ 现场可根据需要设置隔渣池。

（5）垃圾池

① 除设置垃圾收集池外，生活区、办公区应分散设置一定数量成品的分类垃圾桶，垃圾池构造图如图 1-10 所示。

② 洗漱区、食堂应设置成品密封泔水桶。

③ 生活区垃圾应安排人员专门负责，垃圾日产日清。

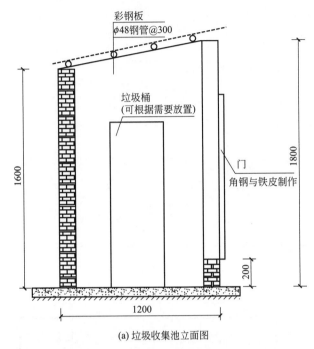

(a) 垃圾收集池立面图

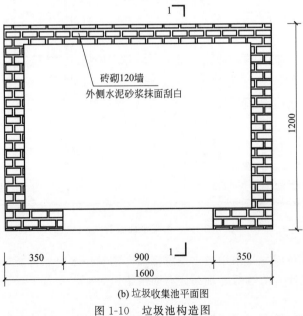

(b) 垃圾收集池平面图

图 1-10　垃圾池构造图

5. 封闭管理

（1）工地大门

① 门柱为钢结构主体架，模板打底，外封铝塑板。

② 门扇为折叠门、推拉门或电动伸缩门；当采用折叠门或推拉门时，门扇高 2000mm；上下各有 400mm 宽白条；应喷涂"××××××"字样，字号 3000pt。

③ 门楣：LOGO 高度为 800mm，分隔线高 800mm、宽 30mm。文字内容分为两排：上排为"××××××公司"，字号 1400pt，下排为"××××××建设项目"，字号 700pt。

（2）门卫室

① 门卫室位于大门的左侧或右侧。

② 外形设计应包括房檐、正面门窗及侧窗。

③ 房檐边缘部分、门窗外围及房体边角均刷 50mm 宽的蓝色带。房间若为铝合金材质，则保持其本色；若为普通材质，则为蓝檐、蓝脚；门上须悬挂或粘贴门牌。若室内有责任制度图牌，形式等同于办公室内图牌。

第三节 施工现场安全文明基本要求

1. 施工现场安全基本要求

（1）现场围护管理

① 市区主要路段的工地应设置高度不小于 2.5m 的封闭围挡。

② 市区一般路段的工地应设置高度不小于 2.2m 的封闭围挡。

③ 围挡应坚固、稳定、整洁、美观。

④ 施工现场进出口应设置大门，并应设置门卫值班室。

⑤ 应建立门卫职守管理制度，并应配备门卫职守人员。

⑥ 施工人员进入施工现场应佩戴工作卡。

⑦ 施工现场出入口应标有企业名称或标识，并应设置车辆冲洗设施。

（2）施工现场管理

① 施工现场的主要道路及材料加工区地面应进行硬化处理。

② 施工现场道路应畅通，路面应平整坚实。

③ 施工现场应有防止扬尘的措施。

④ 施工现场应设置排水设施，且排水通畅无积水。

⑤ 施工现场应有防止泥浆、污水、废水污染环境的措施。

⑥ 施工现场应设置专门的吸烟处，严禁随意吸烟。

⑦ 温暖季节应有绿化布置。

（3）材料管理

① 建筑材料、构件、料具应按总平面布局进行码放。

② 材料应码放整齐，并应标明名称、规格等。

③ 施工现场材料码放应采取防火、防锈蚀、防雨等措施。

④ 建筑物内施工垃圾的清运，应采用器具或管道运输，严禁随意抛掷。

⑤ 易燃易爆有毒有害物品应分类储藏在专用库房内，并应制定防火措施。

（4）现场办公与住宿管理

① 施工作业、材料存放区与办公、生活区应划分清晰，并应采取相应的隔离措施。

② 在施工程、伙房、库房不得兼做宿舍。

③ 宿舍、办公用房的防火等级应符合规范要求。

④ 宿舍应设置可开启式窗户，床铺不得超过 2 层，通道宽度不应小于 0.9m。

⑤ 宿舍内住宿人员人均面积不应小于 2.5m^2，且不得超过 16 人。

⑥ 冬季宿舍内应有采暖和防止一氧化碳中毒的措施。

⑦ 夏季宿舍内应有防暑降温和防蚊蝇措施。

⑧ 生活用品应摆放整齐，环境卫生应良好。

（5）现场防火管理

① 施工现场应建立消防安全管理制度，制定消防措施。

② 施工现场临时用房和作业场所的防火设计应符合规范要求。

③ 施工现场应设置消防通道、消防水源，并应符合规范要求。

④ 施工现场灭火器材应保证可靠有效，布局配置应符合规范要求。

⑤ 明火作业应履行动火审批手续，配备动火监护人员。

（6）综合治理管理

① 生活区内应设置供作业人员学习和娱乐的场所。

② 施工现场应建立治安保卫制度、责任分解落实到人。

③ 施工现场应制定治安防范措施。

（7）公示标牌管理

① 大门口处应设置公示标牌，主要内容应包括：工程概况牌、消防保卫牌、安全生产牌、文明施工牌、管理人员名单及监督电话牌、施工现场总平面图。

② 标牌应规范、整齐、统一。

③ 施工现场应有安全标语。

④ 应有宣传栏、读报栏、黑板报。

（8）生活设施管理

① 应建立卫生责任制度并落实到人。

② 食堂与厕所、垃圾站、有毒有害场所等污染源的距离应符合规范要求。

③ 食堂必须有卫生许可证，炊事人员必须持身体健康证上岗。

④ 食堂使用的燃气罐应单独设置存放间，存放间应通风良好，并严禁存放其他物品。

⑤ 食堂的卫生环境应良好，且应配备必要的排风、冷藏、消毒、防鼠、防蚊蝇等设施。

⑥ 厕所内的设施数量和布局应符合规范要求。

⑦ 厕所必须符合卫生要求。

⑧ 必须保证现场人员卫生饮水。

⑨ 应设置淋浴室，且能满足现场人员需求。

⑩ 生活垃圾应装入密闭式容器内，并应及时清理。

（9）社区服务管理

① 夜间施工前，必须经批准后方可进行施工。

② 施工现场严禁焚烧各类废弃物。

③ 施工现场应制定防粉尘、防噪声、防光污染等措施。

④ 应制定施工不扰民措施。

2. 施工现场人员安全行为基本要求

（1）施工现场对人员安全纪律的要求

① 按照作业要求正确穿戴个人防护用品，进入现场必须戴好安全帽，在没有防护设施的高空、悬崖和陡坡施工必须系好安全带，高处作业不得穿硬底和带钉易滑的鞋，不得往下投掷物料，严禁赤脚或穿高跟鞋、拖鞋进入施工现场。

② 热爱本职工作，努力学习，增强政治觉悟，提高业务水平和操作技能，积极参加安全生产的各种活动，提出改进安全工作的意见，做好安全生产。

③ 正确使用防护装置和防护设施，对各种防护装置、防护设施和警告、安全标志等不得随意拆除和随意挪动。

④ 遵守劳动纪律，服从领导和安全检查人员的指挥，工作时思想集中，坚守岗位，未经许可不得从事非本工种作业，严禁酒后上班，不得到禁止烟火的地方吸烟、动火。

⑤ 在施工现场行走要注意安全，不得攀登脚手架、井字架、龙门架和随吊盘上下。

⑥ 严格执行操作规程，不得违章指挥和违章作业，对违章作业的指令有权拒绝，并有责任制止他人违章作业。

（2）施工现场对人员安全生产的要求

① 自觉遵守安全生产规章制度，不进行违章作业。

② 要随时制止他人违章作业，积极参加有关安全生产的各种活动。

③ 主动提出改进安全工作的意见。

④ 爱护和正确使用机器设备、工具及个人防护用品。

⑤ 遵章守纪，做到"四不伤害"（即自己不伤害自己，自己不伤害他人，自己不被他人所伤害，保护他人不受伤害）。

（3）施工现场对上岗作业人员的要求

① 要求有高度的热情和强烈的责任感、事业心，热爱安全工作，且在工作中敢于坚持原则，秉公办事。

② 要求熟悉安全生产方针政策，了解国家及行业有关安全生产的所有法律、法规、条例、操作规程、安全技术要求等。

③ 要求熟悉工程所在地建筑管理部门的有关规定，熟悉施工现场各项安全生产制度。

④ 要求有一定的专业知识和操作技能，熟悉施工现场各道工序的技术要求，熟悉生产流程，了解各工种、各工序之间的衔接，善于协调各工种、各工序之间的关系。

⑤ 要求有一定的施工现场工作经验和现场组织能力，有分析问题和解决问题的能力，善于总结经验和教训，有洞察力和预见性，及时发现事故苗头并提出改进措施，对突发事故能够沉着应对。

⑥ 要求有一定的防火、防爆知识和技术，能够熟练地使用工地上配备的消防器材。懂得防尘防毒的基本知识，会使用防护设施和劳动保护用品。

⑦ 要求对工地上经常使用的机械设备和电气设备的性能及工作原理有一定的了解，对起重、吊装、脚手架、爆破等容易出事故的工种和工序应有一定程度的了解，懂得脚手架的负荷计算、架子的架设和拆除程序，土方开挖坡度计算和架设支撑，电气设备接零接地的一般要求等，发现问题能够正确处理。

⑧ 要求熟悉工伤事故调查处理程序，掌握一些简单的急救技术，懂得现场初级救生知识。

（4）施工现场对操作人员的要求

① 隐患未排除，有自己伤害自己、自己伤害他人、自己被他人伤害的不安全因素存在时，不盲目操作。

② 特殊工种人员、机械操作工未经专门安全培训，无有效安全上岗操作证，不盲目操作。

③ 新工人未经三级安全教育，复工换岗人员未经安全岗位教育，不盲目操作。

④ 新技术、新工艺、新设备、新材料、新岗位无安全措施，未进行安全培训教育、交底，不盲目操作。

⑤ 施工环境和作业对象情况不清，施工前无安全措施或作业安全交底不清，不盲目操作。

⑥ 脚手、吊篮、塔式起重机、井字架、龙门架、外用电梯、起重机械、电焊机、钢筋机械、木工平刨、圆盘锯、搅拌机、打桩机等设施设备和现浇混凝土模板支撑、搭设安装后，未经验收合格，不盲目操作。

⑦ 安全帽和作业所必需的个人防护用品不落实，不盲目操作。

⑧ 凡上级或管理干部违章指挥，有冒险作业情况时，不盲目操作。

⑨ 作业场所安全防护措施不落实，安全隐患不排除，威胁人身和国家财产安全时，不盲目操作。

⑩ 高处作业、带电作业、禁火区作业、易燃易爆作业、爆破性作业、有中毒或窒息危险的作业和科研实验等其他危险作业的，均应由上级指派，并经安全交底；未经指派批准、未经安全交底和无安全防护措施的，不得盲目操作。

（5）施工现场对动工人员的要求

① 严禁在无照明设施、无足够采光条件的区域、场所内行走、逗留。

② 不准从正在起吊、运吊中的物体下通过。

③ 不准在没有防护的外墙和外壁板等建筑物上行走。

④ 不准从高处往下跳或奔跑作业。

⑤ 不准站在小推车等不稳定的物体上操作。

⑥ 不准进入挂有"禁止出入"或设有危险警示标志的区域、场所。

⑦ 不得攀登起重臂、绳索、脚手架、井字架、龙门架和随同运料的吊盘及吊装物上下。

⑧ 未经允许不准私自进入非本单位作业区域或管理区域，尤其是存有易燃易爆物品的场所。

⑨ 不准在重要的运输通道或上下行走通道上逗留。

⑩ 不准无关人员进入施工现场。

（6）防止机械伤害的基本安全要求

① 机电设备运行时，操作人员不准将头、手、身伸入运转的机械行程范围内。

② 机电设备应完好，必须有可靠有效的安全防护装置。

③ 机电设备停电、停工休息时必须拉闸关机，按要求上锁。

④ 机电设备应做到定人操作，定人保养、检查；定机管理、定期保养；定岗位和岗位职责。

⑤ 机电设备不准带病运转。

⑥ 机电设备不准超负荷运转。

⑦ 机电设备不准在运转时维修保养。

⑧ 不懂操作的人员严禁使用和摆弄机电设备。

（7）防止车辆伤害的基本安全要求

① 机动车辆不得牵引无制动装置的车辆，牵引物体时物体上不得有人；人不得进入正在牵引的物与车之间；在坡道上牵引时，车和被牵引物下方不得有人作业和停留。

② 人员在场内机动车道应避免右侧行走，并做到不平排结队有碍交通；避让车辆时，应不避让于两车交会之中，不站于旁有堆物无法退让的死角。

③ 严禁翻斗车、自卸车车厢乘人，严禁人货混装，车辆载货应不超载、超高、超宽，捆扎应牢固可靠，应防止车内物体失稳跌落伤人。

④ 应坚持做好例保工作，车辆制动器、喇叭、转向系统、灯光等影响安全的部件如作用不良不准出车。

⑤ 车辆进出施工现场，在场内掉头、倒车，在狭窄场地行驶时应有专人指挥。

⑥ 现场行车进场要减速，并做到"四慢"，即道路情况不明要慢，线路不良要慢，起

步、会车、停车要慢，在狭路、桥梁弯路、坡路、岔道、行人拥挤地点及出入大门时要慢。

⑦ 乘坐车辆应坐在安全处，头、手、身不得露出车厢外，要避免车辆启动制动时跌倒。

⑧ 装卸车作业时，若车辆停在坡道上，应在车轮两侧用楔形木块加以固定。

⑨ 在临近机动车道的作业区和脚手架等设施周围，以及在道路中的路障应加设安全色标、安全标志和防护措施，并要确保夜间有充足的照明。

⑩ 未经劳动、公安交通部门培训合格持证人员，不熟悉车辆性能者不得驾驶车辆。

（8）防止触电伤害的基本安全要求

① 禁止在电线上挂晒物料。

② 在架空输电线路附近工作时，应停止输电，不能停电时，应有隔离措施，要保证安全距离，防止触碰。

③ 电气线路或机具发生故障时，应找电工处理，非电工不得自行修理或排除故障。

④ 使用振捣器等手持电动机械或其他电动机械从事湿作业时，要由电工接好电源，安装上漏电保护器，操作者必须穿好绝缘鞋、戴好绝缘手套后再进行作业。

⑤ 非电工严禁拆接电气线路、插头、插座、电气设备、电灯等。

⑥ 搬迁或移动电气设备必须先切断电源。

⑦ 禁止使用照明器烘烧、取暖，禁止擅自使用电炉和其他电加热器。

⑧ 搬运钢筋、钢管及其他金属物时，严禁触碰到电线。

⑨ 使用电气设备前必须要检查线路、插头、插座、漏电保护装置是否完好。

⑩ 电线必须架空，不得在地面、施工楼面随意乱拖，若必须通过地面、楼面时应有过路保护，物料、车、人不准压踏、碾磨电线。

（9）防止高处坠落、物体打击的基本安全要求

① 高处作业人员必须着装整齐，严禁穿硬塑料底等易滑鞋、高跟鞋，工具应随手放入工具袋。

② 进行悬空作业时，应有牢靠的立足点并正确系挂安全带。现场应视具体情况配置防护栏网、栏杆或其他安全设施。

③ 在进行攀登作业时，攀登用具结构必须牢固牢靠，使用必须正确。

④ 高处作业时，不准往下或向上乱抛材料和工具等物件。

⑤ 高处作业时，所有物料都应该堆放平稳，不可放置在临边或洞口附近，万不可阻碍通行。

⑥ 高处作业人员严禁相互打闹，以免失足发生坠落危险。

⑦ 高处拆除作业时，对拆卸下的物料、建筑垃圾都要加以清理和及时运走，不得在走道上任意乱置或向下丢弃，保持作业走道畅通。

⑧ 施工人员应从规定的通道上下，不得攀爬脚手架、跨越阳台，不得在非规定通道进行攀登、行走。

⑨ 各类手持机具使用前应检查，确保安全牢靠。洞口临边作业应防止物体坠落。

⑩ 各施工作业场所内，凡有坠落可能的任何物料，都应先行撤除或加以固定，拆卸作业要在设禁区、有人监护的条件下进行。

3. 施工现场危险源识别

（1）人的失误

人的失误会造成能量或危险物质控制系统故障，使屏蔽破坏或失效，从而导致事故发生。

人的失误是指人的行为结果偏离了被要求的标准，即没有完成规定功能现象。具体表现为不安全行为和管理失误两个方面。

① 不安全行为是指违反安全规则或安全原则，使事故有可能或有机会发生的行为，主要表现在以下几方面。

a.违反安全规则或安全原则包括违反法律、规程、条例、标准、规定，也包括违反大多数人都知道并遵守的不成文的安全原则，即安全常识。

b.不安全行为可以是本不应做而做了某件事，可以是本不应该这样做（应该用其他方式做）而这样做的某件事，也可以是应该做某件事但没做成。

c.有不安全行为的人可能是受伤害者，也可能不是受伤害者。

d.行为不安全的人，可以是他明知自己做的事是不安全的而非常谨慎地去做，也可以是不知道自己正在做的事是不安全的。

e.不能仅仅因为行为是不安全的就定为不安全行为，例如悬空高处作业或易燃易爆环境中的动火作业有明显的安全风险，然而这些安全风险通过采取适当的预防措施可以克服，因此这两种作业不应被认为是不安全行为，如果不采取合理的预防措施进行这两种作业，则应被认为是不安全行为。

② 施工现场安全生产保证体系管理是为了保证及时、有效地实现安全目标，在预测、分析的基础上进行策划、组织、协调、检查等工作是预防物的故障和人的失误的有效手段，其管理失误的分类见表1-1。

表 1-1　施工现场安全生产保证体系的管理失误

项目	内容
物的管理失误（技术原因）	物的管理失误主要包括技术、设计、结构上有缺陷；作业现场、作业环境的安排设置不合理等缺陷；防护用品缺少或有缺陷等
人的管理失误	人的管理失误主要包括教育、培训、指示、对施工作业任务和施工作业人员的安排等方面的缺陷或不当
其他管理失误	(1)对施工作业程序、操作规程和方法、工艺过程等的管理失误 (2)安全监控、检查和事故防范措施等方面的问题 (3)对工程施工和专项施工组织设计安全的管理失误 (4)对采购安全物资的管理失误

（2）物的故障

建筑工程施工现场的"物"，包括机械、设备、设施、系统、装置、工具、用具、物质、材料等，也包括厂房房屋。

根据物在事故产生中的作用，可分起因物和致害物两种。

① 起因物是指导致事故发生的物体或物质。

② 致害物是指直接与人体接触（或人体暴露于其中），而造成伤害及中毒的物体或物质。用于支撑人的任何表面一般也可认为是物，如楼板、作业平台等，当然也可以成为独立的事故起因物，除非该表面作为某物体技术上（设计上）的一部分。

物的故障是指机械设备、设施、系统、装置、元部件等在运行或使用过程中由于性能（含安全性能）低下而不能实现预定的功能（包括安全功能）的现象。不安全状态是存在于起因物上的，是使事故能发生的不安全的物体条件或物质条件。从安全功能的角度来说，物的不安全状态也是物的故障。在施工生产过程中，物的故障的发生是不可避免的，迟早都会发生。故障的发生具有随机性、渐进性或突发性，故障的发生是一种随机事件。故障发生的原因很复杂，可能是由于设计、制造缺陷造成的，也可能是由于安装、搭设、维修、保养、使用不当或磨损、腐蚀、疲劳、老化等原因造成的，还可能是由于认识不足、检查人员失误、环境或其他系统的影响等造成的。但故障发生的规律是可知的，通过定期检查、维修保养和分析总结可使多数故障在预定期间内得到控制（避免或减少）。掌握各类故障发生的规律和故障率是防止故障发生而造成严重后果的重要手段。

发生故障并导致事故发生的这种危险源，主要表现在：发生故障、误操作时的防护、保险、信号等装置缺乏或有缺陷，设备、设施在强度、刚度、稳定性、人机关系上有缺陷。例如超载限制或起升高度限位安全装置失效使钢丝绳断裂、重物坠落，围栏缺损、安全带及安全网质量低劣，为高处坠落事故提供了条件；电线和电气设备绝缘损坏、漏电保护装置失效造成触电伤人，短路保护装置失效又造成配电系统的破坏，空气压缩机泄压安全装置故障使压力进一步上升，导致压力容器破裂，通风装置故障使有毒、有害气体浸入作业人员呼吸道，有毒物质泄漏散发、危险气体泄漏爆炸，造成人员伤亡和财产损失等，都是物的故障引起的危险源。

（3）环境因素

人和物存在的环境，即施工生产作业环境中的温度、湿度、噪声、震动、照明或通风换气等方面的问题，会促使人的失误或物的故障发生。环境因素主要包括物理因素和化学因素两个方面，见表1-2。

表 1-2　环境因素

项目	内容
物理因素	物理因素包括噪声、震动、温度、湿度、照明、风、雨、雪、视野、通风换气、色彩等 任何一个物理因素都可能成为危险，例如噪声阻碍了工人之间沟通信息、互相示警，可能造成事故
化学因素	化学因素包括爆炸性物质、腐蚀性物质、可燃液体、有毒化学品、氧化物、危险气体等 化学性质的形式有液体、粉尘、气体、蒸气、烟雾、烟等 化学性质可通过呼吸道吸入、皮肤吸收、误食等途径进入人体

第二章

土方工程施工

第一节　基坑与基槽土石方工程量计算

扫码看视频

管沟开挖

1. 基坑土方量计算

基坑土方量可按几何中的拟柱体（由两个平行的平面做底的一种多面体）体积公式计算，如图 2-1 所示，即

$$V=\frac{H}{6}(A_1+4A_0+A_2)$$

式中　H——基坑深度，m；

A_1，A_2——基坑上下底面积，m^2；

A_0——基坑中截面的面积，m^2。

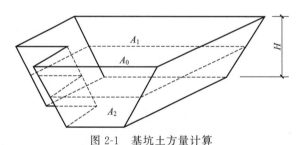

图 2-1　基坑土方量计算

2. 基槽土方量计算

基槽、管沟和路堤的土方量可以沿长度方向分段后，再用同样方法计算，如图 2-2 所示，即

$$V_1=\frac{L_1}{6}(A_1+4A_0+A_2)$$

式中　V_1——第一段的土方量，m^3；

L_1——第一段的长度，m。

将各段土方量相加，即得总土方量。

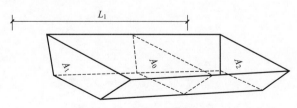

图 2-2　基槽土方量计算

$$V=V_1+V_2+\cdots+V_n$$

式中　$V_1 \sim V_n$——各分段的土方量。

第二节　场地平整的土石方工程量计算

1. 场地平整土方量计算

场地平整土方量的计算方法主要有方格网法、断面法和等高线法。

（1）方格网法

方格网法是将需平整的场地划分为边长相等的方格，分别计算出每个方格的土方量，最后汇总求出总土方量。方格网法计算的精确度较高，使用较为广泛。

① 划分场地。将场地划分成边长为 10～40m 的正方形方格网，通常以 20m 居多。再将场地设计标高和自然地面标高分别标注在方格角点的右上角和右下角，场地设计标高与自然地面标高的差值即为各角点的施工高度。将施工高度标注于角点上，然后分别计算每一方格的填挖土方量，并算出场地边坡的土方量。将挖方区或填方区所有方格计算的土方量和边坡土方量汇总，即得场地挖方量和填方量的总土方量。

各方格角点的施工高度为

$$h_{ij}=H_{ij}-H'_{ij}$$

式中　h_{ij}——该角点的施工高度（即填挖方高度），"＋"为填方高度，"－"为挖方高度，m；

　　　H_{ij}——该角点的设计标高，m；

　　　H'_{ij}——该角点的自然地面设计标高，m。

② 确定零线。当同一个方格的四个角点的施工高度均为"＋"或"－"时，说明该方格内的土方全部为填方或挖方；如果一个方格中一部分角点的施工高度为"＋"，而另一部分为"－"时，说明此方格中的土方一部分为填方，一部分为挖方。这时，要先确定挖、填方的分界线，称为零线。方格边线上的零点位置按下式计算。

$$X=\frac{ah_1}{h_1+h_2}$$

式中　h_1，h_2——相邻两角点填挖方的施工高度，h_1 为填方角点的高度，h_2 为挖方角点的高度，m；

　　　a——方格边长；

　　　X——零点所划分边长的数值。

③ 计算各方格土方量。全填或全挖方格土方量计算为

$$V=\frac{a^2}{4}(h_1+h_2+h_3+h_4)$$

式中　h_3——另一侧填方角点的高度，m；

　　　h_4——另一侧挖方角点的高度，m。

两挖两填方格土方量计算为

$$V=\frac{a^2}{4}\left(\frac{h_1^2}{h_1+h_4}+\frac{h_2^2}{h_2+h_3}\right)$$

三挖一填方格土方量的填方部分计算为

$$V_{填}=\frac{a^2}{6}\times\frac{h_4^3}{(h_1+h_4)(h_2+h_3)}$$

三挖一填方格土方量的挖方部分计算为

$$V_{挖} = \frac{a^2}{6}(2h_1 + h_2 + 3h_3 - h_4) + V_{填}$$

一挖一填方格土方量计算为

$$V = \frac{1}{6}a^2 h$$

④ 汇总。将以上计算的各方格的土方量和挖方区、填方区的土方量进行汇总后，就得到了场地平整的挖方量和填方量。

（2）断面法

断面法适用于地形起伏较大的地区，或者地形狭长、挖填深度较大、断面又不规则的地区，此方法虽计算简便，但是精确度较低。断面法计算步骤见表 2-1。常用断面面积计算公式见表 2-2。

表 2-1　断面法计算步骤

示意图	计算步骤
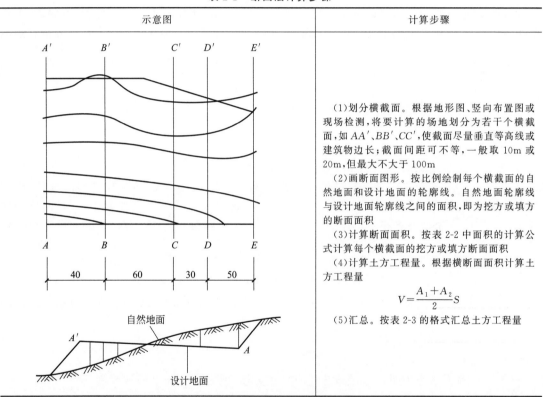	（1）划分横截面。根据地形图、竖向布置图或现场检测，将要计算的场地划分为若干个横截面，如 AA'、BB'、CC'，使截面尽量垂直等高线或建筑物边长；截面间距可不等，一般取 10m 或 20m，但最大不大于 100m （2）画断面图形。按比例绘制每个横截面的自然地面和设计地面的轮廓线。自然地面轮廓线与设计地面轮廓线之间的面积，即为挖方或填方的断面面积 （3）计算断面面积。按表 2-2 中面积的计算公式计算每个横截面的挖方或填方断面面积 （4）计算土方工程量。根据横断面面积计算土方工程量 $$V = \frac{A_1 + A_2}{2}S$$ （5）汇总。按表 2-3 的格式汇总土方工程量

表 2-2　常用断面面积计算公式

示意图	计算公式
	$$A = h(b + nh)$$

续表

示意图	计算公式
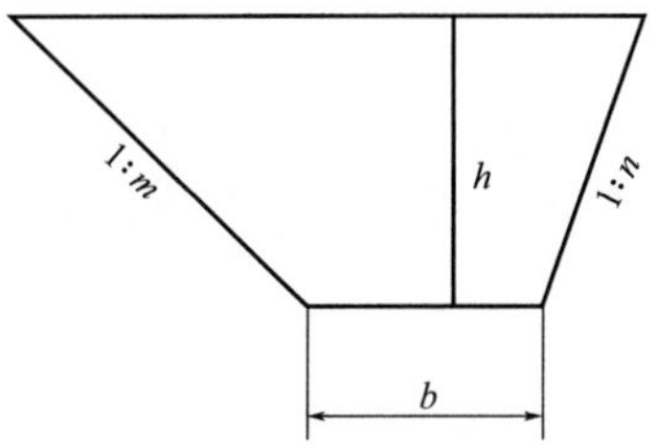	$A = h\left[b + \dfrac{h(m+n)}{2}\right]$
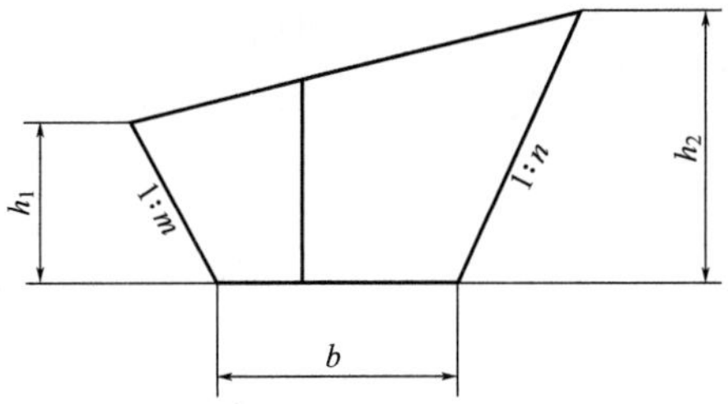	$A = b\dfrac{h_1 + h_2}{2} + nh_1 h_2$
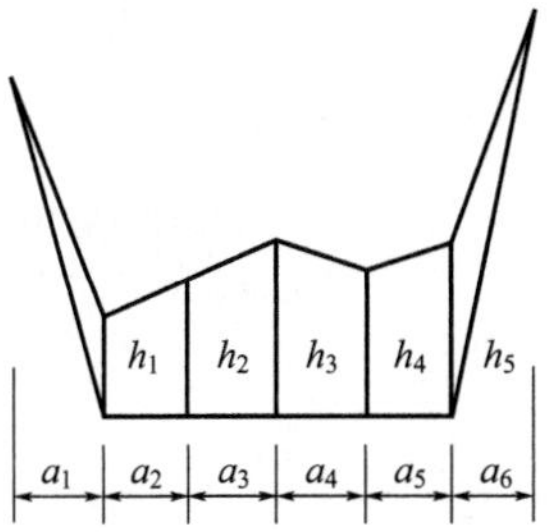	$A = h_1\dfrac{a_1 + a_2}{2} + h_2\dfrac{a_2 + a_3}{2} + h_3\dfrac{a_3 + a_4}{2} + h_4\dfrac{a_4 + a_5}{2} + h_5\dfrac{a_5 + a_6}{2}$
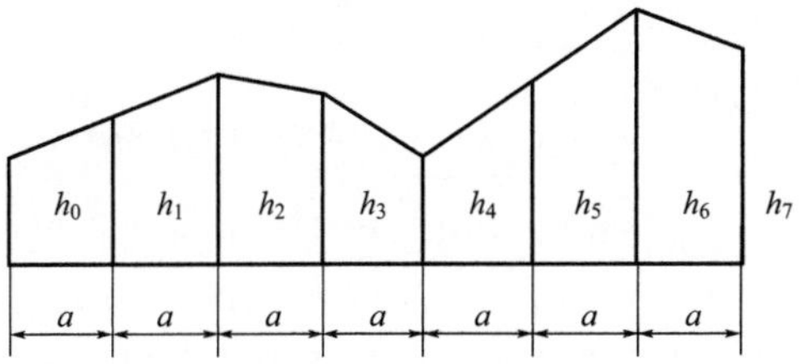	$A = \dfrac{a}{2}(h_0 + 2h + h_7)$ $h = h_1 + h_2 + h_3 + h_4 + h_5 + h_6$

表 2-3　土方量汇总

截面	填方面积 /m²	挖方面积 /m²	截面间距 /m	填方体积 /m³	挖方体积 /m³
$A-A'$					
$B-B'$					
$C-C'$					
合计					

（3）等高线法

等高线法适用于地形起伏特别大的地区，如盆地、山丘等。等高线法计算示意如图 2-3 所示。

首先在地形图内插出高程为 492m 的等高线，再求出 492m、495m、500m 三条等高线所围成的面积 A_{492}、A_{495}、A_{500}，即可算出每层土石方的挖方量，挖方量为

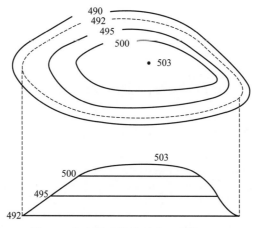

图 2-3 等高线法计算示意（单位：m）

$$V_{492\sim495}=\frac{1}{2}(A_{492}+A_{495})\times3$$

$$V_{495\sim500}=\frac{1}{2}(A_{495}+A_{500})\times5$$

$$V_{500\sim503}=\frac{1}{3}A_{500}\times3$$

则总的挖方量为

$$V_{总}=\sum V=V_{492\sim495}+V_{495\sim500}+V_{500\sim505}$$

式中 $V_{总}$——492m、495m、500m 三条等高线围成区域的土方挖方量；

$V_{492\sim495}$——492m、495m 两条等高线围成区域的土方挖方量；

$V_{495\sim500}$——495m、500m 两条等高线围成区域的土方挖方量；

$V_{500\sim505}$——500m、505m 两条等高线围成区域的土方挖方量。

2. 边坡土方量的计算

对于场地平整、修筑路基、路堑的边坡挖、填土方量计算，常用图算法。图算法是根据现场测绘，将要计算的地形图分为若干个几何形体，如图 2-4 所示。从图 2-4 中可看出，图形为三角棱体和三角棱柱体，再按下列公式计算体积，最后将分段的结果相加，求出边坡土方的挖、填方量。

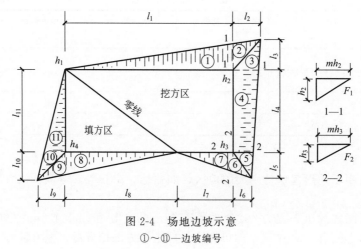

图 2-4 场地边坡示意

①～⑪—边坡编号

边坡三角棱体体积为

$$V_1 = \frac{F_1 l_1}{3}$$

其中

$$F_1 = \frac{h_2(h_2 m)}{2} = \frac{m h_2'^2}{2}$$

式中　l_1——边坡①的长度，m；

　　　F_1——边坡①的端面积，m^2；

　　　h_2——角点的挖土高度，m；

　　　m——边坡的坡度系数。

边坡三角棱柱体体积为

$$V_4 = \frac{(F_1 + F_2) l_4}{2}$$

式中　V_4——边坡④三角棱柱体体积，m^3；

　　　l_4——边坡④的长度，m。

扫码看视频

沟机倒运土方

第三节　土方开挖

　　土方开挖是工程初期甚至施工过程中的关键工序。在施工前，需根据工程规模和特性，地形、地质、水文、气象等自然条件，施工导流方式和工程进度要求，施工条件以及可能采用的施工方法等，研究选定开挖方式。常用的方法有人工挖基坑（槽）和机械挖基坑（槽）。

1. 人工挖基槽基坑

　　人工挖基槽基坑的示意和现场照片分别见图2-5及图2-6。

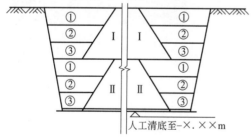

图2-5　人工挖基槽示意

①～③—开挖顺序

图2-6　人工挖基槽现场照片

📖 **知识拓展**

- -

人工开挖

　　使用锹镐、风镐、风钻等简单工具，配合挑抬或者简易小型的运输工具进行作业，适用于小型建筑工程。开挖时应注意：距槽边600mm挖200mm×300mm明沟，并有0.2%的坡度，排除地面雨水。

（1）人工开挖施工工艺流程

人工开挖的方法及内容如下。

① 开挖浅的条基，如不放坡时，应先沿灰线直边切除槽轮廓线，然后自上而下分层开挖。每层深500mm为宜，每层应清理出土，逐步挖掘。

② 在挖方上侧弃土时，应保证边坡和直立壁的稳定，抛于槽边的土应距槽边1m以外。

③ 在接近地下水位时，应先完成标高最低处的挖方，以便在该槽处集中排水。

④ 挖到一定深度时，测量人员及时测出距槽底500mm的水平线，每条槽端部开始，每隔2～3m在槽边上钉小木橛。

⑤ 挖至槽底标高后，由两端轴线引桩拉通线，检查基槽尺寸，然后修槽清底。

⑥ 开挖放坡基槽时，应在槽帮中间留出800mm左右的倒土台。

（2）严禁超挖

发生超挖后，不得随意填平，须经设计处理。

（3）桩群上开挖

桩群上开挖，应在打完桩间隔一段时间后对称开挖。

（4）减少对基底扰动

尽量减少对基底的扰动，如不及时施工，应在基底标高以上留300mm的土层待以后开挖。

扫码看视频

基槽开挖

2. 机械挖基坑（槽）

机械挖基坑（槽）的示意和现场照片分别见图2-7及图2-8。

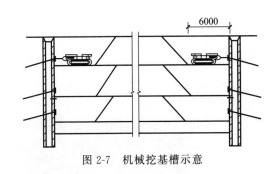

图2-7　机械挖基槽示意

图2-8　机械挖基槽现场照片

📚 知识拓展

机械挖基坑（槽）

大中型建筑工程的土石方开挖，多用机械施工。机械开挖常用的机械有：单斗挖掘机或多斗挖掘机；铲运机械，如推土机、铲运机和装载机。开挖时应注意基底保护：基坑（槽）开挖后应尽量减少对基土的扰动。如果基础不能及时施工时，可在基底标高以上预留300mm土层不挖，待做基础时再挖。

（1）测量控制网布设

① 标高误差和平整度标准均应严格按规范标准执行。机械挖土接近坑底时，由现场专职测量员用水平仪将水准标高引测至基槽侧壁。然后随着挖土机逐步向前推进，将水平仪置于坑底，每隔4～6m设置一个标高控制点，纵横向组成标高控制网，以准确控制基坑标高。最后一步土方挖至距基底150～300mm位置，所余土方采用人工清土，以免扰动基底的老土。

② 测量精度的控制及误差范围见表 2-4。

表 2-4　测量精度的控制及误差范围

测量项目	测量的具体方法及误差范围
测角	采用三测回,测角过程中误差控制在 2″以内,总误差在 5mm 以内
测弧	采用偏角法,测弧度误差控制在 2″以内
测距	采用往返测法,取平均值
量距	用鉴定过的钢尺量测,并进行温度修正,轴线之间偏差控制在 2mm 以内

③ 对地质条件好、土(岩)质较均匀、挖土高度在 5～8m 以内的临时性挖方的边坡,其边坡坡度可按表 2-5 取值,但应验算其整体稳定性并对坡面进行保护。

表 2-5　临时性挖方边坡值

土的类别		边坡值
砂土(不包括细砂、粉砂)		(1∶1.25)～(1∶1.50)
一般性黏土	硬	(1∶0.75)～(1∶1.00)
	硬、塑	(1∶1.00)～(1∶1.25)
	软	1∶1.50 或更缓
碎土	充填坚硬、硬塑黏性土	(1∶0.50)～(1∶1.00)
	充填砂石	(1∶1.00)～(1∶1.50)

(2) 分段、分层均匀开挖的方法

分段、分层均匀开挖应按以下操作进行。

① 当基坑(槽)或管沟受周边环境条件和土质情况限制无法进行放坡开挖时,应采取有效的边坡支护方案,开挖时应综合考虑支护结构是否形成,做到先支护后开挖,一般支护结构强度达到设计强度的 70% 以上时,才可继续开挖。

② 采用挖土机开挖大型基坑(槽)时,应从上而下分层分段,按照坡度线向下开挖,严禁在高度超过 3m 或在不稳定土体之下作业,但每层的中心地段应比两边稍高一些,以防积水。

③ 在挖方边坡上如发现有软弱土、流砂土层时,或地表面出现裂缝时,应停止开挖,并及时采取相应补救措施,以防止土体崩塌与下滑。

在开挖过程中,应随时检查槽壁和边坡的状态。深度大于 1.5m 时,根据土质变化情况,应做好基坑(槽)或管沟的支撑准备,以防坍陷。

④ 开挖基坑(槽)和管沟,不得挖至设计标高以下,如不能准确地挖至设计基底标高时,可在设计标高以上暂留一层土不挖,以便在抄平后,由人工挖出。

⑤ 暂留土层:用铲运机、推土机挖土时,应大于 200mm;挖土机用反铲、正铲和拉铲挖土时,大于 300mm 为宜。

(3) 修边、清底

① 放坡施工时,应人工配合机械修整边坡,并用坡度尺检查坡度。

② 在距槽底设计标高 200～300mm 槽帮处,抄出水平线,钉上小木橛,然后用人工将暂留土层挖去。同时由两端轴线(中心线)引桩拉通线(用小线或钢丝),检查距槽边尺寸,确定槽宽标准。以此修整槽边,最后清理槽底土方。

③ 开挖基坑(槽)的土方,在场地有条件堆放时,一定留足回填需用的好土;多余的土方,应一次运走,避免二次搬运。

（4）防止基底超挖

开挖基坑（槽）、管沟不得超过基底标高，一般可在设计标高以上暂留一层300mm的土不挖，以便经抄平后由人工清底挖出。如个别地方超挖时，其处理方法应取得设计单位同意。

（5）防止施工机械下沉

施工时必须了解土质和地下水位情况。推土机、铲土机一般需要在地下水位0.5m以上推铲土；挖土机一般需在地下水位0.8m以上挖土，以防机械自身下沉。正铲挖土机挖方的台阶高度，不得超过最大挖掘高度的1.2倍。

第四节　土方回填

1. 回填土分层摊铺

① 回填土前应检验土料质量（图2-9）、含水量是否在控制范围内。土料含水量一般以手握成团、落地开花为适宜。当含水量过大时，应采取翻松、晾干、风干、换土回填、掺入干土或其他吸水性材料等措施，防止出现"橡皮土"。

图2-9　土料质量检验照片

📚 **知识拓展**

土料质量检验

以砾石、卵石或块石作为填料，分层夯实时其最大粒径不应大于400mm；分层压实时，其最大粒径不应大于200mm。碎块草皮和有机质含量大于8%的土，仅用于无压实要求的填方。

② 基底处理。

a. 场地回填时应先清除基底上的垃圾、草皮、树根，排除坑穴中积水、淤泥和杂物，并应采取措施防止地表滞水流入填方区，浸泡地基，造成基土下陷。

b. 当填方基底为耕植土或松土时，应将基底充分夯实或碾压密实。

c. 当填方位于水田、沟渠、池塘或含水量很大的松散地段，应根据具体情况采取排水疏干，或将淤泥全部挖除换土、抛填片石、填砂砾石、翻松、掺石灰等措施进行处理。

d. 当填土场地地面陡于1/5时，应先将斜坡挖成阶梯形，阶高0.2～0.3m，阶宽大于1m，然后分层填土，以利结合和防止滑动。

③ 回填土应分层摊铺（图2-10）和夯压密实（图2-11），每层铺土厚度和压实遍数应根据土质、压实系数和机具性能而定。一般铺土厚度应小于压实机械压实的作用深度，应能使土方压实而机械的功耗最少。

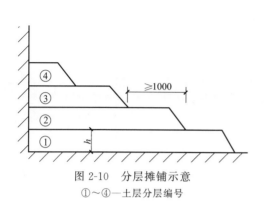

图 2-10　分层摊铺示意
①～④—土层分层编号

图 2-11　分层摊铺夯实照片

通常应进行现场夯（压）实试验确定。常用夯（压）实工具机械每层铺土厚度和所需的夯（压）实遍数参考数值见表 2-6。

表 2-6　填方每层铺土厚度和压实遍数

项次	压实机具	每层铺土厚度/mm	每层压实遍数/遍
1	平碾(8～120t)	200～300	6～8
2	羊足碾(5～160t)	200～350	6～16
3	蛙式打夯机(200kg)	200～250	3～4
4	振动碾(8～15t)	60～130	6～8
5	振动压路机(2t,振动力98kN)	120～150	10
6	推土机	200～300	6～8
7	拖拉机	200～300	8～16
8	人工打夯	不大于200	3-4

④ 填方时应在边缘设一定坡度，以保持填方的稳定。填方的边坡坡度根据填方高度、土的种类和其重要性，在设计中加以规定，当无规定时，可按表 2-7 采用。

表 2-7　永久性填方的边坡坡度

土的种类	填方高度/m	边坡坡度
黏土类土、黄土、类黄土	6	1:1.50
粉质黏土、泥灰岩土	6～7	1:1.50
中砂和粗砂	10	1:1.50
黄土或类黄土	6～9	1:1.50
砾石和碎石土	10～12	1:1.50
易风化的岩土	12	1:1.50

注：1. 当填方的高度超过本表规定的限值时，其边坡可做成折线形，填方下部的边坡应为 (1:1.75)～(1:2.00)。
2. 凡永久性填方，土的种类未列入本表者，其边坡坡度不得大于 $45°/2$，为土的自然倾斜角。
3. 对使用时间较长的临时性填方（如使用时间超过一年的临时工程的填方）边坡坡度，当填高小于 10m 时可采用 1:1.50；超过 10m 时可做成折线形，上部采用 1:1.50，下部采用 1:1.75。

⑤ 在地形起伏处填土，应做好接槎，修筑 1:2 阶梯形边坡，每个台阶可取高 500mm、宽 1000mm。分段填筑时，每层接缝处应做成大于 1:1.5 的斜坡。接缝部位不得在基础、

墙角、柱墩等重要部位。

⑥ 采用推土机填土时,应由下而上分层铺填,不得采用大坡度推土,以推代压,居高临下,不分层次和一次推填的方法。推土机运土回填,可采取分堆集中,一次运送方法,以减少运土漏失量。填土程序宜采用纵向铺填顺序,从挖土区段至填土区段,以 40~60m 距离为宜,用推土机来回行驶进行碾压,履带应重叠一半。

⑦ 采用铲运机大面积铺填土时,铺填土区段长度不宜小于 20m,宽度不宜小于 8m。铺土应分层进行,每次铺土厚度不大于 300~500mm;每层铺土后,利用空车返回时将地表面刮平,填土程序为一次横向或一次纵向分层卸土,以利行驶时初步压实。

⑧ 碾压机械压实填方时,应控制行驶速度,一般平碾、振动碾不超过 2km/h;羊足碾不超过 3km/h;并要控制压实遍数。碾压机械与基础或管道应保持一定距离,防止将基础或管道压坏或使其移位。

⑨ 用压路机进行填方压实,应采用"薄填、慢驶、多次"的方法。碾压方向应从两边逐渐压向中间,碾轮每次重叠宽度 150~250mm,边坡、边角边缘压实不到之处,应辅以人力夯或小型夯实机具夯实。碾压墙、柱、基础处填方,压路机与之距离不应小于 0.5m。每碾压一层完后,应用人工或机械(推土机)将表面拉毛,以利结合。

⑩ 用羊足碾碾压时,碾压方向应从填土区的两侧逐渐压向中心。每次碾压应有 150~200mm 的重叠,同时应随时清除粘于羊足之间的土料。为提高上部土层密实度,羊足碾压过后,宜再辅以拖式平碾或压路机压平。

 知识拓展

羊足碾的类型

羊足碾即碾压土体的机具。常用的羊足压路机按行走方式不同,分为拖式和自行式两种。

⑪ 如有地下水或滞水时,应在填土层四周设置排水沟和集水井,将水位降低。已填好的土层如遭水浸泡,应把稀泥铲除后,方能进行上层回填;填土区应保持一定横坡,或中间稍高两边稍低,以利排水;当天填土应在当天压实。

2. 回填土分层标高控制

回填土回填时采用水准仪控制(图 2-12)回填标高,当回填深度小于塔尺高度时将水准仪放置在坡边,利用坡上水准控制点进行控制。当回填深度大于塔尺高度时将水准仪放置在基坑内,利用护壁上的水准控制点进行控制。

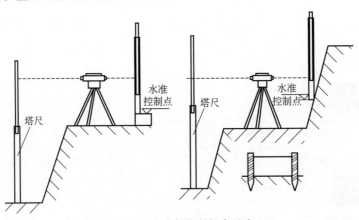

图 2-12 水准仪控制标高示意

知识拓展

水准控制

水准控制时应做到：减少传递，减少误差积累；细心，要经常性复核，以免出错。

3. 土方回填常见质量问题及解决方法

（1）回填土质量不合格

土方回填时常出现回填土质量不合格的现象，如图 2-13 所示。

原因：回填土常常不能引起施工单位的重视，普遍的问题是：分层过厚；夯实遍数不够，尤其边、角部位；土内含有杂物、垃圾等问题。

解决方法：在进行土方回填施工时，一定要严格把控回填土的质量。

① 宜优先选用基槽中挖出的土，但不得含有有机杂质。使用前应过筛，其粒径不大于 50mm，含水率应符合规定。

② 石屑中不应含有有机杂质。

③ 碎块草皮和有机质含量大于 8% 的黏性土，仅能用于无压实要求的填料。

图 2-13　回填土中垃圾较多

④ 淤泥和淤泥质土一般不能用作填料，但在软土或沼泽地区，经处理后含水率符合压实要求的，可用于填方中的次要部位。

⑤ 含有机质的生活垃圾土、流动状态的泥炭土和有机质含量大于 8% 的黏性土等，不得用作填方材料。

⑥ 回填土下沉：因虚铺土超过规定厚度或冬期施工时有较大的冻土块，或夯实不够遍数，甚至漏夯，基底有机物或树根、落土等杂物清理不彻底等原因，造成回填土下沉。为此，应在施工中认真执行规范的有关规定，并要严格检查，发现问题及时纠正。

⑦ 回填土夯压不密实：应在夯压时对干土适当洒水加以润湿；如回填土太湿同样夯不密实呈"橡皮土"现象，这时应将"橡皮土"挖出，重新换好土再予夯压实。

⑧ 在地形、工程地质复杂地区（如排水暗沟、护坡桩等）内的填方，且对填方密实度要求较高时，应采取措施，以防填方土粒流失，造成不均匀下沉和坍塌等事故。

⑨ 填方基土为杂填土时，应按设计要求加固地基，并要妥善处理基底下的软硬点、空洞、旧基以及暗塘等。

⑩ 回填管沟时，为防止管道中心线位移或损坏管道，应用人工先在管子周围填土夯实，并应从管道两边同时进行，直至管顶 0.5m 以上，在不损坏管道的情况下，方可采用机械回填和压实。在抹带接口处，防腐绝缘层或电缆周围，应使用细粒土料回填。

⑪ 填方应按设计要求预留沉降量，如设计无要求时，可根据工程性质、填方高度、填料种类、密实要求和地基情况等，与建设单位共同确定（沉降量一般不超过填方高度的 3%）。

（2）回填不及时、不到位

土方回填时常出现回填不及时、回填不到位的现象，如图 2-14 所示。

基坑结构施工完成，土体还堆放在四周，未及时进行回填

图 2-14　回填土回填不及时

原因：在施工过程中现场管理人员没有按照施工

方案和技术交底规定的时间进行回填，再加上遇到雨季施工，虽然进行了回填，但是回填的效果却大大降低，所以会造成基础积水等现象。

解决方法：

① 在雨季施工时，基坑（槽）或管沟的回填土应连续进行，尽快完成。施工中注意雨情，雨前应及时夯实已填土层或将表面压光，并做成一定坡度，以利排除雨水。

② 填土前应将基坑（槽）底或地坪上的垃圾等杂物清理干净，基槽回填前，必须清理到基础底面标高，将回落的松散垃圾、砂浆、石子等杂物清除干净。

③ 回填土应分层铺摊。每层铺土厚度应根据土质、密实度要求和机具性能确定。一般蛙式打夯机每层铺土厚度为200～250mm；人工打夯不大于200mm。每层铺摊后，随之耙平。

④ 基坑（槽）回填应在相对两侧或四周同时进行。基础墙两侧标高不可相差太多，以免形成不均匀荷载；较长的管沟墙，应采用内部加支撑的措施，然后在外侧回填土方。

⑤ 回填土每层填土夯实后，应按规定进行环刀取样，测出干土的密度，达到要求后，再进行上一层的铺土。

⑥ 修整找平：填土全部完成后，应进行表面拉线找平，凡超过标准高层的地方应及时依线铲平，凡低于标准高层的地方应补土夯实。

地基与基坑施工

第一节　降水与排水

地基与基坑施工过程中，常用的降水与排水方法有降水井及观察井、局部降水、明沟排水与盲沟排水。

1. 降水井与观察井

降水井与观察井的示意和现场照片如图 3-1 及图 3-2 所示。

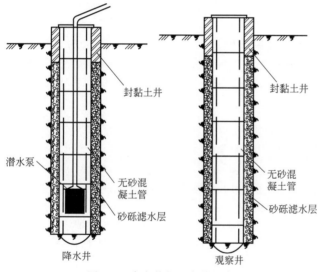

图 3-1　降水井与观察井示意

图 3-2　降水井现场照片

🢒 知识拓展

降水井与观察井

降水井：降水井即为降水打的井。打完后放入水泵抽取地下水，降低地下水的水位。降水井起的是降水作用。

观察井：即为专门用来观察地下水位动态的井。

（1）施工工艺流程

测设井位、铺设总管→钻机就位→钻（冲）井孔→沉设井点管→投放滤料→洗井→黏性土封填孔口→连接、固定集水总管→安装抽水机组→安装排水管→抽水→井点拆除。

图 3-3　长螺旋钻机

① 测设井位、铺设总管。

a.根据设计要求测设井位、铺设总管。为增加降深，集水总管平台应尽量放低，当低于地面时，应挖沟使集水总管平台标高符合要求，平台宽度为 1.0~1.5m。当地下水位降深小于 6m 时，宜用单级真空井点；当井深为 6~12m 且场地条件允许时，宜用多级井点，井点平台的级差宜为 4~5m。

b.开挖排水沟。

c.根据实地测放的孔位排放集水总管，集水总管应远离基坑一侧。

d.布置观测孔。观测孔应布置在基坑中部、边角部位和地下水的来水方向。

② 钻机就位。

a.当采用长螺旋钻机（图 3-3）成孔时，钻机应安装在测设的孔位上，使其钻杆轴线垂直对准钻孔中心位置，孔位误差不得大于 150mm。使用双侧吊线坠的方法校正调整钻杆垂直度，钻杆倾斜度不得大于 1%。

知识拓展

长螺旋钻机

长螺旋钻机包括液压步履桩架和钻进系统两部分。桩架采用液压步履式底盘，自动化程度高，可自行行走及 360°回转，设有四个液压支腿和一个行走油缸以辅助行走及回转，同时增加施工时的整机稳定性，可整机进行转运。

b.当采用水冲法成孔时，起重机安装在测设的孔位上，用高压胶管连接冲管与高压水泵，起吊冲管对准钻孔中心，冲管倾斜角度不得大于 1%。

③ 钻（冲）井孔。

a.对于不易产生塌孔和缩孔的地层，可采用长螺旋钻机施工成孔，孔径为 300~400mm，孔深比井深大 0.5m。塌土冲孔需加套管。

b.对易产生塌孔和缩孔的松软地层采用水冲法成孔时，使用起重设备将冲管起吊插入井点位置，开动高压水泵边冲边沉，同时将冲管上下左右摆动，以加剧土体松动。冲水压力根据土层的坚实程度确定：砂土层采用 0.5~1.25MPa；黏性土采用 0.25~1.50MPa。冲孔深度应低于井点管底 0.5m。冲孔达到预定深度后应立即降低水压，迅速拔出冲管，下入井点管，投放滤料，以防止孔壁坍塌。

④ 沉设井点管。沉设井点管时应缓慢，保持井点管位于井孔正中位置，禁止剐蹭井壁和插入井底，如有上述现象发生，应提出井点管对过滤器进行检查，合格后重新沉设。井点管应高于地面 300mm，管口应临时封闭以免杂物进入。

⑤ 投放滤料。

a.滤料应从井管四周均匀投放，保持井点管居中，并随时探测滤料深度，以免堵塞架空。滤料顶面距离地面应为 2m 左右。

b.向井点内投入的滤料数量，应大于计算值的 5%~15%，滤料填好后再用黏土封口。

⑥ 洗井。

a.投放滤料后应及时洗井，以免泥浆与滤料产生胶结，增大洗井难度。洗井可用清水循环法和空压机法。应注意采取措施防止洗出的浑水回流入孔内。洗井后如果滤料下沉应补投滤料。

b.清水循环法：可用集水总管连接供水水源和井点管，将清水通过井点管循环洗井，浑水从管外返出，水清后停止，立即用黏性土将管外环状间隙进行封闭以免塌孔。

c.空压机法：采用直径 20～25mm 的风管将压缩空气送入井点管底部过滤器位置，利用气体反循环的原理将滤料空隙中的泥浆洗出。宜采用洗、停间隔进行的方法洗井。

⑦ 黏性土封填孔口。洗井后应用黏性土将孔口填实封平，防止漏气和漏水。

⑧ 连接、固定集水总管。井点管施工完成后应使用高压软管与集水总管连接，接口必须密封。各集水总管之间宜设置阀门，以便对井点管进行维修。各集水总管宜稍向管道水流下游方向倾斜，然后将集水总管进行固定。为减少压力损失，集水总管的标高应尽量降低。

⑨ 安装抽水机组。抽水机组应稳固地设置在平整、坚实、无积水的地基上，水箱吸水口与集水总管处于同一高程。机组宜设置在集水总管中部，各接口必须密封。

⑩ 安装排水管。排水管径应根据排水量确定，并连接严密。

⑪ 抽水。轻型井点管网安装完毕后，进行试抽。当抽水设备（图 3-4）运转一切正常后，整个抽水管路无漏气现象，可以投入正式抽水作业。开机一周后，将形成地下降水漏斗，并趋向稳定，土方工程一般可在降水 10d 后开挖。

图 3-4　抽水设备（抽水泵）

⑫ 井点拆除。地下建、构筑物竣工并进行回填土后，方可拆除井点系统，井点管拆除一般多借助于倒链、起重机等，所留孔洞用土或砂填塞，对地基有防渗要求时，地面以下 2m 应用黏土填实。

（2）施工注意事项

① 井点系统应以单根集水总管为单位，围绕基坑布置。当井点宽度超过 40m 时，可征得设计同意，在中部设置临时井点系统进行辅助降水。当井点环不能封闭时，应在开口部位向基坑外侧延长 1/2 井点环宽度作为保护段，以确保降水效果。

② 在抽水工程中，应经常检查和调节离心泵的出水阀门以控制流水量，当地下水位降到所要求的水位后，减少出水阀门的出水量，尽量使抽吸与排水保持均匀，达到细水长流。

③ 在抽水过程中，特别是开始抽水时，应检查有无井点淤塞的死井，如死井数量超过 10%，则严重影响降水效果，应及时采取措施，采用高压水反复冲洗处理。

④ 井点位置应距坑边 2～2.5m，以防止井点设置影响边坑土坡的稳定性。

⑤ 井点抽水时应保持要求的真空度，除降水系统做好密封外，还应采取保护坡面的措施，以避免随着开挖的进行使坡面因暴露造成漏气。

2. 局部降水

① 局部降水（图 3-5）的施工步骤及内容见表 3-1。

图 3-5　局部降水

扫码看视频

排水管施工

表 3-1　局部降水的施工步骤及内容

施工步骤	主要内容
放线定井位	采用经纬仪及钢尺等进行定位放线,挖泥浆池、泥浆沟。泥浆池的位置可根据现场实际情况进行确定,但必须保证其离基坑开挖上口线的安全距离,确保其对后期基坑边坡的开挖及支护不会带来不良影响
钻机就位	采用反循环钻机进行施工,钻机中心位置尽量与所放的井位中心线相吻合,偏差不得超过 50mm;先对钻机进行垂直度校验,确保钻杆的垂直度符合要求,垂直偏差不得超过 5%。多台钻机同时施工时,钻机之间要有安全距离,进行跳打
成孔	以上各项准备就绪且均满足规定的要求后,即可进行井孔钻进施工。为保证洗完井后井深满足设计的要求,可以根据情况适当加深
下放井管	井管为 $\phi400$ 无砂砾石滤水管,底部 2m 作为沉淀用。在混凝土预制托底上放置井管,四周拴 10 号钢丝,缓缓下放,当管口与井口相差 200mm 时,接上节井管,接头处用玻璃丝布密封,以免挤入混砂淤塞井管,竖向用 4 条 30mm 宽竹条固定井管。为防止上下节错位,在下管前将井管立直。吊放井管要垂直,并保持在井孔中心。为防止雨水泥砂或异物流入井中,井管要高出地面 500mm,井口加盖
填滤料	井管下入后立即填入滤料。滤料采用水洗砂料,粒径为 2~6mm,含泥量<5%,滤料沿井孔四周均匀填入,宜保持连续,将泥浆挤出井孔。填滤料时,应随填随测滤料填入高度,当填入量与理论计算量不一致时,及时查找原因,不得用装载机直接填料,应用铁锹或小车下料,以防不均匀或冲击井壁
井管四周用黏土封井	在离打井地面约 1.0m 范围内,采用黏土或杂填土填充密实

② 井点使用时,基坑周围井点应对称、同时抽水,使水位差控制在要求的限度内。

③ 潜水泵(图 3-6)在运行时应经常观测水位变化情况,检查电缆线是否和井壁相碰,以防磨损后水沿电缆芯渗入电动机内。同时,还必须定期检查密封的可靠性,以保证正常运转。

 知识拓展

潜水泵

潜水泵

图 3-6　潜水泵的安装

潜水泵是深井提水的重要设备。使用时整个机组潜入水中工作。潜水泵的三种安装形式:立式、斜式、卧式。

④ 采用沉井成孔法,在下沉过程中,应控制井位和井深垂直度偏差在允许范围内,使井管竖直准确就位。

⑤ 降水时应采取措施，防止或减少降水对周围环境的影响。

⑥ 施工完毕后，应在井口设置护栏，高度不低于 1.2m，并加装井盖，防止杂物掉进井内。

3. 明沟排水与盲沟排水

明沟排水示意见图 3-7。盲沟排水示意和现场照法分别见图 3-8 及图 3-9。

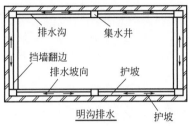

图 3-7　明沟排水示意

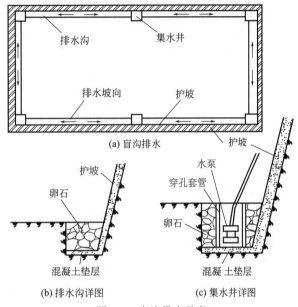

(a) 盲沟排水

(b) 排水沟详图　　　(c) 集水井详图

图 3-8　盲沟排水示意

图 3-9　盲沟排水现场照片

 知识拓展

明沟排水与盲沟排水

明沟排水：明沟排水主要排除地表多余径流，也可排除土壤中多余水分和降低地下水位。明沟排水投资少，泄流能力大，施工简单；但一般占地多，不利于交叉建筑物多的情况。

盲沟排水：盲沟排水可根据地下工程的外轮廓布置管网，确定盲沟构造反滤层的选材，以及盲沟与基础的最小距离。

经验指导

一般小面积的基坑（槽）排水沟深 0.3～0.6m，底宽等于或大于 0.4m，水沟的边坡为 (1:1.1)～(1:1.5)，沟底设有 0.1%～0.2% 的纵坡，不会使水流产生堵塞。

（1）排水沟布置

在基坑两侧或四周设置，对于集水坑，在基坑四角每隔 30～40m 设置，坡度宜为 0.1%～0.2%。排水沟宜布在拟建建筑基础边 0.4m 以外，集水坑地面应比沟底低 0.5m。水泵型号依据水量计算确定。明沟排水应注意保持排水通道畅通。视水量大小可以选择连续抽水或间断抽水。基坑宽阔时宜采用明沟，狭隘时宜采用盲沟。

（2）普通明沟排水法

普通明沟排水法的施工方法如下。

① 在基坑（槽）的周围一侧或两侧设置排水边沟，每隔 20～30m 设置一个集水井，使地下水汇集于井内。

② 集水井的截面为 600mm×600mm～800mm×800mm，井底保持低于沟底 0.4～0.1m，井壁用竹筏、模板加固。

③ 若一侧设排水沟，应设在地下水的上游。

（3）分层明沟排水法

① 基坑深度较大、地下水位较高以及多层土中上部有透水性较强的土时采用。

② 在基坑（槽）边坡上设置 2～3 层明沟及相应集水井，分层阻截上部土体中的地下水。

（4）深沟降水法

深沟降水法的主要内容如下。

① 降水深度大的大面积地下室、箱形基础及基础群施工降低地下水位时采用。

② 在建筑物内或附近适当位置于地下水上游开挖。纵长深沟作为主沟，自流或用泵将地下水排走。

③ 在建筑物、构筑物四周或内部设支沟与主沟沟通，将水流引至主沟排出。

④ 主沟的沟底应较最深基坑低 1～2m。

⑤ 支沟比主沟浅 500～800mm，通过基础部位填碎石及砂作为盲沟，在基础回填前分段夯实并填黏土截断。

（5）防止塌方

应注意防止上层排水沟下水流向下层排水沟，冲坏边坡造成塌方。

（6）连续抽水

抽水应连续进行，直到基础回填土后方可停止。

第二节　灰土地基

灰土地基（图 3-10）施工时灰土应当日铺填夯实，铺填的灰土不得隔日夯打，灰土地基打完后，应及时进行基础的施工，否则应临时遮盖，防止日晒雨淋。夯实后的灰土 3d 不得受水浸泡。灰土铺夯完毕后，严禁小车及人在垫层上面通过，必要时应在上面铺板。

 知识拓展

灰土地基

是将基础底面下要求范围内的软弱土层挖去，用一定比例的石灰和土在最优含水量的情况下充分拌和，分层回填夯实或压实而成，是具有一定强度、水稳性和抗渗性的地基。

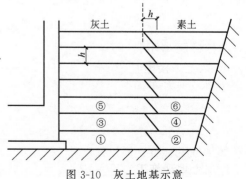

图 3-10　灰土地基示意
①～⑥—土层分层编号

1. 检查土料和石灰粉的质量并过筛

检查土料和石灰粉的质量是否符合标准的
要求，然后分别过筛。需控制消石灰粒径≤5mm，土颗粒粒径≤15mm。

2. 灰土拌和

① 灰土的配合比应按设计要求，常用配比为 3∶7 或 2∶8（黏石灰∶黏性土体积比）。灰土必须过斗，严格控制配合比。拌和时必须均匀一致，至少翻拌 3 次，拌和好的灰土颜色应一致，且应随用随拌。

② 灰土施工时，应适当控制含水量。工地检验方法是：用手将灰土紧握成团，两指轻捏即碎为宜。如土料水分过大或不足时，应翻松晾晒或洒水润湿，其含水量控制在±2％内。

3. 槽底清理

应将基坑（槽）底基土表面上的虚土、杂物清理干净，并打两遍底夯，局部有软弱土层或孔洞时应及时挖除，然后用灰土分层回填夯实。

4. 分层铺灰土

① 各层虚铺都用木耙找平，参照高程标志尺或标准杆对应检查。

② 每层的灰土铺摊厚度，可根据不同的施工方法，按表 3-2 选用。

表 3-2　灰土最大铺摊厚度

夯具的种类	夯具质量	虚铺厚度/mm	夯实厚度/mm	备注
人力夯	40～80kg	200～250	120～150	人力打夯，落高 400～500mm
轻型夯实工具	120～400kg	200～250	120～150	蛙式打夯机、柴油打夯机
压路机	机重 6～10t	200～300		双轮

5. 夯打密实

① 夯压的遍数应根据现场试验确定，一般不少于 4 遍。若采用人力夯或轻型夯实工具应一夯压半夯，夯夯相连，行行相接，纵横交叉。若采用机械碾压，应控制机械碾压速度。对于机械碾压不能到位的边角部位须补以人工夯实。每层夯压后都应按规定用环刀取样送检，分层取样试验，符合要求后方可进行上层施工。

 知识拓展

环刀取样

先在田间选择挖掘土壤剖面的位置，然后挖掘土壤剖面，按剖面层次，分层采样，每层重复 3 次。如只测定耕作层土壤容重，则不必挖土壤剖面。

② 留接槎规定：灰土分段施工时，不得在墙角、柱基及承重窗间墙下接槎，上下两层灰土的接槎距离不得小于 500mm。铺灰时应从留槎处多铺 500mm，夯实时夯过接槎缝 300mm 以上，接槎时用铁锹在留槎处垂直切齐。当灰土基础标高不同时，应做成阶梯形。阶梯按照长∶高＝2∶1 的比例设置。

6. 找平和验收

灰土最上一层完成后，应拉线或用靠尺检查标高和平整度。高的地方用铁锹铲平，低的地方补打灰土，然后请质量检查人员验收。

7. 灰土地理施工常见问题及解决方法

灰土地基施工时常常出现桩身回填夯击不密实，疏松、断裂的现象，如图 3-11 所示。

原因：

① 不按施工规定进行操作，回填料速度太快，夯击次数相应减少。

② 回填料拌和不均匀，含水量过大或过小。

③ 施工回填料的实际用量未达到成孔体积的计算容量。

④ 锤重、锤型和落距选择不当。

图 3-11　桩身回填夯击不密实

解决方法：

① 成孔深度应符合设计规定，桩身填料前，应先夯击孔底 3～4 锤。根据成桩试验测定的密实度要求，随填随夯，对待力层范围内（5～10 倍桩径的深度范围）的夯实质量应严格控制。若锤击数不够，可适当增加击数。

② 回填料应拌和均匀，且适当控制其含水量，一般可按经验在现场直接判断。

③ 每个桩孔回填用料都应与计算用量基本相符。

④ 夯锤质量不宜小于 100kg，采用的锤型应有利于将边缘土夯实（如梨形锤和枣核形锤等），不宜采用平头夯锤，落距一般应大于 2m。

⑤ 如地下水位很高时，可用人工降水后，再回填夯实。

第三节　砂和砂石地基

1. 处理地基表面

① 将地基表面的浮土和杂质清除干净，平整地基，并妥善保护基坑边坡，防止坍土混入砂石垫层中。

② 基坑（槽）附近如有低于基底标高的孔洞、沟、井、墓穴等，应在未填砂石前按设计要求先行处理。对旧河暗沟应妥善处理，旧池塘回填前应将池底浮泥清除。

2. 级配砂石

用人工级配砂石，应将砂石拌和均匀，达到设计要求，并控制材料含水量，见表 3-3。

表 3-3　夯压施工方法

压实方法	虚铺厚度/mm	含水量/%	施工说明
夯实法	200～250	8～12	用蛙式打夯机夯实至要求的密实度，一夯压半夯，全面夯实
碾压法	200～300	8～12	用 6～10t 的平碾往复碾压密实，平碾行驶速度可控制在 24km/h，碾压次数以达到要求的密实度为准，一般不少于 4 遍

3. 分层铺筑砂石

① 砂和砂石地基（图 3-12）应分层铺设，分层夯压密实。

② 铺筑砂石的每层厚度，一般为 150～250mm，不宜超过 300mm，分层厚度可用样桩控制。如坑底土质较软弱时，第一分层砂石虚铺厚度可酌情增加，增加厚度不计入垫层设计厚度内。如基底土结构性很强时，在垫层最下层宜先铺设 150～200mm 厚松砂，用木夯仔细夯实。

③ 砂和砂石地基（图 3-13）底面宜铺设在同一标高上，如深度不同时，搭接处基土面应挖成踏步或斜坡形，施工应按先深后浅的顺序进行。搭接处应注意压实。

图 3-12　砂和砂石地基施工照片

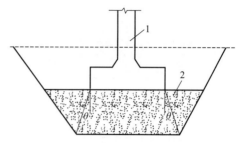

图 3-13　砂和砂石地基示意
1—基础柱；2—砂石

④ 分段施工时，接槎处应做成斜坡，每层接槎处的水平距离应错开 0.5～1.0m，应充分压实，并酌情增加质量检查点。

⑤ 铺筑的砂石应级配均匀，最大石子粒径不得大于铺筑厚度的 2/3，且不宜大于50mm，如发现砂窝或石子成堆现象，应将该处砂子或石子挖出，分别填入级配好的砂石。

4. 洒水

在夯实碾压前铺筑级配砂石，应根据其干湿程度和气候条件，适当地洒水以保持砂石的最佳含水量，一般为 8%～12%。

5. 夯实或碾压

视不同条件，可选用夯实或压实的方法。大面积的砂石垫层，宜采用 6～10t 的压路机碾压，边角不到位处可用人力夯或蛙式打夯机夯实，夯实或碾压的遍数根据要求的密实度由现场试验确定。用木夯（落距应保持为 400～500mm）或蛙式打夯机时，要一夯压半夯，行行相接，全面夯实，一般不少于 3 遍。采用压路机往复碾压，一般碾压不少于 4 遍，其轮距搭接不小于 500mm。边缘和转角处应用人工或蛙式打夯机补夯密实。夯压施工方法见表 3-3。

🚜 知识拓展

蛙式打夯机

蛙式打夯机是利用冲击和冲击振动作用分层夯实回填土的压实机械。

6. 找平和验收

① 施工时应分层找平，夯压密实，压实后的干密度按灌砂法测定，也可参照灌砂法用标准砂体积置换法测定。检查结果应满足设计要求的控制值。下层密实度经检验合格后方可进行上层施工。

② 最后一层夯压密实后，表面应拉线找平，并符合设计规定的标高。

第四节　土工合成材料地基

1. 土工合成材料地基的材料要求

土工织物加固的应用见图 3-14。

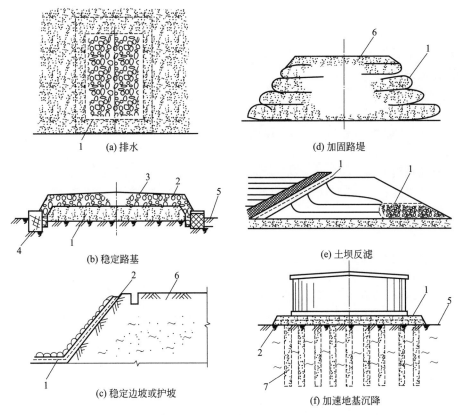

图 3-14 土工织物加固的应用

1—土工织物；2—砂垫；3—道砟；4—渗水盲沟；5—软土层；6—填土或填料夯实；7—砂井

知识拓展

土工织物地基

土工织物地基又称土工聚合物地基、土工合成材料地基，是在软弱地基中或边坡上埋设土工织物作为加筋，使其形成弹性复合土体，起到排水、反滤、隔离、加固和补强等方面的作用，以提高土体承载力，减少沉降和增加地基的稳定。

土工织物是采用聚酯纤维（涤纶）、聚丙烯腈纤维（腈纶）和聚丙烯纤维（丙纶）等高分子聚合物经加工后合成。

知识拓展

聚酯纤维

聚酯纤维是由饱和的二元酸与二元醇通过缩聚反应制得的一类线型高分子缩聚物，品种繁多，因原料或中间体而异，共同特点是大分子的各个链节间都是以酯基"—COO—"相连，所以通称为聚酯。以聚酯为基础制得的纤维称为涤纶，是三大合成纤维（涤纶、锦纶、腈纶）之一，也是最主要的合成纤维。

土工织物一般用无纺织成，是将聚合物原料投入，经过熔融挤压喷出纺丝，直接平铺成网，然后用黏合剂黏合（化学方法或湿法）、热压黏合（物理方法或干法）或针刺结合（机械方法）等方法将网连接成布。土工织物产品因制造方法和用途不一，其宽度和质量的规格变化甚大，用于岩土工程的宽度为 $2\sim18m$；质量大于或等于 $0.1kg/m^2$。

2. 施工工艺方法

① 铺设土工织物前，应将基土表面压实、修整平顺均匀，清除杂物、草根，表面凹凸不平的可铺一层砂找平。当作路基铺设，表面应有 $4\%\sim5\%$ 的坡度，以利排水。

② 铺设应从一端向另一端进行，端部应先铺填，中间后铺填，端部必须精心铺设锚固，铺设松紧应适度，防止绷拉过紧或褶皱，同时需保持连续性、完整性。避免过量拉伸超过其强度和变形的极限而发生破坏、撕裂或局部顶破等。在斜坡上施工，应注意均匀和平整，并保持一定的松紧度；避免石块使其变形超出聚合材料的弹性极限；在护岸工程坡面上铺设时，上坡段土工织物应搭在下坡段土工织物上。

③ 土工织物连接一般可采用搭接、缝合、胶合或 U 形钉钉合等方法，如图 3-15 所示。

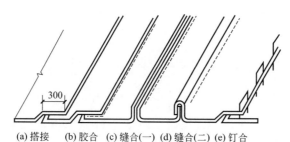

(a)搭接　(b)胶合　(c)缝合(一)　(d)缝合(二)　(e)钉合

图 3-15　土工织物连接

采用搭接时，应有足够的宽（长）度，一般为 $0.3\sim0.9m$，在坚固和水平的路基，一般为 $0.3m$，在软的和不平的地面，则需 $0.9m$；在搭接处尽量避免受力，以防移动；缝合采用缝合机面对面或折叠进行，用尼龙或涤纶线，针距 $7\sim8mm$，缝合处的强度一般可达缝物强度的 80%；胶结法是用胶黏剂将两块土工织物胶结在一起，最少搭接长度为 $100mm$，胶结后应停 $2h$ 以上，其接缝处的强度与土工织物的原强度相同；用 U 形钉连接是每隔 $1.0m$ 插入一个 U 形钉进行连接，其强度低于缝合法和胶结法。由于搭接和缝合法施工简便，一般多用之。

④ 为防止土工织物在施工中产生顶破、穿刺、擦伤和撕破等，一般在土工织物下面宜设置砾石或碎石垫层，在其上面设置砂卵石护层，其中碎石能承受压应力，土工织物能承受拉应力，充分发挥织物的约束作用和抗拉效应，铺设方法同砂、砾石垫层。

⑤ 铺设一次不宜过长，以免下雨渗水难以处理，土工织物铺好后应随即在其上面铺设砂石材料或土料，避免长时间曝晒和暴露，使材料劣化。

⑥ 土工织物用于反滤层时应做到连续，不得出现扭曲、褶皱和重叠。土工织物上抛石时，应先铺一层 $30mm$ 厚卵石层，并限制高度在 $1.5m$ 以内，对于重而带棱角的石料，抛掷高度应不大于 $50cm$。

⑦ 土工织物上铺垫层时，第一层铺垫厚度应在 $50cm$ 以下，用推土机铺垫时，应防止刮土板而损坏土工织物，在局部不应加过于集中应力。

⑧ 铺设时，应注意端头位置和锚固，在护坡坡顶可使土工织物末端绕在管子上，埋设于坡顶沟槽中，以防土工织物下落；在堤坝上，应使土工织物终止在护坡块石之内，避免加速坡脚被冲刷成坑。

⑨ 对于有水位变化的斜坡，施工时直接堆置土工织物上的大块石之间的空隙，应填塞或设垫层，以避免水位下降时，上坡中的饱和水因来不及渗出而形成显著水位差，使土挤向没有压载的空隙，引起土工织物鼓胀而造成损坏。

第五节　粉煤灰地基

1. 粉煤灰含水量的设置

粉煤灰地基（图3-16）含水率应控制在最优含水量范围内，如含水量过大，需摊铺晒干再碾压。粉煤灰铺设后，应于当天压完；如压实时含水量过小呈现松散状态，则应洒水湿润再压实，洒水的水质不得含有油质，pH值应为6～9。

 知识拓展

粉煤灰

粉煤灰是从煤燃烧后的烟气中捕集下来的细灰，是燃煤电厂排出的主要固体废物。

2. 垫层铺设

垫层应分层铺设与碾压，用机械夯铺设厚度为200～300mm。

3. 软弱地基

在软弱地基上填筑粉煤灰垫层时（图3-17），应先铺设200mm的中、粗砂或高炉干渣，以免下卧软土层表面受到扰动，同时有利于下卧软土层的排水固结，并切断毛细水的上升。

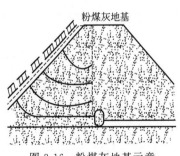

图3-16　粉煤灰地基示意

图3-17　粉煤灰铺设照片

4. 地下水位施工

粉煤灰垫层在地下水位施工时需先采取排水降水措施，不能在饱和状态或浸水状态下施工，更不能用水沉法施工。

5. 特殊工艺和质量控制

特殊工艺和质量控制见表3-4。

表3-4　特殊工艺和质量控制

关键控制点	主要控制方法
粉煤灰材料	施工前应检查粉煤灰材料，并对基槽清底情况、地质条件予以检验
压实系数	施工过程中应检查铺筑厚度、碾压遍数、施工含水率控制、搭接区碾压程度、压实系数等

第六节 排桩墙支护工程

1. 排桩墙施工测量放线

排桩墙测量，应按照排桩墙设计图在施工现场依据测量控制点进行。测量时应注意排桩墙形式（疏式、密式、双排式）和所采用的施工顺序。桩位偏差，轴线和垂直轴线方向均不宜超过表3-5的规定。桩位放线误差不超过10mm。

表 3-5 桩位允许偏差

项目		允许偏差/mm
有冠梁的桩	垂直梁中心线	$100+0.01H$
	沿梁中心线	$150+0.01H$

注：H 为施工现场地面标高与桩顶设计标高之差。

2. 桩机就位

为保证打桩机下地表土受力均匀，防止不均匀沉降，保证打桩机施工安全，采用2～3cm厚的钢板铺设在桩机履带板下，钢板宽度比桩机宽2m左右，保证打桩机行驶和打桩的稳定性。

桩机行驶时，应将桩锤放置于桩架中下部，以桩锤导向脚不伸出导杆末端为准。

根据打桩机下端的角度调整桩架的垂直度，并用线坠由桩帽中心点吊下与地上桩位点对中。

3. 钢板桩排桩墙施工

钢板桩排桩墙施工如图3-18所示，钢板桩排桩墙如图3-19所示。

图 3-18 钢板桩排桩墙施工

图 3-19 钢板桩排桩墙

（1）钢板桩简易的形式 槽钢、工字钢等型钢由正反扣组成，由于抗弯、抗渗能力较强，且生产定尺为6～8m，一般只用于较浅（$h \leqslant 4m$）的基坑。钢板桩里面应平直，以一块长1.5～2m、锁扣符合标准的同型板桩通过检查，凡锁扣不合的应进行修正，合格后使用。

（2）钢板桩的设置位置 应便于基础施工，即在基础结构边缘之外留有支、拆模板的余地。

（3）钢板桩的检验及校正 用于基坑支护的成品钢板桩如新桩，可按出厂标准进行检验；重复使用的钢板桩使用前，应当以外观质量进行检验，包括长度、宽度、厚度、高度等是否符合设计要求，有无表面缺陷，端头矩形比，垂直度和锁扣形状等。

（4）导架安装 导架通常由导梁和围檩桩组成，在平面上有单面和双面之分，在高度上有单层和双层之分。一般常用的单层双面导架，围檩桩的间距一般为 2.5～3.5m，双面围檩之间的间距一般比板桩墙厚度大 8～15mm。

（5）钢板桩的打设　钢板桩的打设方法可以分为单独打入法和屏风式打入法两种。

 知识拓展

单独打入法与屏风式打入法

单独打入法是从板桩墙的一角开始，逐块打设，直到工程结束。这种打入方法简便迅速，不需辅助支架，但宜使板桩向一侧倾斜。误差累计后不易纠正。适用于要求不高、板桩长度较小的情况。

屏风式打入法是将10～20根钢板桩成排插入导架内，呈屏风状，然后再分批施打。这种方法可减少误差累计和倾斜，易于实现封闭合拢，保证施工质量。

（6）钢板桩的拔除

① 在进行基坑回填时，要拔除钢板桩，以便修整后重复使用，拔除时要确定钢板桩拔除顺序、拔除时间及坑孔处理方法等。

② 钢板桩多采用振动拔除方法，由于振动、拔桩时可能会发生带土过多，从而引起土体位移及地面沉降，为施工中地下结构带来危害，并影响邻近建筑物、道路及地下管线的正常使用。拔桩时应充分注意，可采用隔一根拔一根的跳拔方法。

③ 对于封闭式钢板桩墙，拔桩开始点易离开角桩 5m 以上，拔桩的顺序一般与打桩的顺序相反。

④ 拔桩时，振动锤产生强迫振动，破坏板桩与周围土体间的黏结力，依靠附加的起吊克服拔桩阻力将桩拔出。可先用振动锤将锁扣振活以减少与土的黏结，然后边振边拔，为及时回填桩孔，当将桩拔至与基础底板略高时，暂停引拔。用振动锤振动几分钟让土孔填实，对阻力大的钢板桩，还可采用间歇振动的方法。对拔桩产生的桩孔，应及时回填以减少对邻近建筑物等的影响，方法有振动挤实法和填入法。

第七节　水泥土桩墙支护工程

水泥土桩墙支护工艺适用于加固淤泥、淤泥质土和含水量高的黏土、粉质黏土、粉土等土层。可直接作为基坑开挖重力式围护结构，用于较软土的基坑支护时深度不宜大于 6m，对于非软土的基坑支护，支护深度不宜大于 10m，止水帷幕则受到垂直度要求的控制。水泥土桩施工范围内地基承载力不宜大于 150kPa。

 知识拓展

水泥土桩墙与止水帷幕

水泥土桩墙是深基坑支护的一种，指依靠其本身自重和刚度保护基坑土壁安全。一般不设支撑，特殊情况下经采取措施后可局部加设支撑。水泥土桩墙分为深层搅拌水泥土桩墙和高压旋喷桩墙等类型，通常呈格构式布置。

止水帷幕是工程主体外围止水系列的总称。用于阻止或减少基坑侧壁及基坑底地下水流入基坑而采取的连续止水体。

① 施工用的水泥，必须经强度试验和安定性检验合格后才能使用。砂子应严格控制含泥量，外加剂必须没有变质。

② 水泥土桩墙（图 3-20 和图 3-21）采用格栅布置时，水泥土和置换率对于淤泥不宜小于 0.8，对于淤泥质土不宜小于 0.7，一般黏性土及砂土不宜小于 0.6，格栅长宽比不宜大于 2。

图 3-20　水泥土桩墙施工照片

图 3-21　水泥土桩墙现场照片

③ 水泥土桩与桩之间的搭接宽度应根据挡土及载土要求确定，考虑截水作用时，桩的有效搭接宽度不宜小于 200mm。

④ 当变形不能满足要求时，宜采用基坑内侧土体加固或水泥土墙插筋加混凝土面板及加大锚固深度等措施。

⑤ 当水泥土桩墙需设置插筋时，桩身插筋应在桩顶搅拌完成后及时进行。插筋材料、插入长度和露出长度等均应符合设计要求。

⑥ 水泥土桩墙施工前，必须具备完整的勘察资料及工程附近管线、建筑物、构筑物和其他公共设施的构造情况，必要时应进行施工勘察和调查以确保工程质量及附近建筑的安全。

⑦ 施工过程中出现异常情况时，应停止施工，由监理或建设单位组织勘察、设计、施工等有关单位进行共同分析，消除质量隐患，形成文字资料后方可继续施工。

⑧ 加筋水泥土桩是在水泥土搅拌时插入筋性材料，如型钢、钢板桩、混凝土板桩、混凝土工字梁等。这些筋性材料可以拔出也可以不拔出，视具体条件而定。

第八节　锚杆及土钉墙支护工程

1. 排水设施的设置

① 水是土钉支护（图 3-22）结构最为敏感的问题，不但要在施工前做好降排水工作，还要充分考虑土钉支护结构工作期间地表水及地下水的处理，设置排水构造措施。

知识拓展

土钉支护

土钉支护是以土钉作为主要受力构件的边坡支护技术，它由密集的土钉群被加固的原位土体喷混凝土面层和必要的防水系统组成。

② 基坑四周地表应加以修整并构筑明沟排水和水泥砂浆或混凝土地面，严防地表水向下渗流。

③ 基坑边有透水层或渗水土层时，混凝土面层上要做泄水孔，按间距 1.5～2.0m 均布插设

长 0.4～0.6m、直径 40mm 的塑料排水管，外管口略向下倾斜。

④ 为了排除积聚在基坑内的渗水和雨水，应在坑底设置排水沟和集水井。排水沟应离开坡脚 0.5～1.0m，严防冲刷坡脚。排水沟和集水井宜采用砖砌并用砂浆抹面以防止渗漏。坑内积水应及时排除。

2. 基坑开挖

① 基坑要按设计要求严格分层分段开挖，在完成上一层作业面土钉与喷射混凝土面达到设计强度的

图 3-22　土钉支护现场施工照片

70% 以前，不得进行下一层土层的开挖。每层开挖最大深度取决于在支护投入工作前土壁可以自稳而不发生滑移破坏的能力，实际工程中常取基坑每层挖深与土钉竖向间距相等。每层开挖的水平分段也取决于土壁自稳能力，且与支护施工流程相互衔接，一般多为 10～20m 长。当基坑面积较大时，允许在距离基坑四周边坡 8～10m 的基坑中部自由开挖，但应注意与分层作业区的开挖相协调。

② 挖土要选用对坡面土体扰动小的挖土设备和方法，严禁边壁出现超挖或造成边壁土体松动。坡面经机械开挖后要采用小型机械或人工进行切削清坡，以使坡度与坡面平整度达到设计要求。

3. 边坡处理方法

为防止基坑边坡的裸露土体塌陷，对于易塌的土体可采取下列措施。

① 对修整后的边坡，立即喷上一层薄的混凝土，强度等级不宜低于 C20，凝结后再进行钻孔。

② 在作业面上先构筑钢筋网喷射混凝土面层，钢筋保护层厚度不宜小于 20mm，面层厚度不宜小于 80mm，而后进行钻孔和设置土钉。

③ 在水平方向上分小段间隔开挖。

④ 先将作业深度上的边壁做成斜坡，待钻孔并设置土钉后再清坡。

⑤ 在开挖前，沿开挖面垂直击入钢筋或钢管，或注浆加固土体。

4. 设置土钉

土钉设置示意如图 3-23 所示。

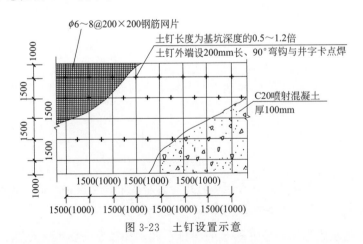

图 3-23　土钉设置示意

① 若土层地质条件较差时，在每步开挖后应尽快做好面层，即对修整后的边壁立即喷上一层薄混凝土或砂浆；若土质较好的话，可省去该道面层。

② 土钉设置通常的做法是先在土体上成孔，然后置入土钉钢筋并沿全长注浆，也可以采用专门设备将土钉钢筋击入土体。

5. 钻孔

① 钻孔前应根据设计要求定出孔位并做出标记和编号，钻孔时要保证位置正确（上下左右及角度），防止高低参差不齐和相互交错。

② 钻进时要比设计深度多 100～200mm，以防止孔深不够。

③ 采用的机具应符合土层的特点，满足设计要求，在进钻和抽钻杆过程中不得引起土体塌孔。在易塌孔的土体中钻孔时宜采用套管成孔或挤压成孔。

6. 插入土钉钢筋

插入土钉钢筋前要进行清孔检查，若孔中出现局部渗水、塌孔或掉落松土，应立即处理。土钉钢筋置入孔中之前，要先在钢筋上安装对中定位支架，以保证钢筋处于孔位中心且注浆后其保护层厚度不小于 25mm。支架沿钉长的间距可为 2～3m，支架可为金属或塑料件，以不妨碍浆体自由流动为宜。

7. 注浆顺序及方法

① 注浆材料宜选用水泥浆、水泥砂浆。注浆用水泥砂装的水灰比不宜超过 0.4～0.45，当用水泥净浆时水灰比不宜超过 0.45～0.5，并宜加入适量的速凝剂等外加剂以促进早凝和控制泌水。

② 一般可采用重力、低压（0.4～0.6MPa）或高压（1～2MPa）注浆，水平孔应采用低压或高压注浆。压力注浆时应在孔口或规定位置设置止浆塞，注满后保持压力 3～5min。重力注浆以满孔为止，但在浆体初凝前需补浆 1～2 次。

③ 对于向下倾角的土钉，采用重力注浆或低压注浆时宜通过底部注装方式，将注浆导管底端插至距孔底 250～500mm 处，在注浆同时将导管匀速缓慢地撤出。注浆过程中注浆导管口应始终埋在浆体表面以下，以保证孔中气体能全部逸出。

④ 注浆时要采取必要的排气措施。对于水平土钉的钻孔，应用孔口部压力注浆或分段压力注浆，此时需配排气管并与土钉钢筋绑扎牢固，在注浆前与土钉钢筋同时送入孔中。

⑤ 向孔内注入浆体的充盈系数必须大于 1。每次向孔内注浆时，宜预先计算所需的浆体体积并根据注浆泵的冲程数计算出实际向孔内注入的浆体体积，以确认实际注浆量超过孔内容积。

⑥ 注浆材料应拌和均匀，随拌随用，一次拌和的水泥浆、水泥砂浆应在初凝前用完。

⑦ 注浆前应将孔内残留或松动的杂土清除干净。注浆开始或中途停止超过 30min 时，应用水或稀水泥浆润滑注浆泵及其管路。

⑧ 为提高土钉抗拔能力，还可采用二次注浆工艺。

8. 铺钢筋网顺序及方法

① 在喷混凝土之前，先按设计要求绑扎、固定钢筋网。面层内的钢筋网片应牢固固定在边壁上并符合设计规定的保护层厚度要求。钢筋网片可用插入土中的钢筋固定，但在喷射混凝土时不应出现震动。

② 钢筋网片可焊接或绑扎而成，网格允许偏差为 ±10mm。铺设钢筋网时每边的搭接长度应不小于一个网格边长或 300mm，如为搭接焊则单面焊接长度不小于网片钢筋直径的 10 倍。网片与坡面间隙不小于 20mm。

③ 土钉与面层钢筋网的连接可通过垫片、螺母及土钉端部螺纹杆固定。垫片钢板厚 8～10mm，尺寸为 200mm×200mm 至 300mm×300mm。垫板下空隙需先用高强水泥砂浆填实，待砂浆达到一定强度后方可旋紧螺母以固定土钉。土钉钢筋也可通过井字加强钢筋直接

焊接在钢筋网上。

④ 当面层厚度大于 120mm 时宜采用双层钢筋网，第二层钢筋网应在第一层钢筋网被混凝土覆盖后铺设。

9. 喷射面层

① 喷射混凝土的配合比应通过试验确定，粗骨料最大粒径不宜大于 12mm，水灰比不宜大于 0.45，并应通过外加剂来调节所需工作度和早强时间。当采用干法施工时，应事先对操作人员进行技术考核，以保证喷射混凝土的水灰比和质量达到设计要求。

② 喷射混凝土前，应对机械设备、风管路、水管路和电路进行全面检查及试运转。

a. 为保证喷射混凝土厚度达到均匀的设计值，可在边壁上隔一定距离打入垂直短钢筋段作为厚度标志。喷射混凝土的射距宜保持在 0.6～1.0m，并使射流垂直于壁面。在有钢筋的部位可先喷钢筋的后方以防止钢筋背面出现空隙。

b. 喷射混凝土的路线可从壁面开挖层底部逐渐向上进行，但底部钢筋网搭接长度范围以内先不喷混凝土，待与下层钢筋网搭接绑扎之后再与下层壁面同时喷射混凝土。混凝土面接缝部分做成 45°角斜面搭接。

c. 当设计层厚度超过 100mm 时，混凝土应分两次喷射，一次喷射厚度不宜小于 40mm，且接缝错开。对于混凝土接缝，在继续喷射混凝土之前应清除浮浆碎屑，并喷少量水润湿。

③ 面层喷射混凝土终凝后 2h 应喷水养护，养护时间宜为 3～7d，养护视当地环境条件可采用喷水、覆盖浇水或喷涂养护剂等方法。

④ 喷射混凝土强度可用边长为 100mm 的立方体试块进行测定。制作试块时，将试模底面紧贴边壁，从侧向喷入混凝土，每批至少留取 3 组（每组 3 块）试件。

10. 土钉墙支护常见质量问题及解决方法

土钉墙支护常常出现锚固不良的现象，如图 3-24 所示。

原因：对土钉锚固施工掌握不够，对细节要点控制得不好，同时现场管理较为混乱。

解决方法：

① 土钉是依靠其全长与土体的摩擦阻力，用于加固或锚固现场土体的细长杆件。可采取先在土层中钻孔，后置入钢筋，再全孔注浆的方法制成。也可采用将钢管、角钢直接击入土中，再注浆的方法制成。

② 土钉墙适合地下水位以上或经人工降低地下水位后的人工填土、黏性土和弱胶结砂土的基坑支护或边坡加固。土钉墙宜用于深度不大于 12m 的基

图 3-24　锚固不到位

坑支护或边坡加固，当土钉墙与有限放坡、预应力锚杆联合使用时，深度可增加；不宜用于含水丰富的粉细砂层、砂砾卵石层和淤泥质土；不得用于没有自稳能力的淤泥及饱和软弱土层。

③ 灌浆。灌浆是土层锚杆及土钉施工中的一道关键工艺，必须认真进行，并做好记录。

a. 灌浆材料宜采用水泥浆或水泥砂浆，其强度等级不宜低于 M10；当灌浆材料用水泥浆时，水灰比为 0.4～0.5，为防止泌水、干缩，可掺加 0.3% 的木质素磺酸钙；当灌浆材料用水泥砂浆时灰砂比为 1∶1 或 1∶2（质量比），水灰比为 0.38～0.45，砂则用中砂并过筛。如需早强，可掺加水泥用量 3%～5% 的混凝土早强剂；水泥浆液试块的抗压强度应大于 25MPa，塑性流动时间应在 22s 以下，可用时间应为 30～60min，整个灌浆过程应在 5min 内结束。

b. 灌浆压力一般不得低于 0.4MPa，也不宜大于 2MPa；宜采用封闭式压力灌浆和二次压力灌浆，可有效提高锚杆抗拔力（20% 左右）。

第九节　钢或混凝土支撑系统

1. 钢管支撑

钢管支撑（图 3-25）的形式多为对撑或角撑。当为对撑时，为增大间距可在端部加设，以减少围檩的内力；当为角撑时，如间距较大、长度较长，亦可增设腹杆形成桁架式支撑。

 知识拓展

图 3-25　钢管支撑

钢管支撑

钢管支撑一般采用直径 $\phi609$（或直径 $\phi580$、$\phi406$）的钢管余料接长，常用壁厚有 10mm、12mm、14mm、16mm。

对撑的纵横钢管交叉处，可以上下叠交，也可增设特制的十字接头纵横钢管，都与十字接头连接，使纵横钢管处于同一平面内，可使钢管支撑形成一个平面刚架，其刚度大，受力性能好。

用钢管支撑时，挡墙可用钢筋混凝土围檩，也可用型钢围檩，前者刚度大，承载能力高，可增大支撑的间距，挡墙与围檩之间的空隙宜用细石混凝土填实。

 知识拓展

围檩

围檩一般是指支护桩（如钢板桩）上部设置的钢梁（或称锁口梁）。

2. 型钢支撑

型钢支撑（图 3-26）采用 H 型钢，用螺栓连接，为工具式钢支撑，现场组装方便，构件标准化，对不同的基坑能按照设计要求进行组合和连接，可重复使用。

3. 钢筋混凝土支撑

① 钢筋混凝土支撑（图 3-27）多用土模或模板，随着挖土的进行逐层现浇，截面尺寸和配筋根据支撑布置和杆件内力的大小而定，刚度大，变形小，能有效控制挡墙变形和周围地面的变形，宜用于较深基坑和周围环境要求较高的地区。

图 3-26　型钢支撑现场照片

图 3-27　钢筋混凝土支撑

知识拓展

钢筋混凝土支撑

钢筋混凝土支撑体系中：砂应选用洁净的粗砂，含泥量不大于3%；石子宜选用石或碎石，粒径宜在0.5~4.5cm，含泥量不应大于2%。

② 钢筋混凝土支撑为现场浇筑，因而其形式可随基坑形状而变化，有多种形式。

③ 钢筋混凝土支撑的混凝土强度等级多为C30，截面经计算确定。围檩的截面尺寸常用（高×宽）600mm×800mm、800mm×1000mm和1000mm×1200mm，支撑的截面尺寸常用（高×宽）600mm×800mm、800mm×1000mm、800mm×1200mm和1000mm×1200mm。支撑的截面尺寸在高度方向要与围檩高度相匹配，配筋要经计算确定。

④ 对平面尺寸大的基坑，在支撑交叉点处需设立柱，在垂直方向支撑平面支撑。立柱可为四个角钢组成的格构式钢柱、圆钢管或型钢。立柱的下端最好插入作为工程桩使用的灌注桩内，插入深度不宜小于2m。如立柱不对准工程桩的灌注桩，立柱就要做专用的灌注桩基础。格构式钢柱的平面尺寸要与灌注桩的直径相匹配。

⑤ 对于多层支撑的深基坑，在进行挖土时如要求挖土机上支撑挖土，则设计支撑时要考虑这部分荷载，施工时要铺设走道板，将走道板架空，不要直接压在支撑构件上。

4. 钢管支撑常见质量问题及解决方法

钢管支撑时常会出现钢管支撑弯曲破坏的现象，如图3-28所示。

原因：

① 钢管支撑失稳破坏是重要原因，因为围护桩体、支撑体系和土体三者互相作用组成基坑工程的整体，支撑体系的失稳就会导致整体破坏。

② 灌注桩入土深度（嵌固深度）偏小，只有6m，即嵌固深度与开挖深度之比为0.6，使坑底被动土区土体抗力不足，引起坑内土隆起，整体滑动破坏。

图 3-28 钢管弯曲

解决方法：

① 钢支撑的设计与施工应按施工方案执行。

② 灌注桩的嵌固深度应进行核算，即核算被动土区水平抗力是否满足，不足时将产生土体隆起和整体滑移。

第十节 地下连续墙

1. 地下连续墙设置

地下连续墙施工现场如图3-29所示，其施工顺序及方法如下。

 知识拓展

地下连续墙

地下连续墙是基础工程，在地面上采用一种挖槽机械，沿着深开挖工程的周边轴线，在泥浆护壁条件下，挖出一条狭长的深槽，清槽后，在槽内吊放钢筋笼，然后用导管法灌筑水下混凝土，筑成一个单元槽段，如此逐段进行，在地下筑成一道连续的钢筋混凝土墙壁，作为截水、防渗、承重、挡水结构。

① 在槽段开挖前，沿连续墙纵向轴线位置构筑导墙，可采用现浇或预制工具式钢筋混凝土导墙，也可采用钢质导墙。

图 3-29 地下连续墙施工现场

② 导墙深度一般为 1～2m，其顶面略高于地面 100～200mm，以防止地表水流入导沟。导墙的厚度一般为 100～200mm，内墙面应垂直，内壁净距应为连续墙设计厚度加施工余量（一般为 40～60mm）。墙面与纵轴线距离的允许偏差为 ±10mm，内外导墙间距允许偏差 ±5mm，导墙顶面应保持水平。

③ 导墙宜筑于密实的地层上，背侧应用黏性土回填并分层夯实，不得漏浆。每个槽段内的导墙应设一个溢浆孔。

④ 导墙顶面应高出地下水位 1m 以上，以保证槽内泥浆液面高于地下水位 0.5m 以上，且不低于导墙顶面 0.3m。

⑤ 导墙混凝土强度应达 70％ 以上方可拆模。拆模后，应立即在两片导墙间加支撑，其水平间距为 2.0～2.5m，在导墙混凝土养护期间，严禁重型机械通过、停置或作业，以防导墙开裂或变形。

⑥ 采用预制导墙时，必须保证接头的连接质量。

2. 槽段开挖

① 挖槽施工前，一般将地下连续墙划分为若干个单元槽段。每个单元槽段有若干个挖掘单元。在导墙顶面画好槽段的控制标记，如有封闭槽段时，必须采用两段式成槽，以免导致最后一个槽段无法钻进。一般普通钢筋混凝土地下连续墙工程挖掘单元长为 6～8m，素混凝土止水帷幕工程挖掘单元长为 3～4m。

② 成槽前对成槽设备进行一次全面检查，各部件必须连接可靠，特别是钻头连接螺栓不得有松脱现象。

③ 为保证机械运行和工作平稳，轨道铺设应牢固可靠，道砟应铺填密实。轨道宽度允许误差为 ±5mm，轨道标高允许误差为 ±10mm。连续墙钻机就位后应使机架平稳，并使悬挂中心点和槽段中心成一条直线。钻机调好后，应用夹轨器固定牢靠。

④ 挖槽过程中，应保持槽内始终充满泥浆，以保持槽壁稳定。成槽时，依排渣和泥浆循环方式分为正循环和反循环。当采用砂泵排渣时，依砂泵是否潜入泥浆中，又分为泵举式和泵吸式。一般采用泵举式反循环方式排渣，操作简便，排泥效率高。但开始钻进须先用正循环方式，待潜水泵电机潜入泥浆中后，再改用反循环排泥。

⑤ 当遇到坚硬地层或遇到局部岩层无法钻进时，可辅以采用冲击钻将其破碎，用空气吸泥机或砂泵将土渣吸出地面；成槽时要随时掌握槽孔的垂直精度，应利用钻机的测斜装置经常观测偏斜情况，不断调整钻机操作，并利用纠偏装置来调整下钻偏斜。

⑥ 挖槽时应加强观测，当槽壁发生较严重的局部坍落时，应及时回填并妥善处理。槽段开挖结束后，应检查槽位、槽深、槽宽及槽壁垂直度等项目，合格后方可进行清槽换浆。在挖槽过程中应做好施工记录。

3. 泥浆的配制和使用

① 泥浆必须经过充分搅拌，常用方法有：低速卧式搅拌机搅拌；螺旋桨式搅拌机搅拌；

压缩空气搅拌；离心泵重复循环。泥浆搅拌后应在储浆池内静置 24h 以上。

② 在容易产生泥浆渗漏的土层施工时，应适当提高泥浆黏度和增加储备量，并备堵漏材料。如发生泥浆渗漏，应及时补浆和堵漏，使槽内泥浆保持正常。

4. 清槽的顺序及方法

① 当挖槽达到设计深度后，应停止钻进，仅使钻头空转，将槽底残留的土打成小颗粒，然后开启砂泵，利用反循环抽浆，持续吸渣 10～15min，将槽底钻渣清除干净。也可用空气吸泥机进行清槽。

② 当采用正循环清槽时，将钻头提高至距槽底 100～200mm，空转并保持泥浆正常循环，以中速压入泥浆，把槽孔内的浮渣置换出来。

③ 对采用原土造浆的槽孔，成槽后可使钻头空转不进尺，同时射水，待排出泥浆的相对密度降到 1.1 左右，即认为清槽合格。但当清槽后至浇灌混凝土间隔时间较长时，为防止泥浆沉淀和保证槽壁稳定，应用符合要求的新泥浆将槽孔的泥浆全部置换出来。

④ 清理槽底和置换泥浆结束 1h 后，槽底沉渣厚度不得大于 200mm；浇混凝土前槽底沉渣厚度不得大于 300mm，槽内泥浆的相对密度为 1.1～1.25，黏度为 18～22s，含砂量应小于 8%。

5. 钢筋笼制作及安放

① 钢筋笼的加工制作，要求主筋净保护层为 70～80mm。为防止在插入钢筋笼时擦伤槽面，并确保钢筋保护层厚度，宜在钢筋笼上设置定位钢筋环、混凝土垫块。纵向钢筋底端距槽底的距离应有 100～200mm，当采用接头管时，水平钢筋的端部至接头管或混凝土及接头面应留有 100～150mm 的间隙。纵向钢筋应布置在水平钢筋的内侧。为便于插入槽内，钢筋底端宜稍向内弯折。钢筋笼的内空尺寸，应比导管连接处的外径大 100mm 以上。

② 为了保证钢筋笼的几何尺寸和相对位置准确，钢筋笼宜在制作平台上成形。钢筋笼每棱边（横向及竖向）钢筋的交点处应全部点焊，其余交点处采用交错点焊。对成形时临时绑扎的钢丝，宜将线头弯向钢筋笼内侧。为保证钢筋笼在安装过程中具有足够的刚度，除结构受力要求外，尚应考虑增设斜拉补强钢筋，将纵向钢筋形成骨架并加适当附加钢筋。斜拉筋与附加钢筋必须与设计主筋焊牢固。当采用搭接时，为使接头能够承受吊入时的下段钢筋自重，钢筋笼的部分接头应焊牢固。

③ 钢筋笼制作允许偏差值为：主筋间距±10mm；箍筋间距±20mm；钢筋笼厚度和宽度±10mm；钢筋笼总长度±50mm。

④ 吊放钢筋笼时应使用起吊架，采用双索或四索起吊，以防起吊时钢索的收紧力而引起钢筋笼变形。同时要注意在起吊时不得拖拉钢筋笼，以免造成弯曲变形。为避免钢筋吊起后在空中摆动，应在钢筋笼下端系上溜绳，用人力加以控制。

⑤ 钢筋笼需要分段调入接长时，应注意不得使钢筋笼产生变形，下段钢筋笼入槽后，临时穿钢管搁置在导墙上，再焊接接长上段钢筋笼。钢筋笼吊入槽内时，吊点中心必须对准槽段中心，竖直缓慢放至设计标高，再用吊筋穿管搁置在导墙上。如果钢筋笼不能顺利地插入槽内，应重新吊出，查明原因，采取相应措施加以解决，不得强行插入。

⑥ 所有用于内部结构连接的预埋件、预埋钢筋等，都应与钢筋笼焊牢固。

6. 水下浇筑混凝土

水下浇筑混凝土（图 3-30）的要求及方法如下。

① 混凝土配合比应符合下列要求：混凝土的实际配置强度等级应比设计强度等级高一级；水泥用量不宜少于 370kg/m³；水灰比不应大于 0.6；坍落度宜为 18～20cm，并应有一定的流动度保持率；坍落度降低至 15cm 的时间，一般不宜小于 1h；扩散度宜为 34～38cm；

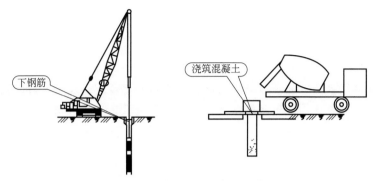

图 3-30 水下浇筑混凝土示意

混凝土拌和物含砂率不小于 45%；混凝土的初凝时间，应能满足混凝土浇灌和接头施工工艺要求，一般不宜低于 3～4h。

② 接头管和钢筋就位后，应检查沉渣厚度并在 4h 以内浇灌混凝土。浇灌混凝土时必须使用导管，其内径一般选用 250mm，每节长度一般为 2.0～2.5m。导管要求连接牢靠，接头用橡胶圈密封，防止漏水。导管接头若用法兰连接，应设锥形法兰罩，以防拔管时挂住钢筋。导管在使用前要认真进行检查和清理，使用后要立即将黏附在导管上的混凝土清除干净。

③ 单元槽段较长时，应使用多根导管浇灌，导管内径与导管间距的关系一般是：导管内径为 150mm、200mm、250mm 时，其间距分别为 2m、3m、4m，距槽段端部均不得超过 1.5m。为防止泥浆卷入导管内，导管在混凝土内必须保持适宜的埋置深度，一般应控制在 2～4m 为宜。在任何情况下，不得小于 1.5m 或大于 6m。

④ 导管下口与槽底的间距，以能放出隔水栓和混凝土为度，一般比栓长 100～200mm。隔水栓应放在泥浆液面上。为防止粗骨料卡住隔水栓，在浇筑混凝土前宜先灌入适量的水泥砂浆。隔水栓用钢丝吊住，待导管上口储斗内混凝土的存量满足首次浇筑，导管底端能埋入混凝土中 0.8～1.2m 时，才能剪断钢丝，继续浇筑。

⑤ 混凝土浇筑应连续进行，槽内混凝土面上升速度一般不宜小于 2m/h，中途不得间歇。当混凝土不能畅通时，应将导管上下提动，慢提快放，但不宜超过 300mm。导管不能做横向移动。提升导管时应避免碰刮钢筋笼。

⑥ 随着混凝土的上升，要适时提升和拆卸导管，导管底端埋入混凝土以下一般保持 2～4m。不宜大于 6m，并不小于 1m，严禁把导管底端提出混凝土面。

⑦ 在浇灌过程中应随时掌握混凝土浇灌量，应有专人每 30min 测量一次导管埋深和管外混凝土标高。测定时应取三个以上测点，用平均值确定混凝土上升状况，以决定导管的提拔长度。

7. 接头施工

① 连续墙各单元槽段间的接头形式，一般常用的为半圆形接头。方法是在未开挖一侧的槽段端部先放置接头管，后放入钢筋笼，再浇灌混凝土，根据混凝土的凝结硬化速度，徐徐将接头管拔出，最后在浇灌段的端面形成半圆形的接合面，在浇筑下段混凝土前，应用特制的钢丝刷子沿接头处上下往复移动数次，刷去接头处的残留泥浆，以利新旧混凝土的结合。

② 接头管一般用 10mm 厚钢板卷成。槽孔较深时，做成分节拼装式组合管，各单节长度为 6m、4m、2m 不等，便于根据槽深接成合适的度。外径比槽孔宽度小，直径误差在 3mm 以内。接头管表面要求平整光滑，连接紧密可靠，一般采用承插式销接。各单节组装好后，要求上下垂直。

📚 **知识拓展**

接头管

接头管一般用起重机组装和吊放。吊放时要紧贴单元槽段的端部和对准槽段中心,保持接头管垂直并缓慢地插入槽内。下端放至槽底,上端固定在导墙或顶升架上。

③ 提拔接头管时宜使用顶升架(或较大吨位吊车),顶升架上安装有大行程(1~2m)、起重量较大(50~100t)的液压千斤顶两台,配有专用高压油泵。

④ 提拔接头管必须掌握好混凝土的浇灌时间、浇灌高度,根据混凝土的凝固硬化速度,不失时机地提动和拔出,不能过早、过快和过迟、过缓。如过早、过快,则会造成混凝土塌落;如过迟、过缓,则由于混凝土强度增长,摩擦阻力增大,造成提拔不动和埋管事故。

第十一节 常见浅基础施工

1. 条形基础施工

条形基础施工现场和示意分别如图 3-31 及图 3-32 所示。

图 3-31 条形基础施工现场

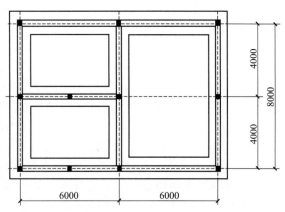

图 3-32 条形基础示意

📚 **知识拓展**

条形基础

墙下条形基础和柱下独立基础(单独基础)统称为扩展基础。扩展基础的作用是把墙或柱的荷载侧向扩展到土中,使之满足地基承载力和变形的要求。

① 基础模板一般由侧板、斜撑、平撑组成。基础模板安装时,先在基槽底弹出基础边线,再把侧板对准边线垂直竖立,校正调平无误后,用斜撑和平撑钉牢。如基础较大,可先立基础两端的两侧板,校正后在侧板上口拉通线,依照通线再立中间的侧板。当侧板高度大于基础台阶高度时,可在侧板内侧按台阶高度弹准线,并每隔2m左右准线上钉圆顶,作为浇捣混凝土的标志。每隔一定距离在左侧板上口钉上搭头木,防止模板变形。

② 基础浇筑分段分层连续进行,一般不留施工缝。各段各层间相互衔接,每段长2~

3m，逐段逐层呈阶梯形推进，注意先使混凝土充满模板边角，然后浇筑中间部分，以保证混凝土密实。

 知识拓展

基础浇筑

浇筑时每台泵配备 6～8 台插入式振捣棒，振捣时间控制在 20～30s，以混凝土开始注浆和不冒气泡为宜，并应避免漏振、久振和过振，振动棒应快插慢拔，振捣时插入下层混凝土表面 10cm 以上，间距控制在 30～40cm，确保两面层间紧密结合。

③ 当条形基础长度较大时，应考虑在适当的部位留置贯通后浇带，以避免出现温度收缩裂缝和便于进行施工分段流水作业；对超厚的条形基础，应考虑较低水泥水化热和浇筑入模的湿度措施，以免出现过大温度收缩应力，导致基础底板裂缝。

④ 基础浇筑完毕，表面应覆盖和洒水养护，不少于 14d，必要时应用保温养护措施，并防止浸泡地基。

⑤ 基础梁底的底模使用土模（回填夯实拍平），浇筑混凝土垫层，侧模使用砖贴模。基础梁穿柱钢筋按柱、梁节点核心区配筋。

2. 独立基础施工

独立基础施工如图 3-33 示。

图 3-33　独立基础施工

 知识拓展

独立基础

独立基础一般设在柱下，常用断面形式有踏步形、锥形、杯形。材料通常采用钢筋混凝土、素混凝土等。当柱为现浇时，独立基础与柱子是整浇在一起的；当柱子为预制时，通常将基础做成杯口形，然后将柱子插入，并用细石混凝土嵌固，此时称为杯口基础。

独立基础施工操作方法见表 3-6。

表 3-6　独立基础施工操作方法

施工步骤	主要内容
清理及垫层浇筑	地基验槽完成后，清除表面浮土及扰动土，不留积水，立即进行垫层混凝土施工。垫层混凝土必须振捣密实，表面平整，严禁晾晒基土
钢筋绑扎	垫层浇筑完成后，混凝土达到 1.2MPa 后表面弹线，进行钢筋绑扎。钢筋绑扎不允许漏扣，柱插筋弯钩部分必须与底板筋成 45°绑扎，连接点处必须全部绑扎，距底板 5cm 处绑扎第一个箍筋，距基础顶 5cm 处绑扎最后一个箍筋，作为标高控制筋及定位筋，柱插筋最上部再绑扎一道定位筋，上下箍筋及定位箍筋绑扎完成后将柱插筋调整到位，并用井字木架临时固定，然后绑扎剩余箍筋，保证柱筋不变形走样，两道定位筋在基础混凝土浇筑完成后必须进行更换
模板	钢筋绑扎及相关施工完成后立即进行模板安装，模板采用小钢模或木模，利用架子管或木方加固。锥形基础坡度>30°时采用斜模板支护，利用螺栓与底板钢筋拉紧，防止上浮，模板上设透气和振捣孔；坡度≤30°时，利用钢丝网（间距 30cm）防止混凝土下坠，上口设井字木控制钢筋位置。不得用重物冲击横板，不准在吊帮的模板上搭设脚手架，保证模板的牢固和严密
清理	清除模板内的木屑、泥土等杂物，木模浇水湿润，堵严板缝和孔洞
混凝土浇筑	混凝土浇筑应分层连续进行，间歇时间不超过混凝土初凝时间，一般不超过 2h。为保证钢筋位置正确，先浇一层 5～10cm 混凝土固定钢筋。台阶形基础每个台阶高度整体浇筑，每浇筑完一个台阶停顿 0.5h，待其下沉再浇上一层。分层下料，每层厚度为振动棒的有效长度

续表

施工步骤	主要内容
混凝土振捣	采用插入式振捣器,插入的间距不大于振捣器作用部分长度的1.25倍。上层振捣棒插入下层3~5cm。尽量避免碰撞预埋件、预埋螺栓,防止预埋件移位
混凝土找平	混凝土浇筑后,表面比较大的混凝土使用平板振捣器振一遍,然后用刮杆刮平,再用木抹子搓平
混凝土养护	已浇筑完的混凝土,应在12h内覆盖和浇水。一般常温养护不得少于7d,特种混凝土养护不得少于14d

3. 筏板基础施工

筏板基础施工如图3-34和图3-35所示。

图3-34 筏板基础现场施工照片

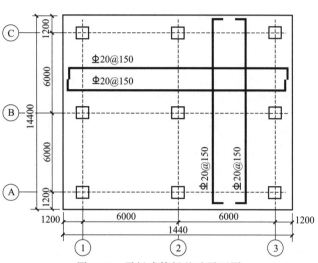

图3-35 平板式筏板基础平面图

🔖 知识拓展

筏板基础

筏型基础又叫筏板基础,即满堂基础或满堂红基础,是把柱下独立基础或者条形基础全部用联系梁联系起来,下面再整体浇筑底板。筏板基础由底板、梁等整体组成。

(1)模板工程

① 模板通常采用定型组合钢模板,U形环连接。垫层面清理干净后,先分段拼装,模板拼装前先刷好隔离剂(隔离剂主要用机油)。

🔖 知识拓展

模板

外围侧模板的主要规格为1500mm×300mm、1200mm×300mm、900mm×300mm、600mm×300mm。

模板支撑在下部的混凝土垫层上,水平支撑用钢管及圆木短柱、木楔等支在四周基坑侧壁上。基础梁上部比筏板面高出的50mm侧模用100mm宽组合钢模板拼装,用钢丝拧紧,中间用垫块或钢筋头支撑,以保证梁的截面尺寸。模板边由顺直拉线校正,轴线、截面尺寸根据垫层上的弹线检查校正。模板加固检验完成后，用水准仪定标高，在模板面上弹出混凝土上表面平线，作为控制混凝土标高的依据。

② 拆模的顺序为先拆模板的支撑管、木楔等，松连接件，再拆模板，清理，分类归堆。拆模前混凝土要达到一定强度，保证拆模时不损坏棱角。

（2）钢筋工程的施工方法及要求

① 钢筋按型号、规格分类加垫木堆放。

② 盘条Ⅰ级钢筋采用冷拉的方法调直，冷拉率控制在 4% 以内。

③ 对于受力钢筋，Ⅰ级钢筋末端（包括用作分布钢筋的Ⅰ级钢筋）做 180°弯弧，弯弧内直径不小于 2.5d，弯后的平直段长度不小于 3d。对于Ⅱ级钢筋，当设计要求做 90°或 135°弯弧时，弯弧内直径不小于 5d。对于非焊接封闭筋末端做 135°弯弧，弯弧内直径除不小于 2.5d 外，还不应小于箍筋内受力纵筋直径，弯后的平直段长度不小于 10d。（d 为钢筋直径）

④ 钢筋绑扎施工前，在基坑内搭设高约 4m 的简易暖棚，以遮挡雨雪及保持基坑气温，避免垫层混凝土在钢筋绑扎期间遭受冻害。立柱用 ϕ50 钢管，间距为 3.0m，顶部纵横向平杆均用 ϕ50 钢管，组成的管网孔尺寸为 1.5m×1.5m，其上铺木板、方钢管等，在木板上覆彩条布，然后满铺草帘。

⑤ 基础梁及筏板筋的绑扎流程：弹线→纵向梁筋绑扎、就位→筏板纵向下层筋布置→横向梁筋绑扎、就位→筏板横向下层筋布置→筏板下层网片绑扎→支撑马凳筋布置→筏板横向上层筋布置→筏板纵向上层筋布置→筏板上层网片绑扎。

⑥ 钢筋的接头形式，筏板内受力筋及分布筋采用绑扎搭接，搭接位置及搭接长度按设计要求确定。基础架纵筋采用单面（双面）搭接电弧焊，焊接接头位置及焊缝长度按设计及规范要求，焊接试件按规范要求留置、试验。

（3）混凝土工程

① 一般采用现场机械搅拌、混凝土输送泵泵送。

② 配合比的试配按泵送的要求，坍落度达到 150～180mm，选用 32.5 等级的普通硅酸盐水泥，砂为中砂，石子为 5～25mm 粒径的碎石，外加剂选混凝土泵送防冻剂，早强减水型。拌和水为自来水。混凝土配合比由现场原材料取样送试验室试配后确定，现场施工时再根据测定的粗细骨料实际含水量，对试验室配比单做调整。

③ 浇筑按照事先顺序进行，如建筑面积较大，应划分施工段、分段浇筑。

④ 混凝土搅拌采用自落式搅拌机同时工作，根据搅拌机的出料能力选择适合的混凝土输送泵，即在单位时间内搅拌机总的实际喂料量要与混凝土输送泵的吞料量相适应，保证泵机的正常连续运行及不超负荷工作。

⑤ 混凝土拌和用水的加热。在搅拌机旁架一个水箱，下边用煤生火加热，水温至 60～80℃即可，不宜超过 80℃。但根据实际气温条件可加热至 100℃，此时水泥不能与热水直接接触。

⑥ 粗细骨料中若含冰雪冻块等应及时清除，拌和混凝土的各项原材计量须准确。粗细骨料用手推车上料，磅秤称量，水泥以每袋 50kg 计量，泵送防冻剂用台秤称量，水用混凝土搅拌机上的计量器计量。

⑦ 搅拌时采用石子→水泥→砂或砂→水泥→石子的投料顺序，搅拌时间不少于 90s，保证拌和物搅拌均匀。

⑧ 混凝土振捣采用插入式振捣棒。振捣时振捣棒要快插慢拔，插点均匀排列，逐点移动，顺序进行，以防漏振。插点间距约 40cm。振捣至混凝土表面出浆，不再泛气泡时即可。

⑨ 浇筑筏板混凝土时不需分层，一次浇筑成型，虚摊混凝土时比设计标高先稍高一些，待振捣均匀密实后用木抹子按标高线搓平即可。

⑩ 浇筑混凝土应连续进行，若因非正常原因造成浇筑暂停，当停歇时间超过水泥初凝时间时，接槎处按施工缝处理。施工缝应留直槎，继续浇筑混凝土前对施工缝处理方法为：先剔除接槎处的浮动石子，再摊少量高强度等级的水泥砂浆均匀撒开，然后浇筑混凝土，振捣密实。

4. 浅基础施工常见质量问题及解决方法

浅基础施工过程中常常出现基础筏板梁浇筑后存在龟裂缝的现象，如图 3-36 所示。

原因： 原因很多，主要有以下几点。

① 底板太长，一次浇捣施工可能开裂，裂缝垂直于长向，裂缝之间距离大体相等，距离为 20～30m，裂缝已经稳定。该类裂缝属于温度变形裂缝，原因是施工不当。

② 梁裂缝在跨中，板裂缝在板中部，向四角呈放射状。形成原因如下。

a. 设计时，地下水浮力考虑偏低，梁板承载力不够。

b. 施工中钢筋放少了、板厚不足或混凝土强度不足，属于偷工减料。

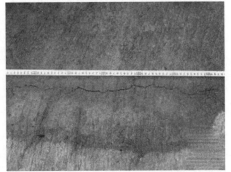

图 3-36 基础筏板梁浇筑后存在龟裂缝

c. 在底板未达到混凝土强度时停止降水，在底板强度不足时承受过大地下水荷载造成开裂，属于施工技术不当。

③ 裂缝没有任何规则，属于混凝土本身原因；干缩过大，属于选材不当。

解决方法： 属于强度不足的，采用粘钢加固；强度没问题的，采用注浆堵漏加固。

第十二节 换填垫层

① 换填垫层（图 3-37）法适用于浅层软弱地基及不均匀地基的处理。

② 应根据建筑体型、结构特点、荷载性质、岩土工程条件、施工机械设备及填料性质和来源等进行综合分析，进行换填垫层的设计和选择施工方法。

③ 垫层施工应根据不同的换填材料选择施工机械。对于粉质黏土、灰土，宜采用平碾、振动碾或羊足碾，中小型工程也可采用蛙式夯、柴油夯。对于砂石等，宜用振动碾。对于粉煤灰，宜采用平碾、振动碾、平板振动器（图 3-38）、蛙式夯。对于矿渣，宜采用平板振动器或平碾，也可采用振动碾。

图 3-37 换填垫层施工照片

图 3-38 平板振动器

知识拓展

分层铺填厚度

一般情况下，垫层的分层铺填厚度可取 200～300mm。为保证分层压实质量，应控制机械碾压速度。

④ 粉质黏土和灰土垫层土料的施工含水量宜控制在最优含水量 $w_{op}\pm2\%$ 的范围内，粉煤灰垫层的施工含水量宜控制在 $w_{op}\pm4\%$ 的范围内。最优含水量可通过击实试验确定，也可按当地经验取用。

⑤ 当垫层底部存在古井、古墓、洞穴、旧基础、暗塘等软硬不均的部位时，应根据建筑对不均匀沉降的要求予以处理，并经检验合格后，方可铺填垫层。

⑥ 基坑开挖时应避免坑底土层受扰动，可保留约 200mm 厚的土层暂不挖去，待铺填垫层前再挖至设计标高。严禁扰动垫层下的软弱土层，防止其被践踏、受冻或受水浸泡。在碎石或卵石垫层底部宜设置 150～300mm 厚的砂垫层或铺一层土工织物，以防止软弱土层表面的局部破坏，同时必须防止基坑边坡坍土混入垫层。

⑦ 换填垫层施工应注意基坑排水，除采用水撼法施工砂垫层外，不得在浸水条件下施工，必要时应采用降低地下水位的措施。

⑧ 垫层底面宜设在同一标高上，如深度不同，基坑底土面应挖成阶梯或斜坡搭接，并按先深后浅的顺序进行垫层施工，搭接处应夯压密实。粉质黏土及灰土垫层分段施工时，不得在柱基、墙角及承重窗间墙下接缝。上下两层的缝距不得小于 500mm。接缝处应夯压密实。灰土应拌和均匀并应当日铺填夯压。灰土夯压密实后 3d 内不得受水浸泡。

 知识拓展

灰土垫层

灰土垫层铺填后宜当天压实，每层验收后应及时铺填上层或封层，防止干燥后松散起尘污染，同时应禁止车辆碾压通行。

⑨ 铺设土工合成材料时，下铺地基土层，顶面应平整，防止土工合成材料被刺穿、顶破。铺设时应把土工合成材料张拉平直、绷紧，严禁有褶皱；端头应固定或回折锚固；切忌曝晒或裸露；连接宜用搭接法、缝接法和胶结法，并均应保证主要受力方向的连接强度不低于所采用材料的抗拉强度。

第十三节 预压地基施工

1. 堆载预压法

堆载预压法施工现场如图 3-39 所示。

 知识拓展

堆载预压法

在建造建筑物之前，用临时堆载（砂石料、土料、其他建筑材料、货物等）的方法对地基施加荷载，给予一定的预压期。使地基预先压缩完成大部分沉降并使地基承载力得到提高后，卸除荷载再建造建筑物。

堆载预压法的施工工艺与要点如下。

① 预压荷载一般宜取等于或大于设计荷载。

② 大面积堆载可采用自卸汽车与推土机联合作业，对超软土地基的第一级堆载用轻型机械或人工作业。

③ 堆载的顶面宽度应小于建筑物的底面宽度，底面应适当放大。

④ 作用于地基上的荷载不得超过地基的极限荷载。

2. 真空预压法

真空预压法施工现场如图 3-40 所示。

图 3-39　堆载预压法施工现场

图 3-40　真空预压法

 知识拓展

真空预压法

在软黏土地基表面铺设砂垫层，用土工薄膜覆盖且周围密封。用真空泵对砂垫层抽气，使薄膜下的地基形成负压。随着地基中气和水的抽出，地基土得到固结。为了加速固结，也可采用打砂井或插塑料排水板的方法，即在铺设砂垫层和土工薄膜之前打砂井或插排水板，达到缩短排水距离的目的。

真空预压法的施工要点如下。

① 先设置竖向排水系统，水平分布的滤管埋设宜采用条形或鱼刺形，砂垫层上的密封膜采用 2～3 层的聚氯乙烯薄膜，按先后顺序同时铺设。

② 面积大时宜分区预压。

③ 做好真空度、地面沉降量、深层沉降、水平位移等观测。

④ 预压结束后，应清除砂槽和腐殖土层。应注意对周边环境的影响。

3. 降水法

降低地下水位可减少地基的孔隙水压力，增加上覆土自重应力，使有效应力增加，从而使地基得到预压。这实际上是通过降低地下水位，靠地基土自重来达到预压目的。

施工要点：一般采用轻型井点、喷射井点或深井井点；当土层为饱和黏土、粉土、淤泥及淤泥质黏性土时，宜辅以电极相结合。

4. 电渗法

在地基中插入金属电极并通以直流电，在直流电场作用下，土中水将从阳极流向阴极形成电渗。不让水在阳极补充而从阴极的井点用真空抽水，这样就使地下水位降低，土中含水量减少。从而地基得到固结压密，强度提高。电渗法还可以配合堆载预压用于加速饱和黏性土地基的固结。

5.预压地基施工常见质量问题及解决方法

预压地基施工（图 3-41）时常出现地面隆起及翻浆的现象。

原因：

① 夯点选择不合适，使夯击压缩变形的扩散角重叠。

② 夯击有侧向挤出现象。

③ 夯击后间歇时间短，空隙水压力未完全消散。

④ 有的土质夯击数过多易出现翻浆（形成"橡皮土"）。

⑤ 雨期施工或土质含水量超过一定量时（一般为 20％内），夯坑周围出现隆起及夯点有翻浆的现象。

图 3-41　预压地基施工

解决方法：

① 调整夯点间距、落距、夯击数等，使之不出现地面隆起和翻浆为准（视不同的土层、不同机具等确定）。

② 根据不同土层不同的设计要求，选择合理的操作方法（连夯或间夯等）。

③ 在易翻浆的饱和黏性土上，可在夯点下铺填砂石垫层，以利空隙水压的消散，可一次铺成或分层铺填。

④ 尽量避免雨期施工，必须雨期施工时，要挖排水沟，设集水井，地面不得有积水，减少夯击数，增加空隙水的消散时间。

第十四节　强夯地基施工

1.施工现场（作业条件）要求

① 施工前必须对附近施工环境进行调查，应查明场地范围内的地下构筑物和各种地下管线的位置及埋深等，并采取必要的保护措施，以免因施工造成损坏。

② 当强夯施工（图 3-42）所产生的振动对邻近建筑物或设备、仪器以及施工中砌筑工

← 强夯施工

图 3-42　强夯施工

程和浇灌混凝土等产生有害影响时，应设置监测点，并采取挖隔振沟等防振措施。

 知识拓展

强夯施工

强夯是强力夯实的简称。将很重的锤从高处自由下落，对地基施加很高的冲击能，反复多次夯击地面，地基土中的颗粒结构发生调整，土体变为密实，从而能较大限度地提高地基强度和降低压缩性。

③ 按设计基底高程和试夯确定的夯沉量对强夯区域的土方进行挖方或填方施工，做好场区"三通一平"工作。

2. 主要施工机具、设备

① 强夯锤（图 3-43）质量可取 10～40t，其底面形状宜采用圆形或多边形，锤底面积宜按土的性质确定，锤底静接地压力值可取 25～40kPa，对于细颗粒土锤底静接地压力宜取较小值。锤底面宜对称设置若干个与其顶面贯通的排气孔，孔径可取 250～300mm。强夯置换锤底静接地压力值可取 100～200kPa。夯锤可用钢板焊接壳体，内部浇筑混凝土制成，亦可采用铸钢或铸铁制造。当处理碎石土或杂填土时宜选用铸钢锤。

② 施工机械一般采用履带式起重机或其他专用设备。应按所需要的夯击能量选用合适的起重设备，其有效起吊高度和回转半径应满足施工要求。为防止落锤时吊臂后倾，应在吊臂下部设置弹性支撑。当单击夯击能超过所选用设备的起重能力时，可在吊杆端部设置辅助门架，以提高起重能力和稳定性。

③ 采用的脱钩装置必须灵活，有足够的强度和耐用性。脱钩时不允许发生锤与钩不脱离现象。

图 3-43 强夯锤

④ 根据工程规模，配备相应型号与数量的推土机。

⑤ 其他工具为经纬仪、水准仪及钢卷尺等。

3. 强夯施工要点

① 清理并平整施工场地。

② 标出第一遍夯点位置，并测量场地高程。

知识拓展

测量时应注意：夯区角点放线偏差不大于 20mm，夯点定位允许偏差为 ±50mm。

③ 夯击点位置可根据基底平面形状采用等边三角形、等腰三角形或正方形布置。第一遍夯击点间距可取夯锤直径的 2.5～3.5 倍，第二遍夯击点位于第一遍夯击点之间，以后各遍夯击点间距可适当减小。对处理深度较深或单击夯击能较大的工程，第一遍夯击点间距宜适当增大。

④ 起重机就位，夯锤置于夯点位置，测量夯前锤顶高程。

⑤ 将夯锤起吊到预定高度，开启脱钩装置，待夯锤脱钩自由下落后，放下吊钩，测量锤顶高程，若发现因坑底倾斜而造成夯锤歪斜时，应及时将坑底整平。

⑥ 重复步骤④，按设计规定的夯击次数及控制标准，完成单个夯点的夯击。

⑦ 换夯点，重复步骤③～⑤，完成第一遍全部夯点的夯击；用推土机将夯坑填平，并测量场地高程。

⑧ 在规定的间隔时间后，按上述步骤逐次完成全部夯击遍数，最后用低能量满夯，将场地表层松土夯实，并测量夯后场地高程。

⑨ 两遍夯击之间应有一定的时间间隔。

第十五节　振冲挤密地基施工

振冲挤密法（图 3-44）适用于处理砂土和粉土等地基，最适宜水利工程施工，以及工民建工程中水位较高且对承载力要求较低的工程。

图 3-44　振冲挤密法施工

 知识拓展

振冲挤密法

利用专门的振冲器械产生的重复水平振动和侧向挤压作用，使土体的结构逐步破坏，孔隙水压力迅速增大。由于结构破坏，土粒有可能向低势能位置转移，这样土体由松变密。

① 平整施工场地，布置桩位。

② 施工车就位，振冲器对准桩位。

③ 启动振冲器，使之徐徐沉入土层，直至加固深度以上 30～50cm，记录振冲器经过各深度的电流值和时间，提升振冲器至孔口。再重复以上步骤 1～2 次，使孔内泥浆变稀。

④ 向孔内倒入一批填料，将振冲器沉入填料中进行振实并扩大桩径。重复这一步骤直至该深度电流达到规定的密实电流为止，并记录填料量。

⑤ 将振冲器提出孔口，继续施工上节桩段，一直完成整个桩体振动施工，再将振冲器及机具移至另一桩位。

⑥ 在制桩过程中，各段桩体均应符合密实电流、填料量和留振时间三方面的要求，基本参数应通过现场制桩试验确定。

⑦ 施工场地应预先开设排泥水沟系，将制桩过程中产生的泥水集中引入沉淀池，池底部厚泥浆可定期挖出送至预先安排的存放地点，沉淀池上部比较清的水可重复使用。

⑧ 最后应挖去桩顶部 1m 厚的桩体，或用碾压、强夯（遍夯）等方法压实、夯实，铺设并压实垫层。

第十六节 水泥土搅拌桩地基施工

水泥土搅拌法（图 3-45）分为深层搅拌法（以下简称湿法）和粉体喷搅法（以下简称干法）。水泥土搅拌法适用于处理正常固结的淤泥与淤泥质土、粉土、饱和黄土、素填土、黏性土以及无流动地下水的饱和松散砂土等地基。

 知识拓展

水泥混凝土搅拌法

混凝土搅拌机是用于加固饱和和软黏土低地基的一种机械，它利用水泥作为固化剂，通过特制的搅拌机械，在地基深处将软土和固化剂强制搅拌，利用固化剂和软土之间所产生的一系列物理化学反应，使软土硬结成具有整体性、水稳定性和一定强度的优质地基。

图 3-45 水泥混凝土搅拌桩施工

1. 水泥土搅拌桩地基施工

水泥土搅拌桩地基的施工步骤及方法见表 3-7。

表 3-7 水泥土搅拌桩地基的施工步骤及方法

施工步骤	主要内容
桩机定位、对中、调平	放好搅拌桩桩位后，移动搅拌桩机到达指定桩位，对中、调平（用水准仪调平）
调整导向架垂直度	采用经纬仪或吊线锤双向控制导向架垂直度。按设计及规范要求，垂直度小于 1.0% 桩长
预先拌制浆液	深层搅拌机预搅下沉的同时，后台拌制水泥浆液，待压浆前将浆液放入集料斗中。选用水泥拌制浆液，水灰比控制在 0.45～0.50，按照设计要求每米深层搅拌桩水泥用量不少于 50kg
搅拌下沉	启动深层搅拌桩机转盘，待搅拌头转速正常后方可使钻杆沿导向架边下沉边搅拌。下沉速度可通过挡位调控，工作电流不应大于额定值
喷浆搅拌提升	下沉到达设计深度后，开启灰浆泵，通过管路送浆至搅拌头出浆口，出浆后启动搅拌机及拉紧链条装置，按设计确定的提升速度（0.50～0.8m/min）边喷浆搅拌边提升钻杆，使浆液和土体充分拌和
重复搅拌下沉	搅拌钻头提升至桩顶以上 500mm 高后，关闭灰浆泵，重复搅拌下沉至设计深度，下沉速度按设计要求进行
喷浆重复搅拌提升	下沉到达设计深度后，喷浆重复搅拌提升，一直提升至地面
桩机移位	施工完一根桩后，移动桩机至下一桩位，重复以上步骤进行下一根桩的施工

2. 水泥土搅拌桩地基常见质量问题及解决方法

水泥土搅拌桩地基施工时常出现成桩偏斜，达不到设计深度的现象，如图 3-46 所示。

原因：

① 遇到地下物如大孤石、大块混凝土、老房基及各种管道等。

② 遇到干硬黏土或硬夹层（如砂、卵石层）。

③ 遇有倾斜的软硬地层交接处，造成桩尖向软弱土方向滑移。

④ 桩工机械底座放置的地面不平、不实，沉陷不均匀，使桩机本身倾斜。

⑤ 钢套管弯曲过大，稳管时又未校正。

图 3-46 成桩偏斜

解决方法：

① 施工前地面应平整压实（一般要求地面承载力为 100～150kPa），或垫砂卵石、碎石、灰土及路基箱等，因地制宜选用。

② 施工前选用合格的稳桩管，稳桩管要双向校正（成 90°角，用锤球或经纬仪），控制垂直度不大于 1%。

③ 放桩位点时，先用钎探找出地下物的埋置深度，挖坑应分层回填夯实（钎长 1～1.5m），非桩位点可不做处理。

④ 遇有硬黏土或硬夹层，可先成孔注水，浸泡一段时间再沉管，或边振沉边注水，以满足设计深度。

⑤ 遇到地层软硬交接处沉降不等或滑移时，应与设计单位研究，采取缩短桩长、加密桩数的办法。

第十七节 土和灰土挤密桩复合地基施工

土和灰土挤密桩复合地基（图 3-47）适用于处理地下水位以上的湿陷性黄土、素填土和杂填土等地基。当以消除地基土的湿陷性为主要目的时，宜选用土挤密桩复合地基；当以提高地基土的承载力或增强其水稳性为主要目的时，宜选用灰土挤密桩复合地基；当地基土的含水量大于 24%、饱和度大于 65% 时，不宜选用灰土挤密桩复合地基或土挤密桩复合地基。

图 3-47 土和灰土挤密桩复合地基施工

📚 知识拓展

灰土挤密桩

灰土挤密桩一般适用于处理地下水位以上的湿陷性黄土，处理深度为 5～15m，处理宽度两端要超过基础宽度的 0.25 倍，并不应小于 0.5m。

1. 一般构造要求

① 桩径与桩身：桩身直径一般为 300～450mm。

② 装平面布置：多按照等边三角形排列，桩距（D）按有效挤密范围，一般取 2.5～3.0 倍桩径，排距为 0.866D。

③ 挤密面积：地基的挤密面积应每边超出基础宽 0.2 倍。

④ 桩顶垫层：桩顶应高出设计标高 15cm，挖出时将剩余部分铲除。

📚 知识拓展

桩顶一般设 0.5～0.8m 厚的灰土垫层。

2. 桩的成孔方法

① 桩管顶设桩帽，下端做成锥形约成 60°角，桩尖可以向下活动。本方法简单易行，孔壁光滑平整，挤密效果良好，但处理深度受桩架限制，一般不超过 8m。

② 爆扩法是用钢钎打入土中形成直径 25～40mm 的孔或用洛阳铲打成直径 60～80mm 的孔，然后在空中装入条形炸药卷和 2～3 个雷管，爆扩成直径 (15～18)d 的孔（d 为孔径或药卷直径）。本法成孔简单，但孔径不易控制。

③ 冲击法是用简易冲击孔机将 0.6～3.2t 的重锥形锤头，提升 5～20m 高后落下，反复冲击成孔，用泥浆护壁，直径可达 50～60cm，深度可达 15m 以上，适用于处理湿陷性较大的土层。

3. 桩的施工顺序

应先外排后里排，同排内应间隔 1～2 孔进行；对大型工程可采用分段施工，以免因振动挤压造成相邻孔缩孔或坍孔。成孔后应彻底夯实、夯平，夯实次数不少于 8 击，并立即夯填灰土。

4. 桩孔分层回填夯实

① 每次回填厚度为 350～400mm。回填一层夯实一层。

② 人工夯实用 25kg 带长柄的混凝土锤，用三人夯击；机械夯实用偏心轮夹杆式夯实机或采用电动卷扬机提升式夯实机。

③ 锤采用倒抛物线形锥体或尖锥体，用铸钢制成，锤重不宜小于 100kg，最大直径比孔径小 50～120mm。

④ 一般落锤高度不小于 2m，每层夯击不少于 10 击。

⑤ 施打时，逐层以量斗定量向孔内下料，逐层夯实，当采用连续夯实机时，则将灰土用铁锹随夯击不断下料，每下两锹夯两击，均匀地向桩孔下料、夯实。

5. 土和灰土挤密桩复合地基施工常见质量问题及解决方法

土和灰土挤密桩复合地基施工时常常出现桩缩孔或塌孔，挤密效果差的现象，如图 3-48 所示。

原因：

① 地基土的含水量过大或过小。含水量过大，土层呈强度极低的流塑状，挤密成孔时

易发生缩孔；含水量过小，土层呈坚硬状，挤密成孔时易碎裂松动而塌孔。

② 不按规定的施工顺序进行。

③ 对已成的孔没有及时回填夯实。

④ 桩间距过大，挤密效果不够，均匀性差。

解决方法：

① 地基土的含水量在达到或接近最佳含水量时，挤密效果最好。当含水量过大时，必须采用套管成孔。成孔后如发现桩孔缩颈比较严重，可在孔内填入干散砂土、生石灰块或砖渣，稍停一段时间后再将桩管沉入土中，重新成孔。如含水量过小，应预先浸湿加固范围的土层，使之达到或接近最佳含水量。

② 施工时应保持桩位正确，桩深应符合设计要求。为避免夯打造成缩颈堵塞，应打一孔，填一孔，或隔几个桩位跳打夯实。

③ 控制桩的有效挤实范围，一般以 2.5～3 倍桩径为宜。

图 3-48　土和灰土挤密桩
复合地基施工

第十八节　水泥粉煤灰碎石桩复合地基施工

水泥粉煤灰碎石桩（图 3-49）适用于处理黏性土、粉土、砂土和已自重固结的素填土等地基。对淤泥质土应按当地经验或通过现场试验确定其适用性。就基础形式而言，既可用于条形基础、独立基础，又可用于箱形基础、筏形基础。采取适当技术措施后亦可应用于刚度较弱的基础以及柔性基础。

知识拓展

图 3-49　水泥粉煤灰碎石桩施工

水泥粉煤灰碎石桩

水泥粉煤灰碎石桩复合地基是由水泥、粉煤灰、碎石、石屑或砂加水拌和形成的高黏结强度桩（简称 CFG 桩），通过在基底和桩顶之间设置一定厚度的褥垫层以保证桩、土共同承担荷载，使桩、桩间土和褥垫层一起构成复合地基。

1. 钻孔的施工步骤及方法

① 桩位验收后，钻机就位并调整机身，应用钻机塔身的前后垂直标杆检查导杆，校正位置，使钻杆垂直对准桩位中心，以保证桩身垂直度偏差不得大于允许偏差。

② 开钻前，先将泵的料斗及管线用清水湿润（润滑管线，防止堵管），然后用水泥砂浆进行泵送，并将所有砂浆泵出管外。

③ 封住钻头阀门，使钻杆向下移动至钻头触及地面时，开动钻机旋动钻头。一般应先慢后快，在成孔过程中如发现钻杆摇晃或难钻时，应停机或放慢进尺，遇到障碍物应停止钻进，分析原因，禁止强行钻进。

④ 根据设计桩长和场地标高，在钻机塔身相应位置做醒目深度标志作为施工时控制桩

长的依据，当动力头底面到达标志时，桩长即满足设计要求。

⑤ 钻杆下钻到预定深度，现场施工技术人员根据地质勘察报告以及实际钻孔出土观察分析，是否达到设计要求的土层。

2. 混凝土泵送

① 钻头到达设计标高后，钻杆停止钻动，开始泵送混凝土，泵送量达到钻杆芯管一定高度后，方可提钻（禁止先提钻再泵料）。然后一边泵送一边提钻，提钻速度控制必须与泵送量相匹配，保证钻头始终埋在 CFG 桩液面以下，以避免进水、夹泥等质量缺陷的发生。成桩过程宜连续进行（应避免供料不足、停机待料现象），直至桩体高出桩顶设计标高。

② 若施工中因其他原因不能连续灌注，须根据勘察报告和施工已掌握的场地土质情况，避开饱和砂土、粉土层，不宜在这些土层内暂停泵送，避免地下水侵入桩体。成桩过程中必须保证排气阀正常工作，防止成桩过程中发生堵管。施工时要始终保持混凝土泵料斗内的液面在料斗底面以上一定高度，以免泵送混合料时吸入空气造成堵管。本工程投料量的控制，以设计桩顶标高加 500mm 保护桩长为准。

🕮 知识拓展

桩身混凝土强度满足设计要求，通常不小于 C15。

3. 钻孔弃土清运

① 施工时，钻孔弃土应及时清运，以避免影响施工速度，弃土的清运应严格按技术交底进行，并有专人指挥。

② 钻孔弃土清运可采用机械配合人工清土的方法。清土时应尽量采用小型机械，避免扰动基底土层，弃土清运应与 CFG 桩施工配合进行，严禁设备碰撞桩身，避免造成浅部断桩，同时弃土清运应注意保护桩位放线点，避免桩位点移位。

4. 桩间保护土层清运

① 桩间保护土层的清运原则上应在 CFG 桩施工结束 3d 后进行，如在 CFG 桩施工期间进行，应不影响 CFG 桩正常施工。桩间保护土层宜采用人工开挖、清运，在桩距足够大且槽底土不易受扰动的情况下，可以采用小型机械开挖、清运。开挖过程中应用水准仪进行测量，控制标高，以避免超挖。

② 桩间保护土层开挖、清运过程中，应合理安排开挖、清运顺序，避免开挖和运输机械直接在基底面上行驶，造成基底土层的扰动。如需在已开挖完成的基底面上行驶，应采取垫土等保护措施，以保证基底土在施工过程中不受扰动。

③ 在桩间保护土层开挖、清运过程中，加强对成品的保护，特别是采用机械开挖、清运的情况下，应有专人指挥机械，严禁机械碰撞桩头，以避免造成浅部断桩。

5. 凿桩头

① 保护土层清除后可进行桩头处理（图 3-50），将桩顶设计标高以上桩头截断。凿桩头采用人工截桩方法，砍凿后的桩头应断面平直，防止有大的掉角现象，其桩高允许误差宜控制在 0～20mm，具体方法为：用水准仪确定桩顶标高，人工开挖土至桩顶标高时，在桩顶标高以上 50mm 处平设两根钢钎，相对放置，轻敲入桩体后同时击打钢钎，将桩头截断。桩顶标高以上所剩的 50mm 桩头，应用细

图 3-50　CFG 桩凿桩头

钎剔凿平整至桩顶标高。如因剔凿桩头引起的桩头缺陷应按设计方要求进行接桩,将其接至标高。

② 如果在清运打桩弃土、保护土层或截桩头时出现水平裂缝,水平裂缝一般在设计桩顶标高以下 500mm 之内,可采用如下补救措施:先将桩顶修平、凿毛,用与桩身同标号的混凝土接至设计标高。

6. 水泥粉煤灰碎石桩复合地基施工常见质量问题及解决方法

(1) CFG 桩加固地基施工出现缩颈、断桩

CFG 桩加固地基施工出现缩颈、断桩,CFC 桩加固地基施工现场如图 3-51 所示。

原因:

① 由于土层变化,在高水位的黏性土中,振动作用下会产生缩颈。

② 灌桩填料没有严格按配合比进行配料、搅拌以及搅拌时间不够。

③ 在冬期施工中,对粉煤灰碎石桩的混合料保温措施不当,灌注温度不符合要求,浇灌又不及时,使之受冻或达到初凝。雨季施工,防雨措施不利,材料中混入较多的水分,坍落度过大,从而使强度降低。

图 3-51　CFG 桩加固地基施工现场

④ 拔管速度控制不严。

⑤ 冬期施工冻层与非冻层结合部易产生缩颈或断桩。

⑥ 开槽及桩顶处理不好。

解决方法:

① 要严格按不同土层进行配料,搅拌时间要充分,每盘至少 3min。

② 控制拔管速度,一般 1~1.2m/min。用浮标观测(测每米混凝土灌量是否满足设计灌量)以找出缩颈部位,每拔管 1.5~2.0m,留振 20s 左右(根据地质情况掌握留振次数与时间或者不留振)。

③ 出现缩颈或断桩,可采取扩颈方法(如复打法、翻插法或局部翻插法),或者加桩处理。

④ 混合料的供应有两种方法:一是现场搅拌;二是商品混凝土。但都应注意做好季节施工。雨期防雨和冬期保温都要苦盖,并保证灌入温度在 5℃以上(冬期按规范)。

⑤ 每个工程开工前,都要做工艺试桩,以确定合理的工艺,并保证设计参数,必要时要做荷载试验桩。

⑥ 混合料的配合比在工艺试桩时进行试配,以便最后确定配合比(荷载试桩最好同时参考相同工程的配合比)。

⑦ 在桩顶处,必须每 1.0~1.5m 翻插一次,以保证设计桩径。

⑧ 冬期施工,在冻层与非冻层结合部(超过结合部搭接 1.0m 为好),要进行局部复打或局部翻插,克服缩颈或断桩。

⑨ 施工中要详细、认真地做好施工记录及施工监测。如出现问题,应立即停止施工,找有关单位研究解决后方可施工。

⑩ 开槽与桩顶处理要合理选择施工方案,否则应采取补救措施,桩体施工完毕待桩达到一定强度(一般 7d 左右),方可进行开槽。

(2) CFG 桩加固地基施工时灌量不足

CFG 桩加固地基施工时灌量不足,如图 3-52 所示。

原因：

① 原状土（如黏性土、淤泥质土等）在饱和水或地下水中，由于振动沉管过程中产生流塑状，而形成高孔隙水压力，使局部产生缩颈。

② 地下水位与其土层结合处，易产生缩颈。

③ 桩间距过小或群桩布置，互相挤压产生缩颈。

④ 混凝土达到初凝后才灌入，或冬期施工受冻，和易性较差。

⑤ 开始拔管时有一段距离，桩尖活瓣被黏性土抱着张不开或张开很小，材料不能顺利流出。

⑥ 在桩管沉入过程中，地下水或泥土进入桩管。

图 3-52　CFG 桩加固地基施工时灌量不足

解决方法：

① 根据地质报告，预先确定出合理的施工工艺。开工前要先进行工艺试桩。

② 控制拔管速度，一般为 1～1.2m/min。用浮标观测（测每米混凝土灌量是否满足设计灌量）以找出缩颈部位，每拔管 1.5～2.0m，留振 20s 左右（根据地质情况掌握留振次数与时间或者不留振）。

③ 出现缩颈或断桩，可采取扩颈方法（如复打法、翻插法或局部翻插法），或者加桩处理。

④ 季节施工要有防水和保温措施，特别是未浇灌完的材料，在地面堆放或在混凝土罐车中时间过长，达到了初凝，应重新搅拌或罐车加速回转再用。

⑤ 克服桩管沉入时进入泥水，应在沉管前灌入一定量的粉煤灰碎石混合材料，起到封底作用。

⑥ 用浮标观测检查，控制填充材料的灌量，否则应采取补救措施，并做好详细记录。

⑦ 根据地质具体情况，合理选择桩间距，一般以 4 倍桩径为宜，若土的挤密性好，桩距可以取得小一些。

第十九节　夯实水泥土桩复合地基施工

1. 施工准备

① 土料。土料中有机质含量不得超过 5%，不得含有冻土或膨胀土，使用时应过 10～20mm 的筛。

② 混合料。根据室内配比试验，针对现场地基土的性质，选择合理的水泥品种。混合料含水量应满足土料的最优含水率 w_{op}，允许偏差不大于 ±2%，土料与水泥应拌和均匀，水泥用量不得少于按混合料配合比试验确定的重量。

2. 主要工机具

① 成孔设备。0.6t 或 1.2t 柴油打桩机或自制锤击式打桩机（图 3-53），亦可选用洛阳铲、冲击钻机。

② 夯实设备。卷扬机、提升式夯实机或偏心轮类杆式夯实机。

图 3-53　锤击式打桩机

3.作业条件

① 岩土工程勘察报告，基础施工图纸，施工组织设计齐全。

② 建筑场地地面上、地下及高空所有障碍物清除完毕，现场符合"三通一平"的施工条件。

③ 轴线控制桩及水准基点桩已经设置并编号，且经复核，桩孔位置已经放线并标识桩位。

4.操作工艺

① 成孔。夯实水泥土桩的施工，应按设计要求选用成桩工艺，挤土成孔可选用沉管、冲击等方法；非挤土成孔可选用洛阳铲、螺旋钻等方法。

 知识拓展

沉管法

沉管法是预制管段沉放法的简称，是建筑工程一种常用的施工方法。

② 材料搅拌。根据室内配比试验，针对现场地基土的性质，选择合理的水泥品种混合料，含水量应满足土料的最优含水率 w_{op}，允许偏差不大于±2%，土料与水泥应拌和均匀，水泥用量不得少于按混合料配合比试验确定的重量。

③ 夯填。夯填桩孔时，宜选用机械夯实。分段夯填时，夯锤的落距和填料厚度应根据现场试验确定，混合料的压实系数不应小于0.93。孔内填料前孔底必须夯实，桩顶夯填高度应大于设计桩顶标高200～300mm。

5.夯实水泥土桩复合地基施工常见质量问题及解决方法

夯实水泥土桩复合地基施工时常常发生桩头破坏的现象，如图3-54所示。

原因：施工不仔细，一味求快，野蛮操作。一般来说，对于预制管桩截桩时，对高出设计标高的桩头，经测量找出断接线，将桩头按照需要尺寸进行切截。截桩头宜用锯桩器截割，严禁用大锤横向敲击或强行扳拉截桩。

图3-54　桩头破坏

解决方法：施工过程中可参考以下步骤进行。

① 清凿桩头紧跟随土方开挖进行施工，采用风镐和人工钢钻进行清凿桩头，要求不损伤设计桩顶标高以下部分的桩体，桩头表面应平整，不出现凸头形状，先采用手提锯切割桩周，再用风镐将桩周弄断。

② 桩顶标高应控制在规定范围内，集水坑井随设计标高加深，采用水准仪进行抄平，在桩身处抄三个点，然后连成水平线，采用手提切割锯进行切割，然后再用钢钻人工凿出边槽。

③ 在水平凿桩头时，杜绝过大的水平力，防止断桩，桩头部分的松散混凝土或混凝土浮浆必须清除干净，清至混凝土密实层，首先在桩侧面用人工钻水平方向凿沟槽，然后采用风镐自上而下进行凿出作业，保证不冲击破坏有效桩体。

第二十节　砂桩地基施工

1.挤密砂桩施工

（1）振动沉管挤密砂桩

振动沉管挤密砂桩示意如图3-55所示。

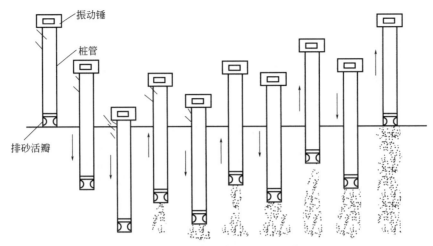

图 3-55　振动沉管挤密砂桩示意

📚 **知识拓展**

砂桩

砂桩也称为挤密砂桩或砂桩挤密法。砂桩法适用于挤密松散砂土、粉土、黏性土、素填土、杂填土等地基。对饱和黏土地基及对变形控制要求不严的工程也可采用砂桩置换处理。

（2）孔径

根据设计及当地地质情况而定，一般在施工中对填料夯击后桩径有扩大的倾向。桩深：由于地质条件变化，不同区段一般桩深为基床下 4～14m。桩距：一般沿线路中线向两侧呈等边三角形分布，桩体采用渗水率较高的中、粗砂，含泥量不大于 5%。

（3）挤密砂桩的施工工艺

① 正式开工前应进行现场勘察，选择合适的进场道路，同时逐一检查进场设备，对施工人员上岗前进行基本知识的培训，确保施工质量和施工人员的安全。

② 施工场地的腐殖土必须清除，为防止机械泡水，路基须填砂至 1.3m 标高时，再进行桩孔定位和桩机定位，在地面上将套管的位置确定好，然后由上部送料斗投入套管内一定量的砂（约 1m 桩长的砂）。

③ 开动振动机，将套管打入土中，如遇坚硬的土层，可辅以喷气或射水助沉，将套管打到预定的设计深度，振密砂料，振动拔管，补灌入砂料，将套管拉到一定的高度，套管内的砂即被压缩空气（或在自重作用下）排砂于土中，桩管拔起后核定砂的排出情况，再将套管打入规定的深度。

（4）砂垫层

砂垫层一般采用透水性好、洁净、级配良好的中、粗砂，含泥量<5%。施工时必须将其中的植物、杂物除尽。

（5）高强编织土工布

高强编织土工布铺设如图 3-56 所示。

图 3-56　高强编织土工布铺设

⊜ 知识拓展

高强编织土工布

高强编织土工布延伸率≤10%时：纵向抗拉强度要求≥80kN/m，横向抗拉强度要求>50kN/m，破断延伸率≤16%。

土工布的施工要点如下。

① 在铺设高强编织土工布时，要求沿横断面方向铺设，纵向搭接宽度50cm。

② 为减少编织土工布受力变形，在铺设过程中沿横断面方向对高强编织土工布进行预张拉，预张拉延伸率按2%控制（预张力约为15kN/m）。

③ 张拉方法一般采用土工布一端填砂回折锚固，通常另一端用钢管将土工布卷起，通过挖掘机械勾住张拉或用法兰螺栓与后部打入木桩连接张紧固定，土工布应摊铺平整、张紧，不得出现松弛现象，并每隔10cm绑扎一次。

④ 土工布铺完后，应及时填土碾压。首先在土工布两侧填土，将土工布固定，再向中间推进，碾压的顺序是先两侧后中间，严禁车辆直接与土工格栅接触。

2. 桩位、桩距、垂直度控制

在挤密砂桩施工前绘制好桩位图，并按顺序编号，按大地坐标系统用全站仪实地放样，测设出路基中、边桩后用木桩或竹桩定出每根砂桩的具体位置，调整导杆使桩管垂直度偏差小于1.5%，提升桩管离地面50cm，将桩管平底活页闭合，加压、振动沉管沉桩（采用定位圈套定桩位）。

3. 投料量的控制

按照设计方提供的系数计算出每米投料量及设计桩长总投料量，并且换算成斗车车数，做好投料管管长的标识，确保桩长，振动沉桩管打入地基至设计深度投料，留振半分钟，同时启动潜水泵，向管中加水至1/3桩管，即待桩管下端平底桩头活页已开，桩管及桩头外壁真空被破坏，减少起拔桩管的摩擦阻力后，第一次投料开始（投满桩管）。在加投料时控制加水量，使水位高于砂面1~1.5cm，以确保中、粗砂投料下沉至桩底，边振动，边拔管（尽量放缓拔管速度和拔管间隔），待拔管3.5m后，边加水边用料斗添加剩余的投料。

4. 加水量

挤密砂桩施工时土质含水量一般达50%以上，因此一般无须进行来回多次振冲造浆，挤密砂桩采用水夯密实成桩法施工。

5. 桩管提升速度

桩管就位后，在振动锤激振力作用下，以桩管沉入速度小于0.2~0.6m/min，并以工作电流表值是否超过55~56A作为是否进入持力层判别的标志，启动拔管前留振1min后，边开桩机振动锤边均匀缓慢提升桩管，提升速度控制在1.0m/min，且每升高1m留振20s，边振动边加水，直至将桩管提升到孔口，并进入下根桩施工。

第二十一节　高压喷射注浆地基施工

高压喷射注浆地基施工（图3-57）适用于采用高压喷射注浆进行地基加固的工业与民用建筑工程，也可以用于既有建筑和新建筑的地基处理，深基坑侧壁挡土或挡水，基坑底部加固防止管涌与隆起，加固与防水帷幕等采用高压喷射注浆的工程。

图 3-57　高压喷射注浆施工

 知识拓展

高压喷射注浆地基

利用钻机把带有喷嘴的注浆管钻至土层的预定位置或先钻孔后将注浆管放至预定位置,以高压使浆液或水从喷嘴中射出,边旋转边喷射的浆液,使土体与浆液搅拌混合形成固结体。

1. 施工作业条件

① 应具有岩土工程勘察报告基础施工图和施工组织设计。

② 施工场地内的地上和地下障碍已消除或拆迁。

③ 平整场地,挖好排浆沟、排水沟,设置临时设施。

④ 测量放线,并设置桩位标志。

⑤ 取现场大样,在室内按不同含水量和配合比进行配方试验,选取最优、最合理的浆液配方。

⑥ 机具设备已配齐,进场,并进行维修安装就位,进行试运转、现场试桩,确定桩的施工各项施工参数和工艺。

2. 操作工艺

高压喷射注浆地基工艺见表 3-8。

表 3-8　高压喷射注浆地基工艺

步骤	主要内容
钻机就位	根据设计的平面坐标位置进行钻机就位,要求将钻头对准孔位中心,同时钻机平面应放置平稳、水平,钻杆角度和设计要求的角度之间偏差应不大于 1‰～1.5‰
钻孔	在预定的旋喷桩位钻孔,以便旋喷杆可以放置到设计要求的地层中,钻孔设备可以用普通的地质钻孔或旋喷钻机
插管	当采用旋喷管进行钻孔作业时,钻孔和插管两道工序可合二为一,钻孔达到设计深度时即可开始旋喷,而采用其他钻机钻孔时应拔出钻杆,再插入旋喷管
喷射作业	自下而上地进行旋喷作业,旋喷头部边缘可在一定的角度范围内边来回摆动边上升,此时旋喷作业系统的各项工艺参数都必须严格按照预先设定的要求加以控制,并随时做好关于旋喷时间、用浆量、冒浆情况、压力变化等的记录
拔管	旋喷管被提升到设计标高顶部时,清孔的喷射注浆即告完成
冲洗	在拔出旋喷管后应逐节拆下,进行冲洗,以防浆液在管内凝结堵塞。一次下沉的旋喷管可以不必拆卸,直接在喷浆的管路中泵送清水,即可达到清洗的目的
移开钻机	将钻机移到下一孔位

3. 高压喷射注浆地基施工常见质量问题及解决方法

高压喷射注浆地基施工常常会出现地基沉管、冒浆的现象，高压喷射注浆地基施工现场如图 3-58 所示。

原因：

① 遇有地下物，地面不平不实，未校正钻机，垂直度超过 1% 的规定。

② 注浆量与实际需要量相差较多。

解决方法：

① 放桩位点时应钎探，摸清情况，遇有地下物时，应清除或移桩位点。

② 旋喷前场地要平整夯实或压实，稳钻杆或下管要双向校正，控制垂直度小于 1%。

图 3-58 高压喷射注浆地基施工现场

③ 利用侧口式喷头，减小出浆口孔径并提高喷射压力，使压浆量与实际需要量相当，以减少冒浆量。

④ 回收冒浆量，除去泥土，过滤后再用。

⑤ 采取控制水泥浆配合比（一般为 0.6~1.0），控制好提升、旋转、注浆等措施。

第二十二节　旋喷桩复合地基施工

为防止旋喷桩施工（图 3-59）时由于相邻两桩施工距离太近或间隔时间太短，造成相邻高喷孔施工时串浆，采取分批跳孔施作，引孔施工时按每间一孔进行。

图 3-59 旋喷桩现场施工

📚 **知识拓展**

旋喷桩

旋喷桩是利用钻机将旋喷注浆管及喷头钻置于桩底设计高程，将预先配制好的浆液通过高压发生装置使液流获得巨大能量后，从注浆管边的喷嘴中高速喷射出来，形成一股能量高度集中的液流，直接破坏土体。喷射过程中，钻杆边旋转边提升，使浆液与土体充分搅拌混合，在土中形成一定直径的柱状固结体，从而使地基得到加固。

1. 旋喷桩复合地基施工

旋喷桩复合地基施工步骤及做法见表 3-9。

表 3-9　旋喷桩复合地基施工步骤及做法

步骤	主要内容
场地平整	正式进场施工前,应先进行管线调查,清除地面以下 2m 以内障碍物,不能清除的做保护措施,然后整平、夯实;同时合理布置施工机械、输送管路和电力线路位置,确保施工场地的"三通一平"
桩位放样	施工前用全站仪测定旋喷桩施工的控制点,埋石标记,经过复测验线合格后,用钢尺和测线实地布设桩位,并用竹签钉紧,一桩一签,保证桩孔中心移位偏差小于 50mm
钻机就位	钻机就位后,对桩机进行调平、对中,使桩机放置平稳、水平,保证钻杆应与桩位一致,偏差应在 10mm 以内,钻杆垂直度误差小于 1%;钻杆前应调试空压机、泥浆泵,使设备运转正常,并进行低压(0.5MPa)射水试验,检查喷嘴是否畅通,压力是否正常;校验钻杆长度,并用红油漆在钻塔旁标注深度线,保证孔底标高满足设计深度要求
制备水泥浆	钻机移位时,即开始按设计配合比拌制水泥浆。先将水加入桶中,再将水泥和外掺剂倒入,开动搅拌机搅拌 10~20min,然后拧开搅拌桶底部阀门,放入第一道筛网(孔径 0.8mm),过滤后流入浆液池,再通过泥浆泵抽进第二道过滤网(孔径 0.8mm),第二次过滤后流入浆液桶中,待压浆时备用
引孔钻进	采用地质钻机钻孔,应首先在地面进行试喷,在钻孔机械试运转正常后开始引孔钻进。钻孔过程中要详细记录好钻杆节数,保证钻孔深度的准确
拔出钻杆、插入旋喷管	引孔至设计标高后,拔出钻杆,并插入旋喷管至预定深度。在插管过程中,为防止泥砂堵塞喷嘴,要边射水边插管,水压不得超过 1MPa,以免压力过高,将孔壁射穿,高压水喷嘴要用塑料布包裹,以防泥土进入管内
提升喷浆管、搅拌	喷浆管下沉到设计深度后,接通高压水管、空压管,开动高压清水泵、泥浆泵、空压机和钻机进行旋转,并用仪表控制压力、流量和风量,分别达到预定数值时开始提升,继续由下向上旋喷和提升到预期的加固高度后停止。喷射时,先应达到预定的喷射压力,喷浆后再逐渐提升旋喷管,以防扭断旋喷管。为保证桩底端的质量,喷嘴下沉到设计深度时,在原位置旋转 10s 左右,待孔口冒浆正常后再旋喷提升
桩头部分处理	当旋喷管提升接近桩顶时,应从桩顶以下 1m 开始慢速提升旋喷,旋喷数秒再向上慢速提升 0.5m,直至桩顶停浆面
砾石层处理	钻进深度内的地层局部夹砾石,为保证桩径,可按上述步骤重复喷浆、搅拌,直至喷浆管提升至停浆面,并关闭高压泥浆泵(清水泵、空压机),停止水泥浆(水、风)输送,将旋喷浆管旋转提升出地面,关闭钻机
清洗	向浆液罐中注入适量清水,开启高压泵,清洗全部管路中残存的水泥浆,并将黏附在喷浆管头上的土清洗干净
移位	移动桩机,进行下一根桩的施工
补浆	喷射注浆作业完成后,由于浆液析水作用会有不同程度的收缩,固结体顶部出现凹穴,要及时用水灰比为 1.0 的水泥浆补灌

2. 旋喷桩复合地基施工常见质量问题及解决方法

旋喷桩复合地基施工时常常会出现灌注桩与高压旋喷桩结合不好的现象,旋喷桩复合地基施工现场如图 3-60 所示。

原因:

① 高压旋喷桩与灌注桩在一般地质情况下,可以结成帐幕,但在砂质很不均匀的层中就会产生问题。

相同压力下,高压旋喷桩在不同的砂层中成形情况相差悬殊,在砂层中所形成的桩径很大,高压水泥浆在孔隙中流出很远,有记录达 4m 远。如钻机拔杆速度较快,则形成的桩体不密实,有裂缝、空洞等缺陷。在中、细砂中,孔隙小,浆液难扩散,但往往出现局部缩小,与灌注桩结合不好的现象。

图 3-60　旋喷桩复合地基施工现场

② 在桩较长的情况下，要做到控制垂直度，使两种桩结合组成帐幕不渗水，比较困难。

解决方法：

① 制定方案时应详细研究场地勘察报告，如有不均匀砂层时，应研究是采用高压注浆法，还是采用其他方法，如深层搅拌水泥土法。

② 在采用高压注浆法时，灌注桩施工应记录每根桩的垂直度，偏向何方，以便作为高压注浆桩的参考，使两桩有良好的结合，做成防水帐幕。

第二十三节　柱锤冲扩桩复合地基施工

柱锤冲扩桩法（图 3-61）适用于处理杂填土、粉土、黏性土、素填土和黄土等地基，对地下水位以下饱和松软土层，应通过现场试验确定其适用性。

图 3-61　柱锤冲扩桩法施工

🔖 知识拓展

柱锤冲扩桩法

柱锤冲扩桩法是在土桩、灰土桩、强夯置换等工法的基础上发展起来的。工程实践表明，柱锤冲扩桩法桩体直径可达 0.6～2.5m，最大处理深度可达 25m，地基承载力可提高 3～8 倍。

1. 成孔作业

柱锤冲扩桩法可采用冲击、跟管和螺旋钻进等方法进行成孔作业。对于冲击成孔可根据表 3-10 进行操作。

表 3-10　冲击成孔施工方法

步骤	主要内容
冲击成孔	适用于地下水位以上不坍孔土层。成孔时将柱锤提高一点高度,自动脱钩(孔深度不大于 4m),或用钢丝绳吊起下落冲击土层,如此反复冲击,接近设计成孔深度时可在孔内填少量粗骨料继续冲击,直到孔底被夯密实
填料冲击成孔	成孔时若出现缩孔或坍孔,可分次填入碎砖和生石灰块,边冲击边将填料挤入孔壁及孔底,当孔底接近设计成孔深度时,夯入部分碎砖挤密桩端土
复打成孔	当坍孔严重、难以成孔时,可提锤反复冲击至设计孔深,然后分次填入碎砖和生石灰块,待孔内生石灰吸水膨胀、桩间土性质有改善后再进行二次冲击,复打成孔

2. 选择成桩方法

进行桩身填料前孔底应夯实,当孔底土质松软时可夯填碎砖、生石灰挤密。依据成孔方法及采用的施工机具不同分为四种桩体施工方法,见表 3-11。

表 3-11　桩体施工的方法

种类	主要内容
孔内分层填料夯扩	采用柱锤冲孔或螺旋钻引孔,达到预定深度以后可在孔底填料夯实,然后在孔内自上而下分层填料夯扩成桩
逐步拔管填料夯扩	当采用跟管成孔到达预定深度以后,可采用边填料、边拔管、边由柱锤夯扩的方法成桩
扩底填料夯扩	当孔底地基土层较软时,可在孔底进行反复填料夯扩,形成扩大端。待孔底夯击贯入度满足要求时,再自上而下分层夯填夯扩成桩
边冲孔边填料、柱锤强力夯实置换法	对于过于松软土层(厚度 3m),当采用上述方法仍难以成孔及填料成桩时,可采用边冲孔边填料、柱锤强力夯实置换法

3. 夯填要求

用标准料斗或运料车将拌和好的填料分层填入桩孔夯实。当采用套管成孔时,边分层填料夯实,边将套管拔出。

 知识拓展

一般填料充盈系数不宜小于 1.5,每个桩孔应夯填至桩顶设计标高以上至少 0.5m,其上部桩孔易用黏土夯封。

第四章

桩基础施工

第一节　混凝土灌注桩施工

混凝土灌注桩按其成孔方法不同，可分为钻孔灌注桩、沉管灌注桩、人工挖孔灌注桩等。

1. 钻孔灌注桩

钻孔灌注桩钻孔现场如图 4-1 所示。

知识拓展

钻孔灌注桩

钻孔灌注桩是指利用钻孔机械钻出桩孔，并在孔中浇筑混凝土（或先在孔中吊放钢筋笼）而成的桩。

① 泥浆护壁钻孔灌注桩施工工艺流程：场地平整→桩位放线→开挖浆池、浆沟→护筒埋设→钻机就位、孔位校正→成孔、泥浆循环、清除废浆和泥渣→清孔换浆→终孔验收→下钢筋笼和钢导管→浇筑水下混凝土→成桩。

② 泥浆护壁钻孔灌注桩施工中在冲孔时应随时测定和控制泥浆密度，如遇较好土层可采取自成泥浆护壁。

③ 灌注桩的沉渣厚度应在钢筋笼放入后，混凝土浇筑前测定。成孔结束后，放钢筋笼和混凝土导管都会造成土体跌落，增加沉渣厚度。因此，沉渣厚度应是二次清孔后的结果。

2. 沉管灌注桩

沉管灌注桩施工如图 4-2 所示。

图 4-1　钻孔灌注桩钻孔现场

图 4-2　沉管灌注桩施工

知识拓展

沉管灌注桩

沉管灌注桩是指利用锤击打桩法或振动打桩法，将带有活瓣式桩尖或预制钢筋混凝土桩靴的钢套管沉入土中，在套管内吊放钢筋骨架，然后边浇筑混凝土边振动或锤击拔管，利用拔管时的振动捣实混凝土而形成所需的灌注桩。前者称为锤击沉管灌注桩及套管夯扩灌注桩，后者称为振动沉管灌注桩。

① 沉管灌注桩成桩过程：桩机就位→锤击（振动）沉管→上料→边锤击（振动）边拔管，并继续浇筑混凝土→下钢筋笼，继续浇筑混凝土及拔管→成桩。

② 锤击沉管灌注桩劳动强度大，要特别注意安全。该种施工方法适于黏性土、淤泥、淤泥质土、稍密的砂石及杂填土层中使用，但不能在密实的中粗砂、砂砾石、漂石层中使用。

图 4-3　人工挖孔灌注桩现场施工

③ 套管夯扩灌注桩是指在桩管内增加了一根与外桩管长度基本相同的内夯管，以代替钢筋混凝土预制桩靴，与外管同步打入设计深度，并作为传力杆，将桩锤击力传至桩端夯扩成大头形，并且增大了地基的密实度；同时，利用内管和桩锤的自重将外管内的现浇桩身混凝土压密成型，将水泥浆压入桩侧土体并挤密桩侧的土，使桩的承载力大幅度提高。

3. 人工挖孔灌注桩

人工挖孔灌注桩现场施工如图 4-3 所示。

　知识拓展

人工挖孔灌注桩

人工挖孔灌注桩是指桩孔采用人工挖掘方法进行成孔，然后安放钢筋笼，浇筑混凝土而成的桩。为了确保人工挖孔桩施工过程中的安全，施工时必须考虑预防孔壁坍塌和流砂现象发生，制定合理的护壁措施。

人工挖孔灌注桩的施工顺序及方法见表 4-1。

表 4-1　人工挖孔灌注桩的施工顺序及方法

步骤	主要内容
放线定位	按设计图纸放线，定桩位
开挖土方	采取分段开挖，每段高度取决于土壁直立状态的能力，以 0.8～1.0m 为一施工段。开挖面积的范围为设计桩径加护壁厚度。挖土由人工从上到下逐段进行，同一段内挖土次序为先中间后周边；扩底部分采取先挖桩身圆柱体，再按扩底尺寸从上到下削土修成扩底形
测量控制	桩位轴线采取在地面设十字控制网、基准点。安装提升设备时，使吊桶的钢丝绳中心与桩孔中心一致，以作为挖土时粗略控制中心线用
支设护壁模板	模板高度取决于开挖土方施工段的高度，一般为 1m。护壁中心线控制，是将桩控制轴线，高程引到第一节混凝土护壁上，每节以十字线对中、吊大线锤控制中心点位置，用尺杆找圆周，然后由基准点测量孔深
设置操作平台	用来临时放置混凝土拌和料和灌注护壁混凝土
浇筑护壁混凝土	护壁混凝土要捣实，上下壁搭接 50～75mm，护壁采用外齿式或内齿式；护壁混凝土强度等级为 C25，厚度为 150mm，护壁内等距放置 8 根直径 6～8mm、长 1m 的直钢筋，插入下层护壁内，使上下护壁有钢筋拉结，避免某段护壁出现流砂、淤泥而造成护壁因自重而沉裂的现象；第一节混凝土护壁高出地面 200mm 左右，便于挡水和定位
拆除模板，继续下一段施工	护壁混凝土达到一定强度后（常温下 24h）便可拆模，再开挖下一段土方，然后继续支模浇筑混凝土，如此循环，直到挖至设计要求的深度
排除孔底积水，浇筑桩身混凝土	浇筑桩身混凝土前，应先吊放钢筋笼，再次测量孔底虚土厚度，并按要求清除

4. 混凝土灌注桩施工常见质量问题及解决方法

混凝土灌注施工时常常出现人工挖孔灌注桩成孔困难、塌孔的现象，如图4-4所示。

原因：

① 遇到了复杂地层，出现上层滞水，造成塌孔。

② 遇到了干砂或含水的流砂。

③ 地质报告粗糙，勘探孔较少，出现突发情况，使得施工方案未能考虑周全，施工准备不足，特别是直径大、孔深又有扩底的情况下。

④ 地下水较丰富，措施不当，造成护壁困难，使成孔更加困难。

⑤ 雨季施工，成孔更加困难。

解决方法：

① 人工挖孔要有详细的地质与水文地质报告，必要时每孔都要有探孔，以便事先采取防治措施。

图 4-4　人工挖孔灌注桩出现塌孔

② 遇到上层滞水、地下水，出现流砂现象时，应采取混凝土护壁的办法，例如使用短模板减小高度，一般用30～50cm高，加配筋，上下两节护壁搭接长度不得小于5cm，混凝土强度等级同桩身，并使用速凝剂，随挖、随验、随浇筑混凝土。

③ 遇到塌孔，还可采用预制水泥管、钢套管、沉管护壁的办法。

④ 混凝土护壁的拆模时间应在24h之后进行。塌孔严重部位也可采取不拆模永久留入孔中的措施。

⑤ 水量大、易塌孔的土层，除横向护壁外，还要防止竖向护壁滑脱，护壁间用纵向钢筋连接，打设护壁土锚杆。必要时也可用孔口吊梁的办法。

⑥ 雨季施工，孔口做混凝土护圈，防止水灌孔。

⑦ 护壁混凝土应随挖、随验、随浇筑，不得过夜。

⑧ 必要时采取降水措施。

⑨ 正式开挖前要做试验挖桩，以校核地质、设计、工艺是否满足要求。及时制定出可行性技术措施。

⑩ 人工挖孔桩应采取跳挖法，特别是有扩底的挖孔桩，应考虑扩孔直径，采取相应措施，以免塌孔贯穿。

⑪ 扩底部位遇到承压水，可选用高压旋喷技术，进行人工固结后再行扩挖。

⑫ 扩大头部位若砂层较厚，地下水或承压水丰富而难以成孔，可采用高压旋喷技术进行固结，再进行挖孔。

第二节　灌注桩后注浆加固

1. 灌注桩后注浆施工

灌注桩后注浆施工现场如图4-5所示。

🔖 **知识拓展**

⋯⋯⋯⋯⋯⋯⋯⋯⋯⋯⋯⋯⋯⋯⋯⋯⋯⋯⋯⋯⋯⋯⋯⋯⋯⋯⋯⋯⋯⋯⋯⋯⋯⋯⋯⋯⋯⋯

灌注桩后注浆

灌注桩成桩后一定时间，通过预设于桩身内的注浆导管及与之相连的桩端、桩侧注浆阀

图 4-5　灌注桩后注浆施工现场

注入水泥浆，使桩端、桩侧土体（包括沉渣和泥皮）得到加固，从而提高单桩承载力，减小沉降。

（1）钻孔施工

在桩身离钢筋内侧 5～10cm 的距离，以 120°分布三个孔，采用地质钻机成孔，作为注浆孔。钻孔过程中施工人员应严格控制钻孔深度，确保钻孔深度在桩底以下≥50cm。

（2）孔底清洗

采用高压旋喷钻机，旋转喷射（3～5MPa）水流冲洗、清洗孔底，直至灌注桩孔底泥坯及岩粉被冲出孔底，排气返水清澈为止。

（3）注浆管埋设

每孔埋设直径 32mm 的镀锌注浆管，在底端 0.1m 内设置梅花形蜂窝眼，便于均匀出浆（注浆管能拔出时可循环使用）。埋设一根直径 25mm 镀锌管，在桩身底与桩孔底之间设置蜂窝眼（用于二次补浆）。出气管在封口以下长度不大于 0.5m。

（4）注浆施工

① 注浆采用二次注浆法，浆液先稀后浓，将配好的浆液与水玻璃分别通过注浆管高压注入孔底汇合，对孔底进行封堵。

② 封堵完成后撤出水玻璃注浆管，采用水泥净浆进行高压灌注，控制注浆速度，待出气管冒出水泥浆时，采用螺栓堵头或阀门方式密封出气口，然后继续加压到恒压（6MPa），停止注浆。

③ 阀门紧闭注浆孔 1h，方可断开与高压泥浆泵连接管路。待第一次注浆初凝后利用埋设在孔内的镀锌管二次进行补浆，填充第一次注浆的细小裂隙和空洞。浆液终凝后方可拆除阀门。

2. 施工质量控制要点

① 钻孔施工应严格按照施工布置图布好孔位，开钻前钻头点位与布孔点的距离相差不得大于 2cm，钻杆度不得大于 1°。

② 配料应采用准确的计量工具，严格按设计配方施工。

③ 注浆应按程序施工，每段进浆都要准确，注浆压力需严格控制在设计范围内，专人操作。

④ 安排专人负责每道工序的操作记录。

3. 灌注桩后注浆加固施工常见质量问题及解决方法

灌注桩后注浆加固施工常常出现注浆管沉入困难，偏差过大的现象，灌注桩后注浆加固施工现场如图 4-6 所示。

原因：

① 注浆管沉入时遇到障碍物，如石块、大混凝土块、树根、地基等物。

② 采取沉管措施不合理。

③ 打（钻）入的注液管未采用导向装置，注液管底端的距离偏差过大。

④ 放桩位点偏差超过规范。

⑤ 受地层土质和渗透的影响。

解决方法：

① 放桩位点时，在地质复杂地区，应用钎探

图 4-6　灌注桩后注浆加固施工现场

查找障碍物，以便排除。

② 打（钻）注浆管及电极棒时，应采用导向装置，注浆管底端间距的偏差不得超过20％，超过时，应打补充注浆管或拔出重打。

③ 放桩位偏差应在允许范围内，一般不大于 20mm。

④ 场地要平坦坚实，必要时要铺垫砂或砾石层，稳桩时要双向校正，保证垂直沉管。

⑤ 开工前应做工艺试桩，校核设计参数及沉管难易情况，确定出有效的施工方案。

⑥ 设置注浆管和电极棒宜用打入法，如土层较深，宜先钻孔至所需加固区域顶面以上2～3m，然后再用打入法，钻孔的孔径应小于注浆管和电极棒的外径。

⑦ 灌浆操作包括打管、冲管、试水、灌浆和拔管五道工序，应先进行试验。

第三节　混凝土预制桩施工

1. 混凝土预制桩施工操作

混凝土预制桩（图 4-7）施工工艺流程：桩机就位→起吊预制桩→稳桩→打桩→接桩→送桩→检查验收。

（1）桩机就位

打桩机就位时，应对准桩位，保证垂直、稳定，确保在施工中不发生倾斜、移位。在打桩前，用 2 台经纬仪对打桩机进行垂直度调整，使导杆垂直，或达到符合设计要求的角度。

（2）起吊预制桩

先拴好吊桩用的钢丝绳和索具，然后应用索具捆绑在桩上端吊环附近处，一般不宜超过300mm，再启动机器起吊预制桩，使桩尖垂直或按设计要求的斜角准确地对准预定的桩位中心，缓缓放下插入土中，位置要准确，再在桩顶扣好桩帽或桩箍，即可除去索具。

图 4-7　混凝土预制桩现场

 知识拓展

起吊预制桩

桩应达到设计强度的 70％ 时方可起吊，达到 100％ 时才能运输；桩在起吊和搬运时，必须做到吊点符合设计要求，应平稳和不得损坏。

（3）稳桩

桩尖插入桩位后，先用较小落距轻捶 1～2 次，桩入土一定深度，再调整桩锤、桩帽、桩垫及打桩机导杆，使之与打入方向成一条直线，并使桩稳定。10m 以内短桩可用线坠双向校正；10m 以上或打接桩必须用经纬仪双向校正，不得用目测。打斜桩时必须用角度仪测定、校正角度。观测仪器应设在不受打桩机移动及打桩作业影响的地点，并经常与打桩机成直角移动。桩插入土时垂度偏差不得超过 0.5％。

（4）打桩顺序及方法

① 用落锤或单动气锤打桩时，锤的最大落距不宜超过 1m；用柴油锤打桩时，应使锤跳动正常。

② 打桩宜重锤低击，锤重的选择应根据工程地质条件、桩的类型、结构、密集程度及施工条件来选用。

③ 打桩顺序根据基础的设计标高，先深后浅；依桩的规格先大后小，先长后短。由于桩的密集程度不同，可由中间向两个方向对称进行或向四周进行，也可由一侧向单一方向进行。

④ 打入初期应缓慢、间断地试打，在确认桩中心位置及角度无误后再转入正常施打。

⑤ 打桩期间应经常校核检查桩机导杆的垂直度或设计角度。

（5）接桩步骤及方法

① 在桩长不够的情况下，采用焊接或浆锚法接桩。

② 接桩前应先检查下节桩的顶部，如有损伤应适当修复，并清除两桩端的污染和杂物等。如下节桩头部严重破坏时应补打桩。

③ 焊接时，其预埋件表面应清洁，上下节之间的间隙应用铁片垫实焊牢。施焊时，先将四角点焊固定，然后对称焊接，并应采取措施，减少焊缝变形，焊缝应连续焊满，0℃以下时须停止焊接作业，否则需采取预热措施。

④ 采用浆锚法接桩时，接头间隙内应填满熔化了的硫黄胶泥，硫黄胶泥温度控制在145℃左右。接桩后应停歇至少7min才能继续打桩。

⑤ 接桩时，一般在距地面1m左右时进行。上下节桩的中心线偏差不得大于5mm，节点弯曲矢高不得大于1/1000桩长。

⑥ 接桩处入土前，应对外露铁件再次补刷防腐漆。

（6）送桩

送桩时，送桩的中心线应与桩身吻合一致方能进行。送桩下端宜设置桩垫，要求厚薄均匀。若桩顶不平，可用麻袋或厚纸垫平。送桩留下的桩孔应立即回填密实。

（7）移动桩机

移动桩机至下一桩位，按照上述施工程序进行下一根桩的施工。

2. 混凝土预制桩施工常见质量问题及解决方法

混凝土预制桩施工时常常会出现桩顶位移和桩身倾斜现象。混凝土预制桩施工现场如图4-8所示。

图4-8　混凝土预制桩施工现象

（1）桩顶位移

① 桩顶位移的原因。

a.桩数较多，土层饱和密实，桩间距较小，在沉桩时土被挤到极限密实度而向上隆起，相邻的桩一起被涌起。

b. 在软土地基施工较密集的群桩时，由于沉桩引起的空隙压力把相邻的桩推向一侧或涌起。

c. 桩位放得不准，偏差过大；施工中桩位标志丢失或挤压偏离，施工人员随意定位；桩位标志与墙、柱轴线标志混淆弄错等，造成桩位错位较大。

d. 选择的行车路线不合理。

e. 特别是摩擦桩，桩尖落在软弱土层中，布桩过密，或遇到不密实的回填土（枯井、洞穴等），在锤击震动的影响下使桩顶有所下沉。

② 桩顶位移的解决方法。

a. 采用点井降水、砂井或盲沟等降水或排水措施。

b. 沉桩期间不得同时开挖基坑，需待沉桩完毕后相隔适当时间方可开挖，相隔时间应视具体地质条件、基坑开挖深度、面积、桩的密集程度及孔隙压力消散情况来确定，一般宜2周左右。

c. 采用"植桩法"可减少土的挤密及孔隙水压力的上升。

d. 认真按设计图纸放好桩位，做好明显标志，并做好复查工作。施工时要按图核对桩位，发现丢失桩位或桩位标志，以及轴线桩标志不清时，应由有关人员查清补上。轴线桩标志应按规范要求设置，并选择合理的行车路线。

（2）桩身倾斜

① 桩身倾斜的原因。

a. 打桩机架挺杆导向固定垂直于底盘，一般不能做前后左右微调，或虽能微调，但使用不便。在沉桩过程中，如果场地不平，有较大坡度，挺杆导向也随着倾斜，则桩在沉入过程中随着挺杆导向也会产生倾斜。

b. 稳桩时桩不垂直，桩帽、桩锤及桩不在同一条直线上。

② 桩身倾斜的解决方法。

a. 场地要平整，如场地不平，施工时应在打桩机行走轮下加垫板等物，使打桩机底盘保持水平。

b. 在初沉桩过程中，如发现桩不垂直应及时纠正，如有可能，应把桩拔出，清理完障碍物并回填素土后重新沉桩。桩打入一定深度发生严重倾斜时，不宜采用移动桩架的方法来校正。接桩时要保证上下两节桩在同一轴线上，接头处必须严格按照设计及操作要求执行。

c. 检查桩帽与桩的接触面处及替打木是否平整，如不平整应进行处理后方能施工。

d. 沉桩时稳桩要垂直，桩顶应加草帘、纸袋、胶皮等缓冲垫。如桩垫失效应及时更换。

第四节　锤击沉桩

1. 锤击沉桩的施工准备

锤击沉桩（图 4-9）的施工准备如下。

① 进行图纸会审，施工图中绘制整个工程的桩位编号图。

② 平整场地，保证场地的地面应平整，承载力满足桩基的要求，同时检查地上地下管线情况。

③ 对进场的管桩进行验收，保证管桩桩身质量合格。

图 4-9　锤击沉桩施工

④ 检查管桩施工的设备，保证其在施工过程中能正常运转。

2. 桩机就位

根据图纸中桩位图，放好轴线，并使用钢筋定出桩位。当施工下一根桩时，根据桩位施工流程，移动打桩机至桩位，调整桩架的垂直度和稳定性，继续施工。

📚 知识拓展

移动桩机并做小心调整，使桩芯对准细样，同时利用线锤检查横向和纵向的垂直度，入土垂直度应控制在 0.5％内。

3. 打桩施工

①打桩开始时，锤的落距应较小，待桩入土至一定深度且稳定后，再按要求的落距锤击。用落锤或单动气锤打桩时，最大落距不宜大于 1m；用柴油锤时，应使锤跳动正常。在打桩过程中，遇有贯入度剧变、桩身突然发生倾斜、移位或有严重回弹、桩顶或桩身出现严重裂缝或破碎等异常情况时，应暂停打桩，及时研究处理。

📚 知识拓展

桩身裂缝的处理方法：出现桩身断裂时，应会同有关人员研究处理方法。根据工程地质条件、上部荷载及桩位处的结构部位，应确定补桩方法。

桩顶破碎的处理方法：桩锤选择不当时，应换用合适的桩锤；发现桩顶破碎时，应立即停止沉桩、查明原因，不严重时可采用更换并加厚桩垫，然后再继续沉桩，若桩头破碎严重，应维修桩头，待强度达到要求后继续沉桩。

② 如桩顶标高低于自然土面，则需用送桩管将桩送入土中时，桩与送桩管的纵轴线应在同一直线上，拔出送桩管后，桩孔应及时回填或加盖。

4. 接桩

现场接桩如图 4-10 所示。

当上节管桩施工完毕，其顶端离地面 500mm 后，停止施打，开始接桩。接桩时使两根桩轴线一致，防止偏差的产生，同时将桩头焊接处清理干净。焊接时，应对称点焊，减小焊接时的温度变形。

5. 送桩

为将管桩打到设计标高，在管桩顶部放置桩垫，将送桩器（长 3m，用钢板制作）安装在桩顶上，并调整桩锤、送桩器和桩，使三者在同一条直线上。送桩后，及时将空孔回填密实。

图 4-10　现场接桩

第五节　静压沉桩

1. 静压法沉桩前的准备工作

静压法沉桩（图 4-11）的准备工作如下。

知识拓展

静压法沉桩

静压桩法施工是通过静力压桩机的压桩机构，以压桩机自重和机架上的配重提供反力而将预制桩压入土中的沉桩工艺，主要优点是没有噪声。

图 4-11 现场静压法沉桩施工

① 认真处理高空、地上和地下障碍物。

② 对现场周围（50m 以内）的建筑物做全面检查。对危房进行必要的处理。

③ 对建筑物基线以外 4～6m 以内的整个区域及打桩机行驶路线范围内的场地进行平整、夯实。在桩架移动路线上，地面坡度不得大于 1%。

④ 修好运输道路，做到平坦坚实。打桩区域及道路近旁应排水畅通。

⑤ 在打桩现场或附近需设置水准点，数量为两个，用以抄平场地和检查桩的入土深度。根据建筑物的轴线控制桩定出桩基每个桩位，做出标志，并在打桩前，应对桩的轴线和桩位进行复验。

⑥ 打桩机进场后，应按施工顺序铺设轨垫，安装桩机和设备，接通电源、水源，并进行试机。然后移机至起点桩就位，桩架应垂直平稳。

2. 压桩施工步骤及方法

压桩施工步骤及方法见表 4-2。

表 4-2 压桩施工步骤及方法

步骤	主要内容
测量定位	施工前放好轴线和每一个桩位,在桩位中心打一根短钢筋,并涂上油漆,使标志明显。如在较软的场地施工,由于桩机的行驶会挤走预定短钢筋,当桩机大体就位之后要重新测定桩位
桩尖就位、对中、调直	开动压桩油缸,将桩压入土中 1m 左右后停止压桩,调整桩在两个方向的垂直度。第一节桩是否垂直是保证桩身质量的关键
压桩	通过夹持油缸将桩夹紧,然后使压桩油缸伸程,将压力施加到桩上,压入力由压力表反映。在压桩过程中要认真记录桩入土深度和压力表读数的关系,以判断桩的质量及承载力
接桩	当下一节桩压到露出地面 0.8～1.0m 时应接上一节桩
送桩或截桩	如果桩顶接近地面,而压桩力尚未达到规定值,可以送桩。静力压桩情况下,只要用另一节长度超过要求送压深度的桩放在被送的桩顶上便可以送桩,不必用专用的送桩机移位

3. 施工注意事项

① 压桩施工前应对现场的土层地质情况了解清楚，做到心中有数；同时应做好设备的检查工作，保证使用可靠，以免中途间断压桩。

② 压桩过程中，应随时注意使桩保持轴心受压，若有偏移，要及时调整。

③ 接桩时应保证上、下节桩的轴线一致，并尽可能地缩短接桩时间。

④ 量测压力等仪表应注意保养，及时检修和定期标定，以减少量测误差。

第六节 钢桩施工

钢桩施工（图 4-12）适用于一般钢管桩或 H 型钢桩基础工程。

 知识拓展

图 4-12 钢桩施工

钢管桩：常用的钢管桩有螺旋焊管钢桩钢管，壁厚为 6～19mm，长度不限；卷板焊管钢桩钢管，壁厚为 6～47mm，长度不超过 6m。

H 型钢桩：H 型钢为标准型钢，材质为普通碳素钢、16Mn钢或海港工程用防氯盐钢材。

1. 打桩方式

钢桩施工工艺主要依据工程特点、地质水文条件、施工机具的力学性能以及设计要求等确定。钢桩打桩方式如下。

① 自然地面打桩，采用送桩至设计标高施工。

② 地面打桩，但不送桩，待基坑开挖后切割至设计标高。

③ 挖坑打桩施工。

2. 钢桩贯入的步骤及方法

① 施工前，样桩的控制应按设计原图，并以轴线为基准对样桩逐根复核，做好测量记录，复核无误后方可试桩、打桩施工。

② 打桩前，必须在桩头放置特制的桩帽，桩帽上放置用硬木制的减震垫。

③ 钢管桩吊到桩位进行插桩时，由于桩身及桩帽总自重和桩锤放置在桩顶会自沉，大量贯入土中，待沉至稳定后再行锤击。

④ 打桩时，必须用两台经纬仪，架设在打桩机的正面和侧面，校正桩机导向杆及桩的垂直度，并保持桩锤、桩帽与桩在同一纵轴线上。

⑤ 钢管桩打入 1～2m 后，应重新用经纬仪校正垂直度，当打至一定深度并经复核打桩质量良好时，再连续进行击打，直至高出地面 60～80cm 停止锤击，进行接桩，再重复上述步骤直至达到设计标高。

⑥ 在打入阶段发现桩位不正或倾斜，应调整或拔出钢管桩，重新插入、打桩。

⑦ 钢管桩打入贯入度小于 1～2mm 时，应停打，分析原因，确定解决办法后，再继续施工。

⑧ 因土体贯入量大而出现空打，需要采用两种重量不同型号的锤进行打桩，即第一节桩用重量轻的桩锤，第二节及以后的桩节用重量大的桩锤。

3. 接桩

① 钢管桩桩身接头采用桩身内衬套上下对接焊接，H 形钢采用坡口对接或连接板贴角焊接，严格按焊接工艺评定指标操作，严禁在没有焊接工艺评定指标情况下操作。

② 焊接宜采用二氧化碳气体保护自动焊或半自动二氧化碳气体保护焊，当气温低于 0℃时焊口两侧各 100mm 应预热，焊接完毕后必须冷却大于 5min，再进行锤击打桩。

③ 焊接前，必须将下节桩管变形损坏部分修整，清除上部桩管端部的锈蚀水或油污、泥砂，打磨好焊接坡口，并将内衬箍放置在下节桩内侧的挡块上，紧贴桩管内壁并分段点

焊，然后吊接上节桩，使其坡口搁在焊道上，使上下桩对口间隙为 2～4mm，用经纬仪校正垂直度，合格后再进行电焊焊接。

4. 送桩

① 送桩架长度必须符合送桩设计要求，抗锤击打端面要加减震垫，竖立在桩上要与桩垂直。直至桩进入地层一定深度为止，不得连续击打。

② 送桩时必须用两台经纬仪，架设在打桩机的正面和侧面，校正桩机导杆及送桩架和桩的垂直度，并保持桩锤、桩帽与桩在同一纵轴线上。

③ 根据地平标高，用水平仪给出送桩标高。

5. 钢桩施工常见质量问题及解决方法

钢桩施工时常常出现桩顶变形的现象。钢桩施工现场如图 4-13 所示。

原因：

① 遇到了坚硬的障碍物，如大石块、混凝土大块等物难以穿过。

② 遇到了坚硬的硬夹层，如较厚的砂层、砂卵石层等。

③ 由于地质描述不详，勘探点较少。

④ 桩顶的减震材料垫得过薄，更换不及时，选材不合适。

⑤ 打桩锤选择不佳，打桩顺序不合理。

⑥ 稳桩校正不严格，造成锤击偏心，影响了垂直贯入。

图 4-13　钢桩施工现场

⑦ 场地平整度偏差过大，造成桩易倾斜打入，使桩沉入困难。

解决方法：

① 根据地质的复杂程度进行详细勘察，加密探孔，必要时，一桩一探（特别是超长桩施打时）。

② 放桩位时，先用钎探查找地下物，及时清除后，再放桩位点。

③ 平整打桩场地时，应将旧房基等物挖除掉，场地平整度要求不超过 10％，并要求密实度，能使桩机正常行驶，必要时采取铺砂卵石垫层、灰土垫层或路基箱等措施。

④ 穿硬夹层时，可采取射水法、气吹法等措施。

⑤ 打桩前，桩帽内垫上合适的减震材料，如麻袋等物，随时更换或一桩一换。稳桩要双向校正，保证垂直打入，垂直偏差不得大于 0.5％。

⑥ 打坏变形的桩顶，接桩时应割除掉，以便顺利接桩。

⑦ 施打超长且直径较大的桩时，应选用大能量的柴油锤，以重锤低击为佳。

第五章

脚手架与垂直运输工程

第一节　脚手架的分类和基本要求

1. 脚手架的分类

（1）按用途分类

① 操作用脚手架。它又分为结构脚手架和装修脚手架。其架面施工荷载标准值分别规定为 3kPa 和 2kPa。

② 防护用脚手架。架面施工（搭设）荷载标准值可按 1kPa 计。

③ 承重-支撑用脚手架。架面荷载按实际使用值计。

（2）按搭设位置分类

① 外脚手架。外脚手架是指搭设在外墙外面的脚手架。

② 里脚手架。里脚手架常用于楼层上砌墙和内粉刷的施工中，使用过程中不断随楼层升高而向上移动。

（3）按构架方式分类

① 杆件组合式脚手架。

② 框架组合式脚手架（简称"框组式脚手架"）。它是由简单的平面框架（如门架、梯架、"日"字架和"目"字架等）与连接、撑拉杆件组合而成的脚手架，如门式钢管脚手架、梯式钢管脚手架和其他各种框式构件组装的鹰架等。门式脚手架如图 5-1 所示。

③ 格构件组合式脚手架。它是由桁架梁和格构柱组合而成的脚手架，如桥式脚手架又分提升（降）式和沿齿条爬升（降）式两种。

④ 台架。它是具有一定高度和操作平面的平台架，多为定型产品，其本身具有稳定的空间结构，可单独使用或立拼增高与水平连接扩大，并常带有移动装置。

（4）按脚手架的设置形式分类

① 单排脚手架。只有一排立杆，其横向平杆的一端搁置在墙体上的脚手架。

② 双排脚手架。由内外两排立杆和水平杆构成的脚手架。

图 5-1　门式脚手架

③ 满堂脚手架。按施工作业范围铺设的，纵、横两个方向各有三排以上立杆的脚手架，如图 5-2 所示。

④ 封圈型脚手架。沿建筑物或作业范围周边设置并相互交圈连接的脚手架。

⑤ 开口型脚手架。沿建筑周边非交圈设置的脚手架，其中呈直线型的脚手架为"一"字形脚手架。

⑥ 特型脚手架。具有特殊平面和空间造型的脚手架，如用于烟囱、水塔、冷却塔以及其他平面为圆形、环形、外方内圆形、多边形和上扩、上缩等特殊形式的建筑施工脚手架。

（5）按所用材料分类

① 木脚手架。由剥皮杉杆或其他坚韧顺直的硬木等材料制成的脚手架，如图 5-3 所示。

图 5-2　满堂脚手架　　　　　　　　　图 5-3　木脚手架

② 竹脚手架。采用三年以上的毛竹为材料，并用竹篾绑扎搭设的脚手架。

③ 钢管脚手架。由钢管搭设而成的脚手架。

（6）按脚手架的支固方式分类

① 落地式脚手架。搭设（支座）在地面、楼面、墙面或其他平台结构之上的脚手架。

② 悬挑脚手架（简称"挑脚手架"）。采用悬挑方式支固的脚手架，如图 5-4 所示。

③ 附墙悬挂脚手架（简称"挂脚手架"）。在上部或（和）中部挂设于墙体挂件上的定型脚手架。

④ 悬吊脚手架（简称"吊脚手架"）。悬吊于悬挑梁或工程结构之下的脚手架。当采用篮式作业架时，称为"吊篮"。

⑤ 附着式升降脚手架（简称"爬架"）。搭设在一定高度且附着于工程结构上，依靠自身的升降设备和装置，可随工程结构逐层爬升或下降，具有防倾覆、防坠落装置的悬空外脚手架。

⑥ 整体式附着升降脚手架。有三个以上提升装置的连跨升降的附着式升降脚手架。

图 5-4　悬挑脚手架

⑦ 水平移动脚手架。带行走装置的脚手架或操作平台架。

2. 脚手架的基本要求

（1）脚手架的使用要求

① 有足够的面积，能满足工人操作、材料堆置和运输的需要。

② 具有稳定的结构和足够的承载能力，能保证施工期间在各种荷载和气候条件下不变形、不倾斜、不摇晃。

③ 搭拆简单，搬移方便，能多次周转使用。

④ 应考虑多层作业、交叉流水作业和多工种作业要求，减少多次搭拆。

（2）脚手架对基础的要求

① 脚手架的地基应平整夯实。

② 脚手架的钢立柱不能直接立于土地面上，应加设底座和垫板（木），垫板（木）厚度不小于 50mm。

③ 遇有坑槽时，立杆应下到槽底或在槽上加设底梁（一般可用枕木或型钢梁）。

④ 脚手架地基应有可靠的排水措施，防止积水浸泡地基。

⑤ 位于通道处的脚手架底部垫板（木）应低于其两侧地面，并在其上加设盖板，避免扰动。

📘 知识拓展

脚手架旁有开挖的沟槽时，应控制外立杆距沟槽边的距离：当架高在 30m 以内时，不小于 1.5m；架高为 30~50m 时，不小于 2.0m；架高在 50m 以上时，不小于 2.5m。当不能满足上述距离时，应核算土坡承受脚手架的能力，不足时可加设挡土墙或其他可靠支护，避免槽壁坍塌危及脚手架安全。

3. 脚手架安全技术

（1）安全网

安全网是用麻绳、棕绳或尼龙绳编织成的。一般规格为长 6m，宽 3m，网眼 5cm 左右。每块支好的安全网应能承受不小于 160kg 的冲击荷载。

安全网的挂设方法如下。

① 里脚手架砌外墙。安全网如图 5-5 所示。

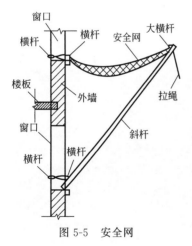

图 5-5　安全网

当墙上有窗口时，在上下两窗口处的里外侧墙面各绑一道夹墙横杆，从下窗口伸出斜杆，斜杆顶部绑一道大横杆，把安全网挂在上窗口横杆与大横杆之间，斜杆下部绑在下窗口横杆上，再在每根斜杆顶上拉一根麻绳把网绷起。

当山墙无窗口时，可事先在墙上留洞或预埋钢筋环，以支撑斜杆，斜杆间距不大于 4m。木杆、竹竿或钢管均可用作斜杆。安全网的里外口大绳要与大横杆和夹墙横杆绑牢，外口要比里口高约 50cm。纵向网与网之间要相互搭接，用粗麻绳或棕绳连接牢固，转角处的网，搭接要拉紧。出入口处网内应加垫草垫。

② 外脚手架砌墙。可利用外脚手架的立杆和上下大横杆挂设拦网和兜网，并随施工操作层上升。高层建筑除了逐步上升的安全网外，还应在下面间隔 3~4 层的部位架设一道安全网。

📘 知识拓展

架设安全网时，其伸出宽度不少于 2m，外口要高于里口，两网搭接应扎接牢固，每隔一定距离应用拉绳将斜杆与地面的锚桩拉牢。施工过程中要经常对安全网进行检查和维修，严禁向安全网内扔各种物料和垃圾。

（2）防电措施

① 钢脚手架（包括钢井架、钢龙门架、钢独杆提升架等）不得搭设在距离 35kV 以上的高压线路 4.5m 以内的地区和距离 1~10kV 高压线路 3m 以内的地区。

② 钢脚手架在架设和使用期间，要严防与带电体接触。

③ 钢脚手架需要穿越或靠近 380V 以内的电力线路且距离在 2m 以内时，在架设和使用期间应断电或拆除电源。如不能拆除，应采取可靠的绝缘措施，对电线和钢脚手架等进行包扎隔绝，并对钢脚手架采取接地处理。

④ 在钢脚手架上施工的电焊机、混凝土振动器等，要放在干燥木板上。

⑤ 操作者要戴绝缘手套，穿绝缘鞋。

⑥ 经过钢脚手架的电线要严格检查并采取安全措施。电焊机、振动器外壳要采取接地或接零保护措施。

⑦ 夜间施工和深基操作的照明线通过钢脚手架时，应使用电压不超过 12V 的低压电源。

⑧ 木、竹脚手架的搭设和使用也必须符合电力安全要求。

（3）避雷装置

避雷装置包括接闪器、接地极、接地线。

接闪器即避雷针，可用直径 25～32mm、壁厚不小于 3mm 的镀锌管或直径不小于 12mm 的镀锌钢筋制作，设置在建筑物四角的脚手架立杆上，其高度不小于 1m，并应将最上层所有的横杆连通，形成避雷网路。在垂直运输架上安装接闪器时，应将一侧的中间立杆接高出顶端不小于 2m，在该立杆下端设置接地线，并将卷扬机外壳接地。

接地极应尽可能采用钢材。垂直接地极可用长 15～25m、直径 25～30mm、壁厚不小于 2.5mm 的钢管，直径不小于 20mm 的圆钢或 50×5 的角钢。水平接地极可选用长度不小于 3m、直径 8～14mm 的圆钢或厚度不小于 4mm、宽 25～40mm 的扁钢。另外，也可以利用埋设在地下的金属管道（可燃或有爆炸介质的管道除外）、金属桩、钻管、吸水井管以及与大地有可靠连接的金属结构作为接地极。接地极按脚手架上的连续长度在 50m 之内设置一个，并应满足离接地极最远点内脚手架上的过渡电阻不超过 10Ω 的要求，接地电阻不得超过 20Ω。接地极埋入地下的最高点，应在地面下不浅于 50cm 处，埋设时应将新填土夯实。蒸汽管道或烟囱风道附近经常受热的土层内，位于地下水位以上的砖石、焦砟或砂子内，以及特别干燥的土层内都不得埋设接地极。

接地线即引下线，可采用截面不小于 16mm² 的铝导线或截面不小于 12mm² 的铜导线。为了节约有色金属，可在连接可靠的前提下，采用直径不小于 8mm 的圆钢或厚度不小于 4mm 的扁钢。接地线的连接要绝对接触可靠，连接时应将接触表面的油漆及氧化层清除，露出金属光泽，并涂中性凡士林。接地线与接地极的连接最好用焊接，焊接点的长度应为接地线直径的 6 倍以上或扁钢宽度的 2 倍以上。如用螺栓连接，接触面不得小于接地线截面积的 4 倍，拼接螺栓直径应不小于 9mm。

设置避雷装置时应注意以下几点。

① 接地装置在设置前要根据接地电阻限值、土的湿度和导电特性等进行设计，要对接地方式和位置进行选择，要对接地极和接地线的布置、材料选用、连接方式、制作和安装要求等做出具体规定。装设完成后要用电阻表测定是否符合要求。

② 接地极的位置应选择人们不易走到的地方，以避免和减少跨步电压的危害，防止接地线遭受机械损伤。接地极应该和其他金属或电缆之间保持 3m 或 3m 以上的距离。

③ 接地装置的使用期在 6 个月以上时，不宜在地下利用裸铝导体作为接地板或接地线。在有强腐蚀性的土壤中，应使用镀锌或镀铜的接地极。

④ 施工期间遇有雷击或阴云密布将有雷雨的天气时，钢脚手架上的操作人员应立即撤离。

（4）脚手架的维护

① 脚手架大多在露天使用，搭拆频繁，耗损较大，因此必须加强维护和管理，及时做好回收、清理、保管、整修、防锈、防腐等工作，这样才能降低损耗率，提高周转次数，延长使用年限，降低工程成本。

② 用完的脚手架料和构件、零件要及时回收，分类整理，分类存放。堆放地点要平坦，排水良好。堆放时下面要设支垫。钢管、角钢、钢桁架和其他钢构件最好放在室内，如果放在露天，应用毡、席盖好。扣件、螺栓及其他小零件应放在室内，并用木箱、钢筋笼、麻袋、草包等容器分类储存。

③ 弯曲的钢杆件要调直，损坏的构件要修复，损坏的扣件、零件要更换。

④ 做好钢铁件的防锈和木制件的防腐处理。钢管外壁在相对湿度大于 75% 的地区，应每年涂刷一次防锈漆，其他地区每两年涂刷一次。钢管内壁可根据地区情况，每隔 2～4 年涂刷一次。角钢、桁架和其他铁件每年涂刷一次。扣件要涂油，螺栓宜镀锌防锈，使用 3～5 年保护层剥落后应再次镀锌。没有镀锌条件时，应在每次使用后用煤油洗涤并涂机油防锈。

🔁 知识拓展

搬运长钢管、长角钢时，应采取措施防止弯曲。桁架应拆成单片装运，装卸时不得抛丢，防止损坏。

第二节 常用落地式脚手架施工

1. 扣件式钢管脚手架

（1）组成结构

扣件式钢管脚手架由钢管、扣件、底座、脚手板和连接杆组成。

① 钢管。脚手架钢管应采用国家标准《直缝电焊钢管》（GB/T 13793—2016）中规定的 Q235 普通钢管，质量应符合《碳素结构钢》（GB/T 700—2006）中 Q235 级钢的规定。一般采用外径为 48mm、壁厚为 3.5mm 的焊接钢管或壁厚为 3.5mm 的无缝钢管，不得使用严重锈蚀、弯曲、压扁、折裂的钢管。扣件一般用可锻铸铁铸造而成，也可用钢板压制。螺栓用 3 号钢制成，并做镀锌处理。钢管长度：立杆、大横杆、十字杆和抛撑为 4～6.5m，小横杆为 2.1～2.3m，连墙杆为 3.3～3.5m。

② 扣件。扣件的连接方式如下。

a. 直角扣件（十字扣）。用于两根呈垂直交叉钢管的连接，如图 5-6 所示。

b. 旋转扣件（回转扣）。用于两根呈任意角度交叉钢管的连接，如图 5-7 所示。

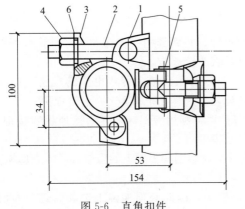

图 5-6　直角扣件
1—直角座；2,4—螺栓；3—盖板；
5—螺母；6—销钉

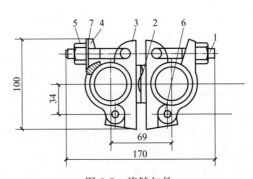

图 5-7　旋转扣件
1,4—螺栓；2—铆钉；3—旋转座；
5—螺母；6—销钉；7—垫圈

c.对接扣件（一字扣）。用于两根钢管对接连接，如图 5-8 所示。

③ 底座。扣件式钢管脚手架的底座用于承受脚手架立杆传递下来的荷载，用可锻铸铁铸造的标准底座如图 5-9 所示。

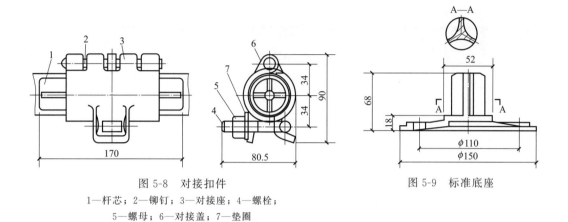

图 5-8　对接扣件
1—杆芯；2—铆钉；3—对接座；4—螺栓；
5—螺母；6—对接盖；7—垫圈

图 5-9　标准底座

④ 脚手板。脚手板可采用钢、木、竹材料制作，每块质量不宜大于 30kg；冲压钢脚手板的材质应符合现行国家标准《碳素结构钢》（GB/T 700）中 Q235 级钢的规定，并应有防滑措施。新、旧脚手板均应涂防锈漆。木脚手板应采用杉木或松木制作，其材质应符合现行国家标准《木结构设计规范》（GB 50005—2017）中Ⅱ级材质的规定。木脚手板的宽度不宜小于 200mm，脚手板厚度不应小于 50mm，两端应各设直径为 4mm 的镀锌钢丝箍两道，不得使用腐朽的脚手板。

⑤ 连接杆。连接一般有软连接与硬连接之分。软连接是用 8 号或 10 号镀锌铁丝将脚手架与建筑物结构连接起来，软连接的脚手架在受荷载后有一定程度的晃动，其可靠性比硬连接差，故规定 24m 以上采用硬连接，24m 以下宜采用软硬结合连接。硬连接是用钢管、杆件等将脚手架与建筑物结构连接起来，安全可靠，已为全国各地所采用。连接杆剖面示意如图 5-10 所示。

（2）扣件式钢管脚手架的种类

扣件式钢管脚手架有双排和单排两种，如图 5-11 所示。双排有里外两排立杆和自成稳定的空间桁架；单排只有一排立杆，横杆另一端要支承在墙体上，因而增加了脚手洞的修补工作，且影响墙体质量，稳定性也不如双排架。

（3）扣件式钢管脚手架的搭设

① 搭设程序。放置纵向扫地杆→自角部起依次向两边竖立底（第 1 根）立杆，底端与纵向扫地杆扣接固定后，装设横向扫地杆并与立杆固定（固定立杆底端前，应吊线确保立杆垂直），每边竖起 3~4 根立杆后，随即装设第一步纵向平杆（与立杆扣接固定）和横向平杆（小横杆，靠近立杆并与纵向平杆扣接固定），校正立杆垂直和平杆水平使其符合要求后，按 40~60N·m 的力矩拧紧扣件螺栓，形成构架的起始段→按上述要求依次向前延伸搭设，直至第一步架交圈完成。交圈后，再全面检查一遍构架质量和地基情况，严格确保设计要求和构架质量→设置连墙件（或加抛撑）→按第一步架的作业程序和要求搭设第二步、第三步→随搭设进程及时装设连墙件和剪刀撑→装设作业层间横杆（在构架横向平杆之间加设的、用于缩小铺板支承跨度的横杆），铺设脚手板和装设作业层栏杆、挡脚板或围护、封闭措施。

② 扣件式钢管脚手架的搭设规定见表 5-1。

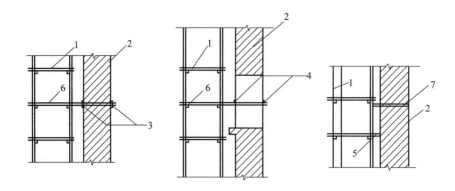

(a) 用扣件钢管做的硬连接

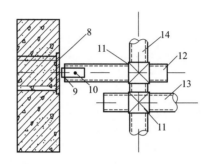

(b) 预埋件式硬连接

图 5-10　连接杆剖面示意

1—脚手架；2—墙体；3—两个扣件；4—两根短管用扣件连接；5—小横杆顶墙；

6—小横杆进墙；7—连接用镀锌钢丝，埋入墙内；8—埋件；9—连接角铁；

10—螺栓；11—直角扣件；12—连接用短钢管；13—小横杆；14—立柱

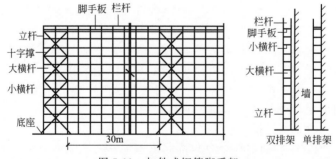

图 5-11　扣件式钢管脚手架

表 5-1　扣件式钢管脚手架搭设规定　　　　　　单位：mm

项目	砌筑用		装饰用		满堂架
	单排	双排	单排	双排	
里皮立杆距墙面	—	0.5	—	0.5	0.5～0.6
立杆间距	2	2	2.2	2.2	—
里外立杆距离	1.2～1.5	1.5	1.2～1.5	1.5	2
大横杆间距	1.2～1.4	1.2～1.4	1.6～1.8	1.6～1.8	1.6～1.8
小横杆间距	0.67	1	1.1	1.1	1

续表

项目	砌筑用		装饰用		满堂架
	单排	双排	单排	双排	
小横杆悬臂长度	—	0.4～0.45	—	0.35～0.45	0.35～0.45
剪刀撑间距	≤30	≤30	≤30	≤30	四边及中间每隔四根立杆设置
连墙杆设置高度	4	4	5	5	—
连墙杆间距	10	10	11	11	—

③ 为保证脚手架的稳定与安全，七步以上的脚手架必须设置十字撑（剪刀撑），一般设置在脚手架的转角、端头及沿纵向间距不大于 30m 处，每档十字撑占两个跨间，从底到顶连续布置，最下一对钢管与地面呈 45°～60°夹角，回转扣连接。三步以下的脚手架设置抛撑。三步以上的脚手架无法设置抛撑时，每隔三步、4～5 个跨间设置一道连墙杆，如图 5-12 所示，不仅可防止脚手架外倾，而且可增强整体刚度。

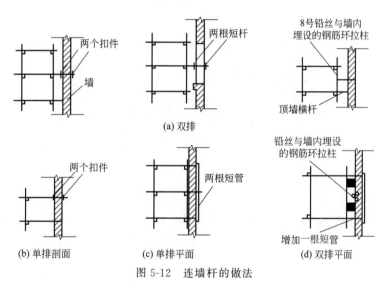

图 5-12　连墙杆的做法

2. 木脚手架

木脚手架如图 5-13 所示，其要求见表 5-2。立杆、大横杆的搭接长度不应小于 1.5m，绑扎时小头应压在大头上，绑扎不少于三道（压顶立杆可大头朝上）。如三杆相交时，应先绑两根，再绑第三根，不得一扣绑三根。

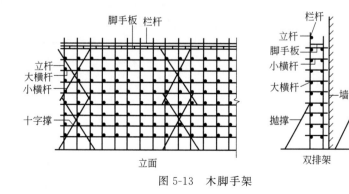

图 5-13　木脚手架

表 5-2　木脚手架技术要求

杆件名称	规格/mm	构造要求
立杆	梢径≥70	纵向间距1.5～1.8m,横向间距1.5～1.8m,埋深≥0.5m
大横杆	梢径≥80	绑于立杆里面,第一步离地1.8m,以上各步距1.2～1.5m
小横杆	梢径≥80	绑于大横杆上,间距0.8～1m,双排架端头离墙5～10cm,单排架插入墙内≥24cm,外侧伸出大横杆10cm
抛撑	梢径≥70	每隔7根立杆设一道,与地面夹角为60°,可防止架子外倾
斜撑	梢径≥70	设在架子的转角处,做法如抛撑,与地面夹角为45°角
剪刀撑	梢径≥70	三步以上架子,每隔7根立杆设一道,从底到顶,杆与地面夹角为45°～60°

3. 门式组合钢管脚手架

门式组合钢管脚手架由门架组合而成,其结构如图5-14所示。

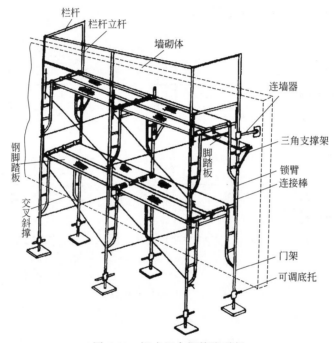

图 5-14　门式组合钢管脚手架

（1）门式组合钢管脚手架的搭设

① 搭设程序。门式钢管脚手架一般按以下程序搭设：铺放垫板（木）→拉线、放底座→自一端起立门架并随即装交叉支撑→装水平架（或脚手板）→装梯子→装设连墙杆（需要时,装设作加强用的大横杆）→按照上述步骤,逐层向上安装→装加强整体刚度的长剪刀撑→装设顶部栏杆。在脚手架搭设前,对门架、配件、加固件应按要求进行检查和验收,并应对搭设场地进行清理、平整,做好排水措施。

② 脚手架垂直度和水平度的调整。脚手架的垂直度（表现为门架竖管轴线的偏移）和水平度（门架平面方向和水平方向）对于确保脚手架的承载性能至关重要（特别是对于高层脚手架）,其注意事项如下。

a.严格控制首层门架的垂直度和水平度。在装上以后要逐片地、仔细地调整好,使门架竖杆在两个方向的垂直偏差都控制在2mm以内,门架顶部的水平偏差控制在5mm以内。

随后在门架的顶部和底部用大横杆和扫地杆加以固定。

b. 接门架时上下门架竖杆之间要对齐，对中的偏差不宜大于 3mm。同时，注意调整门架的垂直度和水平度。

c. 及时装设连墙杆，以避免在架子横向时发生偏斜。

（2）检查与验收

① 脚手架搭设完毕或分段搭设完毕后，应按规定对脚手架工程质量进行检查，检验合格后方可交付使用。

② 高度在 20m 及 20m 以下的脚手架，应由单位工程负责人组织技术安全人员进行检查验收。

③ 脚手架搭设的垂直度与水平度允许偏差应符合表 5-3 的要求。

表 5-3　脚手架搭设的垂直度与水平度允许偏差

项目		允许偏差/mm
垂直度	每步架	$h/1000$ 及 ± 2.0
	脚手架整体	$H/600$ 及 ± 50
水平度	一跨距内水平架两端高差	$\pm l/600$ 及 ± 3.0
	脚手架整体	$\pm L/600$ 及 ± 50

注：h 表示步距；H 表示脚手架高度；l 表示跨距；L 表示脚手架长度。

4. 碗扣式钢管脚手架

（1）组成结构

碗扣式钢管脚手架与扣件式钢管脚手架的结构大致相同，不同之处在于扣件改为碗扣接头，使杆件能轴心相交，无偏心距，受力合理，可比扣件钢管脚手架提高承载力 15% 以上。

碗扣接头如图 5-15 所示，碗扣节点由焊于立杆上的下碗扣、焊于横杆端部的弧形插片和设立于立杆上、可滑动升降的上碗扣组成。

（2）碗扣式钢管脚手架形式

① 双排外脚手架。拼装快速省力，特别适用于搭设曲面脚手架和高层脚手架。一般分为重型架、普通架、轻型架。

② 直线和曲线单排外脚手架。单排碗扣脚手架易进行曲线布置，特别适用于烟囱、水塔、桥墩等圆形构筑物。

（3）碗扣式钢管脚手架的搭设

① 碗扣式钢管脚手架立柱横距为 1.2m，纵距根据脚手架荷载面可分为 1.2m、1.5m、1.8m、2.4m，步距分为 1.8m、1.4m。搭设时立杆的接长缝应错开，第一层立杆应用长 1.8m 和 3.0m 的立杆错开布置，往上均用 3.0m 长杆，至顶层再用

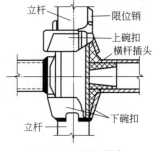

图 5-15　碗扣接头

1.8m 和 3.0m 两种长度找平。高 30m 以下脚手架垂直度应在 1/200 以内；高 30m 以上脚手架垂直度应控制在 $1/600 \sim 1/400$，总高垂直度偏差应不大于 100mm。

② 斜杆应尽量布置在框架节点上，对于高度在 30m 以下的脚手架，设置斜杆面积为整架立面面积的 $1/5 \sim 1/2$；对于高度超过 30m 的高层脚手架，设置斜杆的面积不小于整架面积的 1/2。在拐角边缘及端部必须设置斜杆，中间可均匀间隔设置。

③ 剪刀撑的设置，对于高度在 30m 以下的脚手架，可每隔 $4 \sim 5$ 跨设置一组沿全高连续搭设的剪刀撑，每道跨越 $5 \sim 7$ 根立杆，如图 5-16 所示。

④ 连墙撑的设置应尽量采用梅花方式布置。

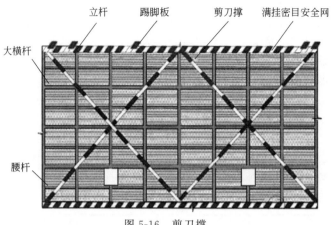

图 5-16　剪刀撑

第三节　常用非落地式脚手架施工

1. 悬挑式脚手架

相对于落地式脚手架，它的优越性在于能获得良好的经济效益及节约工期。常用的悬挑式脚手架构造有钢管式悬挑脚手架、悬臂钢管式悬挑脚手架、下撑式钢梁悬挑脚手架和斜拉式钢梁悬挑脚手架。

（1）组成构造

按型钢支承架与主体结构的连接方式，常用悬挑式脚手架的形式可分为：搁置固定于主体结构层上的悬挑脚手架（图 5-17）；与主体结构面上的预埋件焊接的悬挑脚手架（图 5-18）。

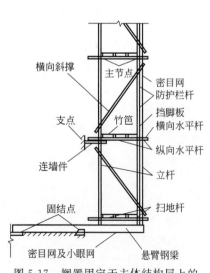

图 5-17　搁置固定于主体结构层上的
悬挑脚手架（悬臂钢梁式）

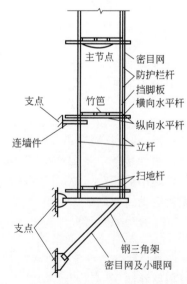

图 5-18　与主体结构面上的预埋件焊接的
悬挑脚手架（附着钢三角式）

（2）搭设要求

① 悬挑脚手架依附的建筑结构应是钢筋混凝土结构或钢结构，不得依附在砖混结构或石结构上。在悬挑式脚手架搭设时，连墙件、型钢支承架对应的主体结构混凝土必须达到设计计算要求的强度，上部脚手架搭设时型钢支承架对应的混凝土强度不应低于 C15。

② 立杆接头必须采用对接扣件连接。两根相邻立杆的接头不应设置在同步内，且错开距离不应小于 500mm，各接头的中心距主节点的最近距离不应大于步距的 1/3。

③ 悬挑架架体应采用刚性连墙件与建筑物牢靠连接，并应设置在与悬挑梁相对应的建筑物结构上，并宜靠近主节点设置，偏离主节点的距离不应大于 300mm。连墙件应从脚手架底部的第一步纵向水平杆开始设置，设置有困难时，应采用其他可靠措施固定。主体结构阳角或阴角部位，两个方向均应设置连墙件。

④ 连墙件宜采取二步二跨设置，竖向间距 3.6m，水平间距 3.0m。具体设置点宜优先采用菱形布置，也可采用方形、矩形布置。连墙件中的连墙杆宜与主体结构面垂直设置，当不能垂直设置时，连墙杆与脚手架连接的一端不应高于与主体结构连接的一端。在一字形、开口形脚手架的端部应增设连墙件。

⑤ 脚手架应在外侧立面沿整个长度和高度上设置连续剪刀撑，每道剪刀撑跨越立杆根数为 5～7 根，最小距离不得小于 6m。剪刀撑水平夹角为 45°～60°，将构架与悬挑梁（架）连成一体。

⑥ 剪刀撑在交接处必须采用旋转扣件相互连接，并且剪刀撑斜杆应用旋转扣件与立杆或伸出的横向水平杆进行连接，旋转扣件中心线至主节点的距离不宜大于 150mm；剪刀撑斜杆接长应采用搭接方式，搭接长度不应小于 1m，应采用不少于两个旋转扣件固定，端部扣件盖板的边缘至杆端距离不应小于 100mm。

📗 知识拓展

一字形、开口形脚手架的端部必须设置横向斜撑；中间应每隔六根立杆纵距设置一道，同时该位置应设置连墙件；转角位置可设置横向斜撑予以加固。横向斜撑应由底至顶层呈"之"字形连续布置。

⑦ 悬挑式脚手架架体结构在平面转角处应采取加强措施。

2. 附着式升降脚手架

附着式升降脚手架包括自升降式、互升降式、整体升降式三种类型。

（1）自升降式脚手架

① 自升降式脚手架的升降运动是通过手动或电动倒链交替对活动架和固定架进行升降来实现的。从升降架的构造来看，活动架和固定架之间能够进行上下相对运动。当脚手架工作时，活动架和固定架均用附墙螺栓与墙体锚固，两架之间无相对运动；当脚手架需要升降时活动架与固定架中的一个架子仍然锚固在墙体上，使用倒链对另一个架子进行升降，两架之间便产生相对运动。通过活动架和固定架交替附墙，互相升降，脚手架即可沿着墙体上的预留孔逐层升降。升降式脚手架的爬升过程分为爬升活动架和爬升固定架两步，如图 5-19 所示，每个爬升过程提升 1.5～2m。

② 下降过程与爬升操作顺序相反，顺着爬升时用过的墙体预留孔倒行，脚手架即可逐层下降，同时把留在墙面上的预留孔修补完毕，最后脚手架返回地面。

③ 自升降式脚手架在拆除时应设置警戒区，由专人看护，统一指挥。先清理脚手架上的垃圾和杂物，然后自上而下拆除。

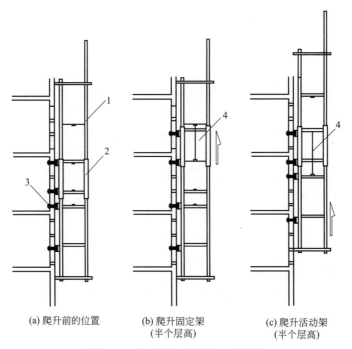

(a) 爬升前的位置　　　　(b) 爬升固定架　　　　(c) 爬升活动架
　　　　　　　　　　　　　(半个层高)　　　　　　(半个层高)

图 5-19　自升降式脚手架爬升过程
1—活动架；2—固定架；3—附墙螺栓；4—倒链

📚 知识拓展

在施工过程中注意预留孔的位置是否正确，如不正确应及时改正，墙面突出严重时，也应预先修平。安装过程中按照脚手架施工平面图进行，不可随意安装。

(2) 互升降式脚手架

① 互升降式脚手架将脚手架分为甲、乙两个单元，通过倒链交替对甲、乙两个单元进行升降。当脚手架需要工作时，甲单元与乙单元均用附墙螺栓与墙体锚固，两架之间无相对运动；当脚手架需要升降时，一个单元仍然锚固在墙体上，使用倒链对相邻一个架子进行升降，两个架子之间便产生相对运动。通过甲、乙两单元交替附墙，相互升降，脚手架即可沿着墙体上的预留孔逐层升降。

② 升降式脚手架的性能特点如下。

a. 结构简单，易于操作控制。

b. 架子搭设高度低，用料省。

c. 操作人员不在被升降的架体上，增加了操作人员的安全性。

d. 脚手架结构刚度较大，附墙的跨度大。它适用于框架剪力墙结构的高层建筑、水坝、筒体等施工。

③ 脚手架爬升前应进行全面检查，检查的主要内容有：预留附墙连接点的位置是否符合要求，预埋件是否牢靠；架体上的横梁设置是否牢靠；提升降单元的导向装置是否可靠；升降单元与周围的约束是否解除，升降有无障碍；架子上是否有杂物；所适用的提升设备是否符合要求等。

当确认以上各项都符合要求后方可进行爬升，如图 5-20 所示，提升到位后，应及时将架子同结构固定。然后，用同样的方法对与之相邻的单元脚手架进行爬升操作，待相邻的单元脚手架升至预定位置后，将两单元脚手架连接起来，并在两单元操作层之间铺设脚手板。

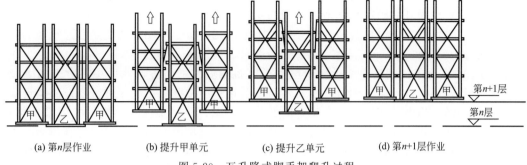

(a) 第n层作业　　　(b) 提升甲单元　　　(c) 提升乙单元　　　(d) 第n+1层作业

图 5-20　互升降式脚手架爬升过程

④ 在下降过程中，利用固定在墙体上的架子对相邻的单元脚手架进行下降操作，同时把留在墙面上的预留孔修补完毕，脚手架返回地面。接下来进行拆除工作，首先清理脚手架上的杂物，然后按顺序自上而下拆除。或者用起重设备将脚手架整体吊至地面拆除。

（3）整体升降式脚手架

① 在高层主体施工中，整体升降式脚手架有明显的优越性，它结构整体好、升降快捷方便、机械化程度高、经济效益显著，是一种很有推广使用价值的超高建（构）筑外脚手架，被住房和城乡建设部列为重点推广的十项新技术之一。

整体升降式脚手架如图 5-21 所示，是以电动倒链为提升机，使整个外脚手架沿建筑物外墙或柱整体向上爬升。搭设高度依建筑物施工层的层高而定，一般取建筑物标准层四个层

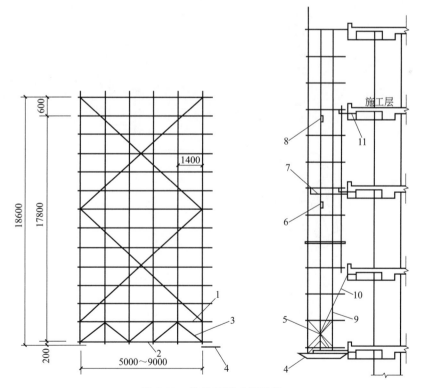

图 5-21　整体升降式脚手架

1—上弦杆；2—下弦杆；3—承力桁架；4—承力架；5—斜撑；6—电动倒链；7—挑梁；8—倒链；
9—花篮螺栓；10—拉杆；11—螺栓

高加一步安全栏的高度为架体的总高度。脚手架为双排，宽以 0.8～1m 为宜，里排杆离建筑物净距 0.4～0.6m。脚手架的横杆和立杆间距都不宜超过 1.8m，可将一个标准层高分为两步架，以此步距为基数确定架体横、立杆的间距。

架体设计时可将架子沿建筑物外围分成若干个单元，每个单元的宽度参考建筑物的开间而定，一般为 5～9m。

② 施工前按照平面图确定承力架及电动倒链挑梁安装的位置，然后在混凝土墙上预留螺栓孔。准备好施工材料后，即可开始安装，安装过程中按照先后顺序进行搭设。搭设成功后开启电动倒链，将电动倒链与承力架之间的吊链拉紧，松开架体与建筑物的固定拉结点。松开承力架与建筑物相连的螺栓和斜拉杆，开启电动倒链慢慢开始爬升。爬升到位后，先安装承力架与混凝土边梁的紧固螺栓，将斜拉杆与上层边梁固定，最后安装架体上部与建筑物的各拉结点。检查无误后，方可使用脚手架，进行上一层的主体施工。

③ 下降过程是利用电动倒链顺着爬升用的墙体预留孔倒行，脚手架即可逐层下降，同时把墙面上的预留孔修补完毕，脚手架可回归地面，并进行拆除工作。

3. 吊篮

高处作业吊篮应用于高层建筑外墙装饰、装修、维护清洗等工程施工。

（1）吊篮的升降方式

① 手扳葫芦升降。手扳葫芦升降携带方便、操作灵活，牵引方向和距离不受限制，如图 5-22 所示。

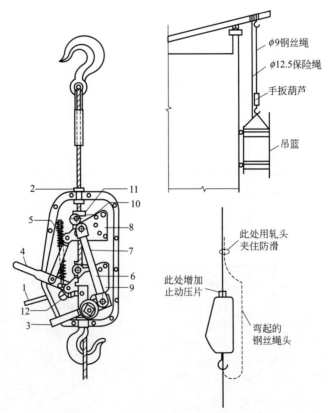

图 5-22　手扳葫芦构造以及升降示意

1—松卸手柄；2—导绳孔；3—前进手柄；4—倒退手柄；5—拉伸弹簧；6—左连杆；
7—右连杆；8—前夹钳；9—后平钳；10—偏心板；11—夹子；12—松卸曲柄

② 卷扬升降。卷扬升降具有体积小，重量轻，并带有多重安全装置。卷扬提升机可设于悬吊平台的两侧，如图 5-23 所示，也可设于屋顶之上，如图 5-24 所示。

图 5-23　提升机设于吊箱的卷扬式吊篮

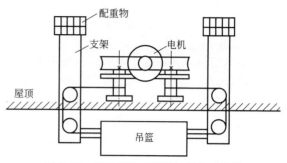

图 5-24　提升机设于屋顶的卷扬式吊篮

③ 爬升升降。由不同的钢丝绳缠绕方式形成"S"形卷绕机构、"3"形卷绕机构和"a"形卷绕机构，如图 5-25 所示。"S"形卷绕机构为一对靠齿轮的槽轮，靠摩擦带动其槽中的钢丝绳一起旋转，并依旋转方向的改变实现提升或下降；"3"形卷绕机构只有一个轮子，钢丝绳在卷筒上缠绕四圈后从两端伸出，分别接至吊篮和排挂支架上；"a"形卷绕机构采用行星齿轮机构驱动绳轮旋转，带动吊篮沿钢丝绳升降。

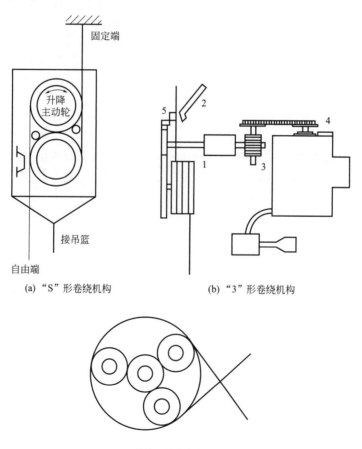

(a) "S"形卷绕机构　　　　　(b) "3"形卷绕机构

(c) "a"形卷绕机构

图 5-25　爬升升降机钢丝绳缠绕方式

1—制动器；2—安全锁；3—蜗轮蜗杆减速装置；4—电机过热保护装置；5—棘爪式刹车装置

（2）施工工艺和注意事项

① 施工工艺流程：吊篮组拼→悬挂机构及配重块安装→安装起重钢丝绳及安全钢丝绳→挂配重锤→连接电源→吊篮平台就位→检查提升装置、电气控制箱及安全装置→调试及荷载试验→安装跟踪绳→投入使用→拆除。

② 注意事项。

a.采用吊篮进行外装修作业时，一般应选用设备完善的吊篮产品。自行设计、制作的吊篮应达到标准要求，并严格审批制度。使用国外吊篮设备时应有中文说明书，产品的安全性能应符合我国的行业标准。

b.进场吊篮必须具备符合要求的生产许可证或准用证、产品合格证、检测报告以及安装使用说明书、电气原理图等技术性文件。

c.吊篮安装前，根据工程实际情况和产品性能，编制详细、合理、切实可行的施工方案，并根据施工方案和吊篮产品使用说明书，对安装及上篮操作人员进行安全技术培训。

d.吊篮标准篮进场后按吊篮平面布置图在现场拼装成作业平台，在离使用部位最近的地点组拼，以减少人工倒运。作业平台拼装完毕后，再安装电动提升机、安全锁、电气控制箱等设备。

e.吊架必须与建筑物连接可靠，不得摇晃。

f.悬挂机构安装时调节支座的高度，使前梁的高度略高于女儿墙，且使悬挑梁的前端比后端高出 50～100mm。对于伸缩式悬挑梁，尽可能调至最大伸出量。配重数量应按满足抗倾覆力矩大于两倍倾覆力矩的要求确定，配重块在悬挂机构后座两侧均匀放置。放置完毕后，将配重块销轴顶端用铁线穿过并拧紧，以防止配重块被随意搬动。

g.吊篮组拼完毕后，将起重钢丝绳和安全钢丝绳挂在挑梁前端的悬挂点上，紧固钢丝绳的马牙卡不得少于四个。从屋面向下垂放钢丝绳时，先将钢丝绳自由盘放在楼面，然后将绳头仔细抽出后沿墙面缓慢滑下。

h.吊篮做升降运动时，不得将两个或三个吊篮放在一起升降，并且工作平台高差不得超过 150mm。

i.将钢丝绳穿入提升机内，启动提升机，绳头应自动从出绳口内出现。再将安全钢丝绳穿入安全锁，并挂上配重锤。随后应检查安全锁动作是否灵活，扳动滑轮时应轻快，不得有卡阻现象。

📚 知识拓展

钢丝绳穿入后应调整起重钢丝绳与安全锁的距离，通过移动安全锁达到吊篮倾斜 300～400mm，安全锁能锁住安全钢丝绳为止。安全锁为常开式，当各种原因造成吊篮坠落或倾斜时，安全锁能够在 200mm 以内将吊篮锁在安全钢丝绳上。

第四节　垂直运输工程

凡具有垂直（竖向）提升（或降落）物料设备和人员功能的设备（施）均可用于垂直运输作业，种类较多，大致可以分为以下五大类。

1. 塔式起重机

塔式起重机（图 5-26）具有提升、回转、水平输送等功能，不仅是重要的吊装设备，而且也是重要的垂直运输设备，用其垂直和水平吊运长、大、中的物料仍为其他垂直运输设备所不及。

图 5-26 塔式起重机

📚 **知识拓展**

···

垂直运输

垂直运输设施为在建筑施工中担负垂直（运）输送材料设备和人员上下的机械设备及设施，它是施工技术措施中不可缺的重要环节。

2. 施工电梯

多数施工电梯（图 5-27）为人货两用，少数为仅供货用。电梯按其驱动方式可以分为齿轮驱动和绳轮驱动两种。

图 5-27 施工电梯

📚 **知识拓展**

···

齿轮驱动电梯和绳轮驱动电梯

齿轮驱动电梯：齿轮驱动电梯又有单吊箱（笼）和双吊箱（笼）两种，并装有可靠的限速装置，适于 20 层以上建筑工程施工。

绳轮驱动电梯：绳轮驱动电梯为单吊箱（笼），无限速装置，轻巧便宜，适于 20 层以下的建筑工程使用。

3. 物料提升架

物料提升架包括井式提升架（简称井架）（图 5-28）、龙门式提升架（简称龙门架）

（图 5-29）、塔式提升架（简称铁架）和独杆升降台等，它们的共同点如下。

图 5-28 井式提升架

图 5-29 龙门式提升架

① 提升采用卷扬机，卷扬机设于架体外。

② 安全设施一般只有防冒顶、防坐冲和停层保险装置，因而只允许用于物料提升，不得载运人员。

③ 用于 10 层以下时，多采用缆风绳固定；用于超过 10 层的高层建筑施工时，必须采用附墙方式固定，成为无缆风高层物料提升架，并可在顶部设液压顶升构造，实现井架或铁架标准节的自升接高。

4. 混凝土输送泵

混凝土输送泵（图 5-30）是水平和垂直运输混凝土的专用设备，用于超高层建筑工程时则更显出它的优越性。混凝土输送泵按工作方式可分为固定式和移动式两种；按泵的工作原理则分为挤压式和柱塞式两种。

图 5-30 混凝土输送泵

5. 采用葫芦式起重机或其他起重机具的物料提升设施

这类物料提升设施由小型（一般起重量在 1.0t 以内）起重机具如电动葫芦、手扳葫芦、倒链、滑轮、小型卷扬机等与相应的提升架、悬挂架等构成，形成墙头吊、悬臂吊、摇头把杆吊等，常用于多层建筑施工或作为辅助垂直运输设施。

第六章

地下结构防水施工

第一节　混凝土结构自防水施工

1. 作业条件

① 完成钢筋、管道预埋件的隐蔽工程验收工作。固定模板的螺栓必须穿过混凝土墙时，应采取止水措施。

 知识拓展

止水的方法

穿墙螺栓（外加 PVC 套管）上，加焊止水环，止水环必须满焊。第二预留管道、预埋件穿过混凝土时，采取螺栓加堵头。穿墙螺栓见图 6-1。

② 防水混凝土结构施工时，木模板应提前浇水湿润，并将落在模板内的杂物清除干净，结构内部设置的钢筋及铁丝不得接触模板。

③ 选定配合比时，防水混凝土应通过试验确定，其设计等级应提高 0.2MPa，其他各项技术指标应符合以下要求。

a. 水泥用量不得少于 $300kg/m^3$，掺有活性粉细料时，水泥用量不得少于 $280kg/m^3$。

b. 含砂率为 35％～40％；灰砂比宜为 (1：2)～(1：2.5)。

c. 水灰比不宜大于 0.6。

d. 坍落度不大于 50mm，若掺用外加剂或采用泵送混凝土时，不受此限。

图 6-1　穿墙螺栓

e. 掺用引气型外加剂的防水混凝土，其含气量应控制在 3％～5％。

2. 混凝土搅拌

混凝土搅拌施工现场如图 6-2 所示。

必须严格按试验室的配合比通知单投料，按石子、水泥、砂顺序装入上料斗内，先干拌 0.5～1min 再加水，加水后搅拌时间不应小于 2min，坍落度控制在 30～50mm，一般为 30mm 左右。散装水泥、砂、石务必每车过秤。雨季施工期间对砂、石每天测定含水率，以便调整用水量。

3. 混凝土运输

混凝土运输如图 6-3 所示。

图 6-2　混凝土搅拌施工现场

图 6-3　混凝土运输

混凝土从搅拌机卸料后，应及时运至浇灌地点。当有离析泌水产生时，应在入模前进行二次搅拌。在高气温环境下，要特别掌握运输造成坍落度损失。为此，可在搅拌时预先增加估计损失量，也可以采用缓凝型减水剂调节。

4. 混凝土浇筑

混凝土现场浇筑如图 6-4 所示。

① 混凝土入模时的自由倾落高度不应超过 2m，超高时应采用串筒、溜槽下落等办法降低自由倾落高度，或在柱模中部开"生口"板，以降低自由倾落高度。

② 防水混凝土施工，应采用机械振捣，以达到表面泛浆、无气泡排出为度，插点间距应不大于 50cm，严防漏振、欠振或过振。钢筋过密、结构断面较小的部位，或大体积混凝土，严格按分层浇灌、分层振捣（分层厚度不宜大于 300mm）的原则连续进行，在下面一层混凝土初凝前，就应接着浇灌上一层。

③ 在浇灌地点按有关规定制作抗压、抗渗混凝土试块。

5. 混凝土的养护

混凝土养护现场如图 6-5 所示。

图 6-4　混凝土现场浇筑

图 6-5　混凝土养护现场

常温下混凝土浇灌完后 4～6h 内必须覆盖并浇水养护，3d 内每天浇水 4～6 次，3d 后每天浇水 2～3 次，养护时间不少于 14d，墙体浇灌 3d 后将侧模松开，宜在侧模与混凝土表面缝隙中浇水，以保持湿润。

6. 混凝土结构自防水施工常见质量问题及解决方法

混凝土结构自防水施工时常常会出现防水混凝土结构厚度不足的现象。混凝土结构自防水施工现场，如图 6-6 所示。

　　原因：施工过程中没有做到按图施工和按施工方案施工，为了节省成本从而偷工减料，现场监理人员监管不到位、不认真负责等原因造成防水混凝土结构厚度不足 250mm。

　　解决方法：施工时应严格按照图纸和施工方案进行，现场监理人员进行旁站、发现厚度达不到规范要求的应责令修改，修改后的厚度必须符合设计、规范要求，以确保质量合格。

图 6-6　混凝土结构自防水施工现场

　　防水混凝土厚度小，其透水通路短，地下水易于从防水混凝土中通过，当混凝土内部的阻力小于外部水压时，混凝土就会发生渗漏。

　　防水混凝土能防水，除了混凝土密实性好、开放孔少、孔隙率小以外，还必须具有一定厚度，以延长混凝土的透水通路，加大混凝土的阻水截面，使混凝土的蒸发量小于地下水的渗水量，混凝土则不会发生渗漏。防水混凝土的最小厚度必须大于 250mm 才能抵抗地下压力水的渗透作用。

扫码看视频

地面防水

第二节　水泥砂浆防水层施工

1. 水泥砂浆防水层的作业条件

水泥砂浆防水层施工如图 6-7 所示。

① 结构验收合格，已办好验收手续。

② 地下防水施工期间做好排水，直至防水工程全部完工为止。排水降水措施应按施工方案执行。

③ 施工前应将预埋件、穿墙管预留凹槽内嵌填密封材料后，再施工防水砂浆。

④ 基层表面应平整、坚实、粗糙、清洁、并充分湿润、无积水。

图 6-7　水泥砂浆防水层施工

 知识拓展

防水砂浆

　　防水砂浆中材料的要求：水泥、砂、石应有出厂合格证和复检报告；108 胶的含固量为 10%～12%，pH 值为 7～8，密度为 1.05t/m³。水泥砂浆防水层宜掺入外加剂、掺和料、聚合物等进行改性，改性后防水砂浆的性能应符合规范《地下工程防水技术规范》（GB 50108—2008）。

2. 基层处理

① 清理基层、剔除松散附着物，基层表面的孔洞、缝隙应用与防水层相同的砂浆堵塞并压实抹平，混凝土基层应做凿毛处理，使基层表面平整、坚实、粗糙、清洁，并充分润湿，无积水，如图 6-8 所示。

② 施工前应将预埋件、穿墙管预留凹槽内、嵌填密封材料后，再施工防水砂浆。

③ 基层的混凝土和砌筑砂浆强度应不低于设计值的 80%。

3. 刷素水泥浆

根据配合比将材料拌和均匀，在基层表面涂刷均匀，随即抹底层砂浆。如基层为砌体时，则抹灰前一天用水管把墙浇透，第二天洒水湿润即可进行底层砂浆施工。

图 6-8　基层处理施工

4. 抹底层砂浆

按配合比调制砂浆，搅拌均匀后进行抹灰操作，底灰抹灰厚度为 5～10mm，在砂浆凝固之前用扫帚扫毛。砂浆要随拌随用，拌和后使用时间不宜超 1h，严禁使用拌和后超过初凝时间的砂浆。

5. 刷素水泥浆

抹完底层砂浆 1～2d，再刷素水泥砂浆，做法与第一层同。

6. 抹面层砂浆

刷完素水泥浆后，紧接着抹面层砂浆，配合比同底层砂浆，抹灰厚度为 5～10mm，抹灰宜与第一层垂直，先用木抹子搓平，后用铁抹子压实、压光。

7. 刷素水泥浆

面层抹灰 1d 后，刷水泥浆，做法与第一层同。

8. 抹灰程序，接槎及阴阳角做法

📚 **知识拓展**

阴阳角

墙面阴阳角是建筑构造之一。墙面阴角指的是凹进去的墙角，如顶面与四周墙壁的夹角。墙面阳角指的是凸出来的墙角。

① 抹灰程序宜先抹立面后抹地面，分层铺抹或喷刷，铺抹时压实抹干和表面压光。

② 防水各层应紧密结合，每层宜连续施工，必须留施工缝的应采用阶梯形槎，但离开阴阳角处不得小于 200mm。

③ 防水层阴阳角应做成圆弧形，加入聚合物水泥砂浆的施工要点：掺入聚合物量要准确计量，拌和、分散均匀，在 1h 内用完。

9. 水泥砂浆防水层的养护

① 普通水泥砂浆防水层终凝后应及时养护，养护温度不宜低于 5℃，并保持湿润，养护时间不得少于 14d。

② 聚合物水泥砂浆防水层未达到硬化状态时，不得浇水养护或直接雨水冲刷，硬化后应采用干湿交替的养护方法。在潮湿环境中，可在自然条件下养护。

③ 使用特种水泥、外加剂、掺和料的防水砂浆，养护应按新产品有关规定执行。

10. 水泥砂浆防水层施工常见质量问题及解决方法

水泥砂浆防水层施工时常常会出现水泥砂浆防水层每层接槎部位不严密的现象。水泥砂浆防水层施工现场如图 6-9 所示。

原因：施工时没有很好地进行技术交底，现场实际操作工人对于工艺不熟悉、缺乏经验，现场技术员没有在旁进行指导施工等原因造成。

解决方法： 施工时认真进行技术交底，让经验丰富的工人进行施工，现场技术员在旁进行指导施工，监理人员认真负责、严控质量。

水泥砂浆防水层各层应紧密结合，每层宜连续施工不留施工缝，如必须留槎时应按以下要求进行。

① 防水层的施工缝应留坡阶梯形槎，接槎要依层次顺序施工，层层必须搭接紧密。

② 接槎尽量留在平面上，易于搭接紧密，如必须留在墙面上时，应离阴阳角 200mm 以上。

③ 基础面与墙面转角处留槎时，水泥砂浆防水层

图 6-9　水泥砂浆防水层施工现场

必须包裹墙面，转角做法应与侧墙水泥砂浆防水层相连接，以便形成整体的防水层。

第三节　卷材防水层施工

1. 卷材防水层施工操作

在防水层施工（图 6-10）中卷材及配套材料的品种、规格、性能必须符合设计和规范要求，不透水性、拉力、延伸率、低温柔度、耐热度等指标控制必须合格。

❸ 知识拓展

卷材

防水卷材厚度：单层使用时每层不应小于 4mm；双层使用时每层不应小于 3mm。

① 基层清理。施工前将验收合格的基层清理干净、平整牢固、保持干燥。

② 涂刷基层处理剂。在基层表面满刷一道用汽油稀释的高聚物改性沥青溶液，涂刷应均匀，不得有露底或堆积现象，也不得反复涂刷，涂刷后在常温经过 4h 后（以不粘脚为准），开始铺贴卷材。

③ 特殊部位加强处理。管根、阴阳角部位加铺一层卷材。按规范及设计要求将卷材裁成相应的形状进行铺贴。

④ 基层弹分条铺贴线。在处理后的基层面上，按卷材的铺贴方向，弹出每幅卷材的铺贴线，保证不歪斜（以后上层卷材铺贴时，同样要在已铺贴的卷材上弹线）。

⑤ 热熔铺贴卷材（图 6-11）的步骤及方法如下。

图 6-10　防水层卷材铺设

图 6-11　热熔铺贴卷材施工

⇄ 知识拓展

热熔铺贴卷材

采用火焰加热熔化热熔型防水卷材底层的热熔胶进行黏结的施工方法。

a.底板垫层混凝土平面部位宜采用空铺法或点粘法，其他与混凝土结构相接触的部位应采用满粘法；采用双层卷材时，两层之间应采用满粘法。

b.将改性沥青防水卷材按铺贴长度进行裁剪并卷好备用，操作时将已卷好的卷材端头对准起点，点燃汽油喷灯或专用火焰喷枪，均匀加热基层与卷材交接处，喷枪距加热面保持300mm左右往返喷烤，当卷材表面的改性沥青开始熔化时，即可向前缓缓滚铺卷材。

c.卷材的搭接：卷材的短边和长边搭接宽度均应大于100mm。同一层相邻两幅卷材的横向接缝，应彼此错开1500mm以上，避免接缝部位集中。地下室的立面与平面的转角处，卷材的接缝应留在底板的平面上，距离立面应不小于600mm。

d.采用双层卷材时，上下两层和相邻两幅卷材的接缝应错开（1/3）～（1/2）幅宽，且两层卷材不得相互垂直铺贴。

⑥ 热熔封边。卷材搭接缝处用喷枪加热，压合至边缘挤出沥青粘牢。卷材末端收头用沥青嵌缝膏嵌填密实。

⑦ 保护层施工。平面应浇筑细石混凝土保护层；立面防水层施工完后，宜采用聚乙烯泡沫塑料片材作为软保护层。

2. 卷材防水层施工常见质量问题及解决方法

卷材防水层施工时常常会出现防水层受损坏的现象，如图6-12所示。

原因：施工过程中没有注意成品保护，现场实际操作工人的粗心大意等导致防水层遭到破坏。

解决方法：施工前首先认真地进行技术交底，对施工人员进行教育，提高成品保护的意识，对于破损的部位及时与有关技术部门进行沟通，出具整改方案。监理人员认真负责，监督其进行修改，未修改完成不得进行下道工序施工。

图6-12　防水层受损坏

为防止破损现象出现，施工时可考虑按照以下方法进行。

① 在平面的防水层上铺一层沥青防水卷材作为保护隔离层，并用少许胶黏剂花粘固定，以防浇筑细石混凝土刚性保护层时卷材发生位移。

② 在隔离层上浇筑50mm厚的细石混凝土保护层。在浇筑细石混凝土过程中严加注意，切勿损伤保护隔离层和卷材防水层。如有损伤应立即修补，修补后再浇筑细石混凝土，不得留下渗漏隐患。

③ 为避免水泥砂浆保护层施工时将防水层碰破，立墙施工时可采用软保护层做法，即在卷材防水层外侧，直接粘贴5～6mm厚的聚乙烯泡沫塑料片材，并用胶黏剂花粘固定。也可采用40mm厚的聚苯乙烯泡沫塑料板、再生泡沫塑料板等软质板材做保护层，粘贴用的胶黏剂则可采用聚乙酸乙烯乳液等。

④ 当完成软保护层的施工后，可根据设计要求在基坑内分层回填，分层夯实，并做好散水。

第四节　涂膜防水层施工

1. 涂膜防水层施工操作

涂膜防水层施工（图 6-13）前，先将基层表面的灰尘、杂物、灰浆硬块等清扫干净，并用干净的湿布擦一次，经检查基层平整、无空裂、起砂等缺陷，方可进行下道工序施工。

图 6-13　涂膜防水层施工

 知识拓展

涂料防水层

涂料防水层是指为了完全可以隔绝外界雨水、潮气、有害气体对防水基层的侵害而采用防水涂料制成的防水层。

（1）细部做附加涂膜层

① 穿墙管、阴阳角、变形缝等薄弱部位，应在涂膜层大面积施工前，先做好增强的附加层。

② 附加涂层做法（图 6-14）：一般采用一布二涂进行增强处理，施工时应在两道涂膜中间铺设一层聚酯无纺布或玻璃纤维布。作业时应均匀涂刷一遍涂料，涂膜操作时用板刷刮涂料驱除气泡，将布紧密地粘贴在第一遍涂层上。阴阳角部位一般将布剪成条形，管根为块形或三角形。第一遍涂层表干（12h）后进行第二遍涂刷。第二遍涂层实干（24h）后方可进行大面积涂膜防水施工。

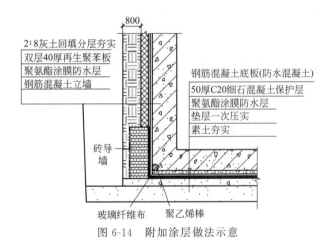

2:8灰土回填分层夯实
双层40厚再生聚苯板
聚氨酯涂膜防水层
钢筋混凝土立墙
800
钢筋混凝土底板(防水混凝土)
50厚C20细石混凝土保护层
聚氨酯涂膜防水层
垫层一次压实
素土夯实
砖导墙
玻璃纤维布　　聚乙烯棒

图 6-14　附加涂层做法示意

 知识拓展

玻璃纤维布

玻璃纤维布是无捻粗纱平纹织物，是手糊玻璃钢重要基材。方格布的强度主要在织物的经纬方向上，对于要求经向或纬向强度高的场合，也可以织成单向布，它可以在经向或纬向布置较多的无捻粗纱，单经向布，单纬向布。如图 6-15 所示为玻璃纤维布。

图 6-15 玻璃纤维布

（2）第一遍涂膜施工

① 涂刷第一遍涂膜前应先检查附加层部位有无残留的气孔或气泡，如有气孔或气泡，则应用橡胶刮板将涂料用力压入气孔，局部再刷涂一道，表干后进行第一遍涂膜施工。

② 涂刮第一遍聚氨酯防水涂料时，可用塑料或橡胶刮板在基层表面均匀涂刮，涂刮要沿同一个方向，厚薄应均匀一致，用量为 $0.6\sim0.8kg/m^2$。不得有漏刮、堆积、鼓泡等缺陷。涂膜实干后进行第二遍涂膜施工。

（3）第二遍涂膜施工

第二遍涂膜采用与第一遍相垂直的涂刮方向，涂刮量、涂刮方法与第一遍相同。

（4）第三、第四遍涂膜施工

① 第三遍涂膜涂刮方向与第二遍垂直，第四遍涂膜涂刮方向与第三遍垂直。其他作业要求与前面两遍涂膜施工相同。

② 涂膜总厚度应≥2mm。

（5）涂膜保护层施工

① 涂膜防水施工后应及时做好保护层。

② 平面涂膜防水层根据部位和后续施工情况可采用20mm厚1∶2.5水泥砂浆保护层或40～50mm厚细石混凝土保护层，当后续施工工序荷载较大（如绑扎底板钢筋）时应采用细石混凝土保护层。

③ 墙体迎水面宜采用软保护层，如粘贴聚乙烯泡沫片材等。

（6）外防外涂法施工

当地下室采用外防外涂法施工时，应先刮涂平面，后刮涂立面，平面与立面交接处应交叉搭接。

（7）分段施工

当涂膜防水层分段施工时，搭接部位涂膜的先后搭接宽度应不小于100mm；当涂膜防水层中有胎体增强材料（聚酯无纺布或玻璃纤维布）时，胎体增强材料同层相邻的搭接宽度应大于100mm，上下层接缝应错开1/3幅宽。

2. 涂膜防水层施工常见质量问题及解决方法

涂膜防水层施工时常常会出现涂料基层不平整，有缝隙、气孔、蜂窝、起砂等现象。涂膜防水层现场施工如图6-16所示。

原因： 施工过程中没有按照施工方案和技术交底进行施工，现场实际操作工人对于工艺不熟悉，现场技术人员不认真负责，没有认真地进行指导施工。

解决方法： 施工时应该严格按照施工方案和技术交底进行，现场技术员进行指导施工，监理人员认真负责。发现不符合质量要求的应及时进行整改，整改后方可进行下道工序施工。处理方法可以考虑参照以下几点进行。

① 基层要坚固、平整、无起壳、起砂、蜂窝、孔洞、麻面及裂隙等，如有上述缺陷，应采用掺

图 6-16 涂膜防水层现场施工

有聚合物的水泥砂浆进行全面批刮平整。

② 基层过于潮湿时,也可采用聚合物水泥砂浆进行全面批刮等隔潮处理;遇有局部渗水时,应立即找出渗水点,采取引、排、堵等方法并配以堵漏材料降水堵住。

③ 基层如有死弯、尖锐棱角及凸凹不平处,应进行打磨、填补等处理。

④ 施工前必须将基层表面的灰尘、油污、碎屑等杂物清除干净。

⑤ 对于较宽的裂缝,应采用聚合物水泥砂浆或聚合物水泥净浆进行嵌填修补。

第五节 地下防水工程细部构造施工

1. 地下防水工程细部构造施工操作

地下围护结构采用现浇混凝土时,必然留有施工缝,而施工缝是混凝土结构防水的薄弱部位,如果处理不当,极易产生漏水。根据混凝土施工的特性,在现场施工过程中,一般都是预留水平施工缝,如图 6-17 所示。

 知识拓展

施工缝

受到施工工艺的限制,或者是按施工计划中断施工而形成的接缝,被称为施工缝。混凝土结构由于分层浇筑,在本层混凝土与上一层混凝土之间形成的缝隙,就是最常见的施工缝。所以,施工缝并不是真正意义上的"缝",它只是因后浇筑混凝土超过初凝时间,而与先浇筑的混凝土之间存在一个结合面,如图 6-18 所示。

图 6-17 施工缝

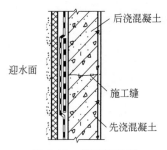

图 6-18 施工缝示意

一般来说,施工缝通常用止水带、遇水膨胀止水条、止水胶、水泥基渗透结晶型防水涂料(表面涂刷)和预埋注浆管这些处理方法。施工缝防水处理的方法主要根据不同的防水设防等级和施工部位而定,一般设计都有具体的规定,如果设计没有要求,可以参考表 6-1 选用。

表 6-1 施工缝防水处理方法

防水等级	水平施工缝	垂直施工缝	备注
一级设防	止水带+注浆管	止水胶(条)+水泥基渗透结晶型防水涂料	高等级防水要求,一般联合使用
二级设防	止水带	止水胶(条)	单一方法即可

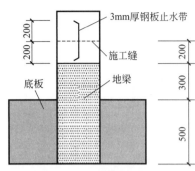

图 6-19 水平施工缝留设位置示意

① 墙体水平施工缝应留设在高出底板表面不小于 300mm 的墙体上，如图 6-19 所示。拱、板与墙结合的水平施工缝，宜留在拱、板与墙交接处以下 150～300mm 处；垂直施工缝要避开地下水和裂隙水较多的地段，并最好与变形缝相结合。

② 在施工缝处继续浇筑混凝土时，已经浇筑的混凝土抗压强度不应小于 1.2MPa。

③ 水平施工缝浇筑混凝土前，应将其表面浮浆和杂物清除，然后铺设净浆，涂刷混凝土界面处理剂或水泥基渗透结晶型防水涂料，再铺 30～50mm 厚的 1：1 水泥砂浆，并及时浇筑混凝土。

 知识拓展

水泥基渗透结晶型防水涂料

水泥基渗透结晶型防水涂料是以特种水泥、石英砂等为基料，掺入多种活性化学物质制成的粉状刚性防水材料。与水作用后，材料中含有的活性化学物质通过载体水向混凝土内部渗透，在混凝土中形成不溶于水的结晶体，堵塞毛细孔道，从而使混凝土致密、防水，如图 6-20 所示。它的施工方法也很简单，就是表面涂刷。

虽然水泥基渗透结晶型防水涂料与现在很多聚合物防水涂料（比如 JS 防水涂料）在施工上基本上都相同，但水泥基渗透结晶型防水涂料是通过化合作用，让混凝土本身具备更好的防水功能，而例如 JS 防水涂料的聚

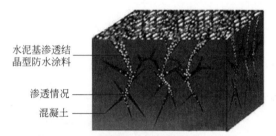

图 6-20 水泥基渗透结晶型防水涂料示意

合物防水涂料是以本身涂料成膜起防水作用，所以这两种材料还是有本质上的区别。

④ 垂直施工缝浇筑混凝土之前，应将其表面清理干净，再涂刷混凝土界面处理剂或水泥基渗透结晶型防水涂料，并及时浇筑混凝土。

⑤ 中埋式止水带（图 6-21）及外贴式止水带（图 6-22）埋设位置要准确，固定要牢靠。

图 6-21 中埋式钢板止水带施工

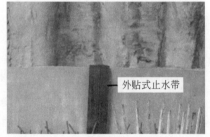

图 6-22 外贴式橡胶止水带施工

⑥ 遇水膨胀止水条应具有缓膨胀性能；止水条与施工缝基面应密贴，中间不得有空鼓、脱离等现象（图 6-23）；止水条应牢固地安装在施工缝表面或预留凹槽内；止水条采用搭接连接时，搭接宽度不得小于 30mm。

⑦ 遇水膨胀止水胶（图 6-24）应采用专用注胶器挤出黏结在施工缝表面，并做到连续、均匀、饱满，无气泡和孔洞，挤出宽度及厚度应符合设计要求；止水胶挤出成型后，固化期内应采取临时保护措施；止水胶固化前不得浇筑混凝土。

图 6-23　遇水膨胀止水条施工

图 6-24　止水胶施工

⑧ 预埋注浆管应设置在施工缝断面中部（图 6-25），注浆管与施工缝基面应密贴并固定牢靠，固定间距宜为 200～300mm；注浆导管与注浆管的连接应牢固、严密，导管埋入混凝土内的部分应与结构钢筋绑扎牢固，导管的末端应临时封堵严密。

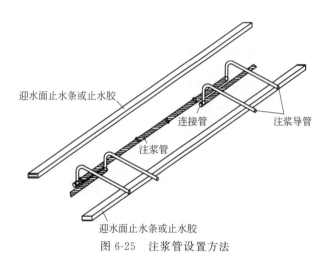

图 6-25　注浆管设置方法

2. 地下防水工程细部构造施工常见质量问题及解决方法

地下防水工程细部构造施工时常常会出现变形缝的中埋式、外贴式止水带宽度小于 250mm 或大于 600mm 的现象。止水带现场施工如图 6-26 所示。

图 6-26　止水带现场施工

原因：现场实际安装人员对于施工工艺不熟悉、没有及时和相关技术人员进行沟通，施工时没有按照施工方案和技术交底进行，现场监理人员不认真负责等原因造成错误现象的发生。

解决方法：施工时应严格按照施工方案和技术交底进行，现场技术人员认真负责、在旁进行指导施工，监理人员在巡视过程中发现不符合质量要求及验收规范的应及时地提出、责令其修改。

因小于 250mm 宽的止水带，不适应变形缝在 0.3MPa 下 30mm 的沉降变形或 40mm 的伸缩变形，容易造成折断、剪断或者齿牙与混凝土脱开，也容易使止水带的中心孔偏移，最终导致渗漏，而过宽（大于 600mm）的止水带也不能增加止水能力。施工过程中应符合下面的规定及要求。

① 将中埋式、外贴式止水带宽度控制在 280～500mm，其中以 320～350mm 居多。视水压大小调整宽窄。

② 在止水带类别、材质、形式上筛选，如水压大、变形大的可选用钢边橡胶止水带；地下水有腐蚀性介质的选用氯丁橡胶、三元乙丙橡胶材质的。而不应只在宽度上着眼。

防治措施：

① 止水带埋设位置应准确，其中间空心圆环应与变形缝的中心线重合。

② 止水带应固定，顶、底板内止水带应呈盆状安设。

③ 中埋式止水带先施工一侧混凝土时，其端模应支撑牢固，并应严防漏浆。

④ 止水带的接缝宜为一处，应设在边墙较高位置上，不得设在结构转角处，接头宜采用热压焊接。

⑤ 中埋式止水带在转弯处应做成圆弧形，（钢边）橡胶止水带的转角半径不应小于 200mm，转角半径应随止水带的宽度增大而相应加大。

第七章

混凝土结构施工

第一节　模板工程制作与安装

1. 模板配置方法

模板配置方法见表7-1。

表 7-1　模板配置方法

配置方法	主要内容
按图纸尺寸直接配置模板	结构形体简单的构件,如基础、梁、柱、板、墙等构件,可根据结构施工图直接按尺寸列出模板规格和数量进行配置。模板、横挡和楞木的断面和间距以及支撑系统的配置,都可按一般规定或查表选用
按放大样方法配置模板	形体复杂的结构构件,如楼梯、线脚、挑檐、异圆形结构模板,都采用放大样的方法配置模板。放大样即在平整的地面上,按结构图,用足尺画出结构构件的实样,就可以量出各部分模板的准确尺寸或套制样板,同时可确定模板及其安装的节点构造,进行模板的制作
按计算方法配置模板	形体复杂的结构构件,用放大样的方法配置模板虽然准确,但比较麻烦,还需要一定的场地。结构构件许多是有规律的几何形体,楼梯、线脚、挑檐、异圆形模板也可以用计算方法或用计算及放大样相结合的方法进行模板的配置
结构表面展开法配置模板	复杂的挑檐及线脚,其模板的配置也适合展开法,画出模板平面图和展开图,再进行配模设计和模板制作

2. 模板制作

模板制作见图7-1。

 知识拓展

拼缝处理

为使模板拼接缝严密,不易漏浆,使用钉子的长度一般为木模板厚度的 1.5～2 倍。

图 7-1　模板制作

① 首先按图纸截面几何尺寸考虑模板实际使用需要量,进行下料配制模板,木模板应将拼缝处刨平刨直,模板的木档也要刨直。

② 按照混凝土构件的形状和尺寸,用 18mm 厚胶合板做底模、侧模,小木方 4cm× 6cm 做木档组成拼合式模板。木档的间距取决于混凝土对模板的侧压大小,拼好的模板不宜过大、过重,多以两人能抬动为宜。

③ 配制好的模板必须要刷模板脱模剂,不同部位的模板按规格、型号、尺寸在反面写

明使用部位、分类编号，分别堆放保管，以免安装时弄错。

3. 模板安装（图 7-2）

模板安装见图 7-2。

（1）垫层模板安装（图 7-3）方法及要求

① 基础一般来说高度不高，但体积较大，安装前应将基础的中心线及基础的标高进行核对，先在基础面上弹出纵横轴线和四周边线，按四周边线尺寸把侧模板对准边线垂直竖立，校正侧模板垂直度和标高无误后，用斜撑和支撑钉牢稳固，保证侧压力的稳定性及刚度。

图 7-2 模板安装

图 7-3 垫层模板安装

② 安装完毕后清扫工作面内的杂物并检查模板的轴线，几何尺寸、标高是否符合设计图纸要求。

③ 独立基础底板混凝土垫层浇捣完成后按图纸设计进行基础放线，在混凝土垫层上弹出独立基础外边墨线，然后按所弹墨线以外进行模板制作安装。

（2）基础梁模板

① 基础梁底土方夯实后，采用砖砌胎模，用 1∶3 水泥砂浆，按承台的宽度每边砌黏土实心砖至孔桩标高，以利混凝土浇捣。

② 梁的跨度较大而宽度一般不大，基础梁外侧模板拼装而成，先在垫层上弹出梁两侧边线，按边线尺寸把侧模对准直度和标高无误后，用斜撑和支撑钉牢稳固。

4. 构造柱模板

② 外墙构造柱。根据图纸中构造柱尺寸加上砖马牙槎每边 60mm 制作好模板，按垂直高度每隔 400～500mm 间距在墙上穿 ϕ12 螺栓，将配好的模板安装在构造柱部位，其中一边下部留 150～200mm 的清垃圾孔。

② 内墙构造柱。内墙构造柱支模方法与外墙基本相同，区别是螺栓改为楞木作箍，在构造柱两边砌砖时留的孔洞中穿过楞木，用楞木组成柱箍。其他按外墙构造柱施工方法进行施工。

 知识拓展

构造柱

按构造配筋，并按先砌墙后浇灌混凝土柱的施工顺序制成的混凝土柱，通常称为混凝土构造柱，简称构造柱。如图 7-4 所示为构造柱的模板安装。

5. 梁模板安装

梁模板安装（图 7-5）步骤及方法如下。

图 7-4 构造柱的模板安装

图 7-5 梁模板安装

① 梁的跨度较大而宽度一般不大,梁模板由侧模、底模、夹木及支撑系统组成,底模板、侧模板用 18mm 厚胶合板加木档拼制而成,先在基层上弹出梁的中心线,向两侧量出边线,按边线尺寸把侧模对准边线垂直竖立,并校正侧模板垂直度和标高无误后,用斜撑和支撑钉牢稳固,保证侧压力的稳定性及刚度。

② 采用梁底板支撑搭设钢管模架,钢管承重架按上部梁、板、柱部位一次性搭设,下部用短钢管,在梁底模板下每隔一定距离,框架梁间距 1200mm,井字梁间距 1500mm,单独用钢管架顶住,以备留拆梁侧模及现浇板用。支承梁模用门式钢管架,再在其上搁置楞木,间距 40cm。在立柱钢管下面加铺垫板,垫板可连续亦可断续,垫板厚不小于 5cm,宽不小于 20cm,长不小于 60cm。

③ 对于有主次梁的模板,构造上还有特殊要求,次梁模板应根据楼板的标高,在两侧模板外面钉上托木,在主梁与次梁交接处,应在主梁侧板上留缺口,并钉上衬口档,次梁的侧板和底板就钉在衬口档上。

④ 梁模板安装后要拉中线检查,复核各梁模板中心线位置是否正确,底模安装时,检查并调整标高,将木楔钉牢在垫板上,钢管支承架要设斜撑,以免发生失稳事故,当梁的跨度在 4m 及 4m 以上时,在梁模的跨度中间要略微起拱,起拱的高度为梁跨度的 1.5‰～3‰。

⑤ 梁模板安装后清扫工作面内的杂物并检查模板轴线的几何尺寸和标高是否符合设计图纸要求。

⑥ 梁模采用 1830mm×915mm×18mm 的胶合板,其中垂直方向上模数尺寸不等,横、竖向模数尺寸长为 1830mm。配模时横向先以 1830mm 为模数,所剩模数的余额另按实际尺寸长度、高度配制。

⑦ 横档在每块胶合板的两端和中部均采用 100mm×100mm 的方木,间距 366mm。模数不符合的非整板先在板端钉上横档（100mm×100mm 方木）,再按间距 366mm 设置横档,确保所有横档之间的距离小于 366mm。

6. 模板工程安装常见质量问题及解决方法

模板工程安装时常常会出现胀模的现象,如图 7-6 所示。

原因: 由于支撑不够牢固,导致模板在浇筑混凝土时发生移位,形成开裂或者变形。

解决方法: 模板拆除后发现混凝土有胀模现象,技术质量人员应及时通知监理工程师到现场查看,监理工程师查看完成后作业人员对胀模部位混凝土进行剔凿,剔凿时不得损坏结构钢筋,剔凿完成后,经项目部技术人员检查合格,通知监理工程师验收,验收合格后用清

图 7-6　模板胀模

水将剔凿部位浇水湿润，用与原结构混凝土所使用的同样的水泥配置（1∶2）～（1∶2.5）的水泥砂浆，于修补前进行调试对比，调试好后将水泥砂浆放入小桶内搅拌均匀，依照漆工刮腻子的方法用刮刀将剔凿面刮平压光，随后按照混凝土养护方法进行养护。

建筑工程施工，现场为现浇混凝土的一般都采用木模板。浇筑混凝土胀模是一个很普遍的问题。不胀模是不可能的，最主要是控制胀模的范围和程度。主要采用以下几种方式控制胀模问题。

① 首先分析柱子的特点，柱子的高度、截面，柱子截面的几何尺寸和截面形式、柱子在建筑物中的位置、柱钢筋的多少、是否有预埋件等选择合适的模板体系和加固方式，一般的模板体系主要有与混凝土面接触的模板面、背楞、加固支撑、螺栓等。也就是从加固材料上着手，解决模板变形的问题。选择这些材料主要是根据经验，有时候是根据计算（对于重要的结构或者构件）。用于工程中的模板体系不变形或者变形很小（构件变形必须符合相关的验收规定才行），那么构件的变形就是可以控制的了。

② 混凝土的入模形式也需要控制。混凝土的坍落度越大，混凝土对模板的侧压力越大，对模板体系和加固方式要求也就越高。如果混凝土的入口距离混凝土面较高，混凝土的冲击也就越大；对于较高的柱子可以采用两次浇筑混凝土，第一次浇筑一部分，待下部的混凝土基本稳定以后，初凝以前，再浇筑剩余部分。选择较好的混凝土入模方式可以避免混凝土胀模超出规范要求。

③ 混凝土浇筑过程中，振捣方式的影响也很大，有些时候振捣工人会把一个混凝土全部浇筑满的柱子重新插入振捣棒，一直到底，这样虽然可以保证柱子混凝土的密实，但是对于混凝土胀模影响很大，有时候可能爆模。对于一些截面比较大、形状比较复杂的柱子截面，有可能是两个甚至更多的振捣棒一起插入，对于柱子胀模的危害很大。

第二节　模板工程拆除与维护

混凝土结构浇筑后，达到一定强度，方可拆模（图 7-7）。主要是通过同条件养护的混凝土试块的强度来决定什么时候可以拆模，模板拆卸日期，应按结构特点和混凝土所达到的强度来确定。

扫码看视频

楼梯模板的安装

知识拓展

混凝土强度的要求

钢筋混凝土结构如在混凝土未达到规定的强度时进行拆模及承受部分荷载，应经过计算，复核结构在实际荷载作用下的强度；已拆除模板及其支架的结构，应在混凝土达到设计强度后，才允许承受全部计算荷载。施工中不得超载使用，严禁堆放过量建筑材料。当承受施工荷载大于计算荷载时，必须经过核算加设临时支撑。

图 7-7　模板现场拆除

1. 现浇混凝土结构的拆模期限

① 不承重的侧面模板，应在混凝土强度能保证其
表面及棱角不因拆模板而受损坏后方可拆除，一般在 12h 后。

② 承重的模板应在混凝土达到表 7-2 所列强度以后方能拆除［按设计强度等级的比率
（％）计］。

表 7-2　设计强度规定

名称	强度要求
板及拱	跨度为 2m 及小于 2m 的需达到设计强度的 50%；跨度大于 2～8m 的需达到设计强度的 75%
梁	跨度为 8m 及小于 8m 的需达到设计强度的 75%
承重结构	跨度大于 8m 的需达到设计强度的 100%
悬臂梁和悬臂板	需达到设计强度的 100%

2. 模板拆除顺序

① 拆模的一般程序是：后支的先拆，先支的后拆；先拆除非承重部分，后拆除承重部
分，并做到不损伤构件或模板，应符合如下要求。

a. 工具式支模的梁、板模板的拆除，应先拆卡具，顺口方木，侧板，再松动木楔，使支
柱、桁架等降下，逐段抽出底模板和横档木，最后取下桁架，支柱。

b. 采用定型组合钢模板支设的侧板的拆除，应先卸下对拉螺栓的螺母及钩头螺栓、钢
楞，退出要拆除模板上的 U 形卡，然后由上而下地一块块拆卸。

c. 框架结构的柱、梁、板的拆除，应先拆柱模板，再松动支撑立杆上的螺纹杆升降器，
使支撑梁、板横楞的檩条平稳下降，然后拆除梁侧板、平台板，抽出梁底板，最后取下横
楞、梁檩条、支柱连杆和立柱。

② 对于采用抽拉式以及降模方法施工的拼装大块板宜整体拆除，拆除时防止损伤模板
和混凝土，其防护做法如下。

a. 对于拱、薄壳、圆弯屋顶和跨度大于 8m 的梁式结构，应采取适当方法使模板支架均
匀放松，避免混凝土与楼板脱开时对结构的任何部分产生有害的应力。

b. 拆除圆形屋顶、漏斗形筒仓的模板时，应允许从结构中心处的支架开始，按同心层
次的对称形式拆向结构的周边。

c. 在拆除带有拉杆的拱的模板前，应先将拉杆拉紧。

d. 在拆模过程中，若发现混凝土有较大的空洞、夹层、裂缝，影响结构或构件安全等
质量问题，应暂停拆除，经与有关部门研究处理后方可继续拆除。

e. 已拆除的模板及其支架的结构，应在混凝土强度达到设计强度等级后，才允许承受全
部计算荷载。当施工荷载大于结构的设计荷载时，
须经过核算，并设临时支撑予以加固。

3. 模板的保存

对暂不使用的钢模板，板面应刷防锈油（钢模
板脱模剂），背面补涂防锈漆，并应按规格分类堆
放，底面应垫高离开地面，妥善遮盖。

4. 模板工程拆除常见质量问题及解决方法

模板工程拆除过程中常会出现不按顺序拆除的
现象，如图 7-8 所示。

原因：严重违反拆模程序，不按照施工规范拆

图 7-8　模板拆除现场不合格

模，为了进度赶工，拆了架子赶快去周转。这样不仅会影响混凝土的外观质量，更为严重的是导致施工安全隐患。这样拆模虽不容易导致致命性的安全事故，但如果整体下落砸到人，也是很严重的。

解决方法：严格要求现场施工人员按照拆模的规范进行施工，防止发生质量安全事故。混凝土结构浇筑后，达到一定强度，方可拆模。主要是通过相同条件养护的混凝土试块的强度来决定什么时候可以拆模，模板拆卸日期，应按结构特点和混凝土所达到的强度来确定。

第三节　大模板施工技术

1. 大模板的材料要求

① 大模板（图7-9）的外形尺寸和孔洞尺寸宜符合建筑模数，做到定型化、通用化。在正常维护、加强管理的情况下，能多次重复使用。

 知识拓展

大模板

大模板是相对于小型模板的大型模板的统称，适用于多层和100m以下高层建筑及一般构造物竖向结构采用全钢、钢木或钢竹大模板工艺施工的现浇混凝土工程。

大模板孔洞尺寸要求：大模板的外形尺寸、孔眼尺寸应符合300mm建筑模数，做到定型化、通用化。

图7-9　大模板安装现场

② 大模板的结构应简单，重量轻，坚固耐用，便于加工。大模板之间，大模板与角模、斜撑、挑架及其他配件的连接、拆装方便可靠。

2. 外板内模结构安装大模板工艺流程

① 按照先横墙后纵墙的安装顺序，将一个流水段的正号模板用塔吊按顺序吊至安装位置初步就位，用撬棍按墙位线调整模板位置，对称调整模板的一对地脚螺栓或斜杆螺栓。用托线板测垂直校正标高，使模板的垂直度、水平度、标高符合设计要求，立即拧紧螺栓。

② 安装外墙板，用花篮螺栓或卡具将上下端拉结固定。

③ 合模前检查钢筋、水电预埋管件、门窗洞口模板、穿墙套管是否遗漏，位置是否准确，安装是否牢固，是否削弱断面过多等，合反号模板前将墙内杂物清理干净。

④ 安装反号模板，经校正垂直后，用穿墙螺栓将两块模板锁紧。

⑤ 正反模板安装完后，检查角模与墙模，模板与楼板，楼梯间墙面间隙必须严密，防止有漏浆、错台现象。检查每道墙上口是否平直，用扣件或螺栓将两块模板上口固定。

3. 外砖内模结构安装大模板工艺流程

① 安装正反号大模板，其方法与外板内模结构相同。

② 在混凝土内外墙交接处安装角模，为防止浇内墙混凝土时组合柱处的外砖墙鼓胀，应在砖墙外加竖向5cm厚木板及横向加固带，通过与内墙钢模拉结，增加砖墙刚度。

4. 全现浇结构安装大模板工艺流程

① 在下层外墙混凝土强度不低于7.5MPa时，利用下一层外墙螺栓孔挂金属三角平

台架。

② 安装内横墙、内纵墙模板（安装方法与外板内模结构的大模板安装相同）。

③ 在内墙模板的外端头安装活动堵头模板，它可以用木板或用铁板根据墙厚制作，模板要严密，防止浇筑内墙混凝土时，混凝土从外端头部位流出。

④ 先安装外墙内侧模板，按楼板上的位置线将大模板就位找正，然后安装门窗洞口模板。

⑤ 合模板前将钢筋、水电等预埋管件进行隐检。

⑥ 安装外墙外侧模板，模板放在金属三角平台架上，将模板就位，穿螺栓紧固校正，注意施工缝模板的连接处必须严密、牢固可靠，防止出现错台和漏浆现象。

5. 拆除大模板的顺序及方法

① 在常温条件下，墙体混凝土强度必须达 1MPa，冬期施工外板内模结构、外砖内模结构，墙体混凝土强度达 4MPa 才准拆模，全现浇结构外墙混凝土强度为 7.5MPa，内墙混凝土强度为 5MPa 才准拆模，拆模时应以同条件养护试块抗压强度为准。

② 拆除模板顺序与安装模板顺序相反，先拆纵墙模板后拆横墙模板，首先拆下穿墙螺栓，再松开地脚螺栓，使模板向后倾斜与墙体脱开。如果模板与混凝土墙面吸附或黏结不能离开时，可用撬棍撬动模板下口，不得在墙上口撬模板，或用大锤砸模板。

③ 拆除全现浇结构模板时，应先拆外墙外侧模板，再拆除内侧模板。

④ 清除模板平台上的杂物，检查模板是否有钩挂兜绊的地方，调整塔臂至被拆除的模板上方，将模板吊出。

⑤ 大模板吊至存放地点时，必须一次放稳，保持自稳角为 75°～80°，及时进行板面清理，涂刷隔离剂，防止粘连灰浆。

⑥ 大模板应定期进行检查与维修，保证使用质量。

6. 大模板施工常见质量问题及解决方法

大模板施工时常常会出现拼缝不合格的现象，如图 7-10 所示。

拼缝不严，缝隙过大

图 7-10　大模板拼缝不合格

原因：施工过程中为了加快施工进度，忽略了细节部分的质量要求，没有按照施工方案和技术交底进行施工，现场实际操作工人对于施工工艺不熟悉、操作不熟练。

解决方法：施工时应严格按照施工方案和技术交底进行施工，对于缝隙较大的应及时采取封堵等措施进行修补。

对于大模板间拼缝高差过大应从以下几个方面进行解决。

① 定型加工的大模板，须在制作场内预拼装，并校正每条拼缝，合格后才出场。

② 现场加工时，对有条件的，应每次将定型大模板拼装成整体后，检查拼缝质量及校正，再用起吊设备整体吊装就位。对不能整体拼装模板后起吊就位的，也应注意校正其平整度，拼缝间定位拼接螺栓一般间距不大于 30cm，且应固定牢固。

③ 对平台夹板模，要求底格栅一定要平整、牢固，且面层夹板在拼缝部位均应用钉子

固定在格栅上。

对于大模板间拼缝不严密的，应从以下几方面控制。

① 设计构造措施合理。对定型加工的大钢模板，在相互对拼的两块模板做如下处理：一块模板面板边口外凸4mm，另一块模板边口内缩2mm，此措施可使相邻两块大模板拼装时面板先接触紧密，以确保拼缝严密。

② 模板加工精确，钢模边口要顺直、光滑，夹板等木模边口也要平整、顺直，无缺口、扭曲现象。

③ 施工拼装要严格控制质量，力求密缝拼装，大钢模板间定位螺栓一定要拧紧。

④ 要落实拼缝修补措施，即对拼缝处，应用腻子或胶带补平，打磨光洁，或拼装前在拼缝内侧面加海绵条。

第四节 滑升模板施工技术

滑升模板施工（图7-11）技术适用于剪力墙结构的高层、超高层建筑施工。

 知识拓展

滑升模板

滑升模板是用提升装置滑升模板以灌筑竖向混凝土结构的施工方法；滑升的墙体可以是等截面，也可是变截面，但最小墙体厚度不小于140mm。

图7-11 滑升模板施工

1.工艺原理

滑模滑升是通过千斤顶与提升架的支撑杆相互作用来实现的，即液压系统供油，迫使千斤顶沿着支撑杆向上爬升，带动提升架，模板和操作平台一起上升。千斤顶完成一次爬升，与千斤顶连成一体的滑模也完成一次爬升。

知识拓展

滑升的方式

① 墙体一次滑升，即利用滑升模板将建筑物的内外墙一次筑造到预定高程，然后再自上而下或自下而上分楼层进行楼板及其他构件的安装施工。

② 墙体分段滑升，即将建筑物的内外墙分段滑升筑造，每次滑升的高度应比拟安装的楼板高出一两层，再吊装预制楼板或进行现浇。

③ 层滑升、逐层灌筑楼板，即通过滑升模板将每一层墙体筑造到上一层楼板的底标高后，把模板继续向上空滑到模板底边高出已筑墙体顶面约30cm处，然后将操作平台上的活动板挪开，利用平台之间的桁架梁支立模板、绑扎钢筋和灌筑楼板混凝土。

滑模所用支撑杆根据所选用的千斤顶型号而定。

2.施工工艺流程及操作要点

① 在正式滑升之前充分做好各项施工准备工作是保证施工顺利进行的首要条件，除了

做好现场水、电、路"三通一平"，人工材料机具配备满足施工要求外，重点应做好技术准备工作，主要包括模板装置安装调试完毕，试滑升，混凝土配合比经试验确定试配，建立质量保证体系，并落实到人，操作人员的岗位培训等。

② 混凝土坍落度设计合理，应根据具体施工温度适时调整，保证滑模正常滑升。

③ 混凝土浇捣应均匀分层，分层高度以 200～300mm 为宜。

④ 混凝土浇捣速度应确保在混凝土初凝前浇完二层混凝土。以保证正常滑升，否则易导致混凝土拉裂。

⑤ 滑升过程中，标准层按 3.6m 考虑，每层垂直度观测不少于 3 次，可用悬挂线锤方法进行。

⑥ 在滑模四角设激光接收靶，相应建筑基础部位设激光控制点，随时掌握滑模全高垂直度。滑升过程中的垂直偏差可利用调整千斤顶的提升高差来纠正，但必须缓慢，防止纠偏过度，纠偏可以在滑模架和下层窗口之间设置倒链的方法进行，亦可通过楼板预埋地脚钩子进行。

⑦ 严格控制水平标高，应在每根支承杆上做好水平标记，采取分区人工控制，在统一指挥下调平，每层标高由 ±0.000m 处引测，以减少累计误差，确保建筑物总高度的准确性。

⑧ 支承杆必须事先调直、除锈，相邻四根支承杆接头应不在同一水平面上，支承杆接头可用坡口焊，滑过头后，进行绑焊加固。

⑨ 当模板内灌满混凝土后，进行正常滑升，每次滑升 300mm，若两次滑升时间间隔超过 1h，则应增加中间滑升（每次 1～2 行程）。

⑩ 当 1 层墙体混凝土浇筑完成进行空滑时，为防止墙顶部混凝土拉裂，可采用多滑少升方法进行，即每隔 30min 滑升一次，每次 4～5 行程。

⑪ 墙体完成或遇特殊情况，必须停滑时，应防止粘模，即每隔 30min 提升一次，每次 1～2 行程，总计提升 300mm 为止。

⑫ 滑升过程中，应随时检查混凝土出模强度（0.2～0.4MPa 为宜），排除各种滑升障碍，同时墙面脱模后，应配备各人员及时将表面抹平，需修补的缺陷应用原浆予以整修。

⑬ 滑空时，支承杆和水平筋应用点焊固定，必要时需另行加固，以确保模板滑空时平台的稳定性。

⑭ 每次滑升都应仔细观察，对工作不正常的千斤顶及时进行修补、更换，同时采取强制性更换千斤顶的措施，即分区分组定期更换、保养千斤顶，确保足够的提升力。

⑮ 模板上口可焊 $\phi10$ 圆钢作为剪力墙钢筋导向筋，避免滑升时钢筋偏移钩挂模板。

扫码看视频

钢筋现场加工

第五节　钢筋加工

① 钢筋在加工弯制（图 7-12）前必须调直，并应符合下列规定。

 知识拓展

钢筋调直

钢筋调直就是利用钢筋调直机通过拉力将弯曲的钢筋拉直，以便于加工的过程。钢筋应平直，无局部折曲。钢筋经过钢筋调直机调直后不

图 7-12　钢筋现场加工照片

得有死弯。

　　a.钢筋表面的油渍、漆污、水泥浆和用锤敲击能剥落的浮皮、铁锈等均应清除干净。

　　b.加工后的钢筋，表面不应有削弱钢筋截面的伤痕。

　　② 钢筋的弯制和末端的弯钩（图 7-13）应符合设计要求。当设计无要求时，应符合如下规定。

图 7-13　钢筋弯钩

（135°弯钩封闭箍筋）

　　a.所有受拉热轧光圆钢筋的末端都应做成 180°的半圆形弯钩，弯钩的弯曲直径 d_m 不得小于 $2.5d$，钩端应留有不小于 $3d$ 的直线段。

　　b.受拉热轧带肋（月牙肋、等高肋）钢筋的末端应采用直角形弯钩，钩端的直线段长度不应小于 $3d$，直钩的弯曲直径 d_m 不得小于 $5d$。

　　c.弯曲钢筋应弯成平滑的曲线，其曲率半径不宜小于钢筋直径的 10 倍（光圆钢筋）或 12 倍（带肋钢筋）。

　　d.弯钩的弯曲内直径应大于受力钢筋直径，且不应小于箍筋直径的 2.5 倍。弯钩平直部分的长度：一般结构不宜小于箍筋直径的 5 倍，有抗震要求的结构不应小于箍筋直径的 10 倍。

　　e.钢筋加工的允许偏差应符合下列规定：不带弯钩的长钢筋下料长度误差为 ±10mm；带弯钩及弯折钢筋下料长度误差为 ±d（d 为钢筋的直径）；钢筋弯制严格按大样图控制成形质量。钢筋弯钩严格按标准执行，成形钢筋外观无污染，无翘曲不平现象并分类堆放整齐。钢筋弯制过程中，如发现钢材脆断、过硬、回弹或对焊处开裂等现象，应及时查出原因，正确处理；箍筋的末端向内弯曲，以避免伸入保护层。

　　③ 钢筋加工常见质量问题及解决方法。

　　钢筋加工过程中常会出现箍筋成品尺寸不合格的现象，如图 7-14 所示。

　　原因：钢筋加工前未审批钢筋下料单，加工时造成大量箍筋成品尺寸不合格，无法用于施工，损失严重。

图 7-14　箍筋尺寸不合格

　　预防措施：

　　a.要加强对钢筋的配料管理，钢筋因弯曲会使其长度变化，在配料中不能直接根据图纸尺寸下料，必须对混凝土保护层、钢筋弯曲类型、弯钩等确定相应的下料长度值。

　　b.钢筋加工的形状、尺寸必须符合设计要求，要根据实际成形条件如弯曲类型和相应下料调整值、弯曲处曲率半径、板距等采用可靠的操作方法。

第六节　钢筋连接与安装

　　钢筋工程在钢筋连接时常用的连接方法有电渣压力焊连接、直螺纹连接和电弧焊连接等方式。

扫码看视频

钢筋笼的制作

知识拓展

钢筋连接时常用的连接方法

电渣压力焊连接：电渣压力焊是将两根钢筋安放成竖向或斜向对接形式，利用焊接电流通过两根钢筋间隙，在焊剂层下形成电弧过程和电渣过程，产生电弧热和电阻热，熔化钢筋，加压完成的一种压焊方法。

直螺纹连接：主螺纹连接的特点为操作简单，不需要专业技工，现场连接速度快；生产效率高，每台班可生产300～500个丝头，提前预制，不占工期。

电弧焊连接：焊条电弧焊是用手工操纵焊条进行焊接工作的，可以进行平焊、立焊、横焊和仰焊等多位置焊接。另外由于焊条电弧焊设备轻便，搬运灵活，所以说焊条电弧焊可以在任何有电源的地方进行焊接作业。

1. 电渣压力焊连接

电渣压力焊连接示意及施工如图7-15和图7-16所示。

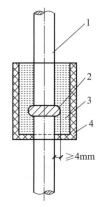

图7-15 电渣压力焊连接示意

1—钢筋；2—压力焊接头；3—焊剂；4—焊剂盒

图7-16 电渣压力焊连接施工

（1）检查设备、电源

全面彻底地检查设备、电源，确保始终处于正常状态，严禁超负荷工作。

（2）钢筋端头制备

钢筋安装之前，应将钢筋焊接部位和电极钳口接触（150mm区段内）位置的锈斑、油污、杂物等清除干净，钢筋端部若有弯折、扭曲，应予以校直或切除，但不得用锤击校直。

（3）选择焊接参数

钢筋电渣压力焊的焊接参数主要包括：焊接电流、焊接电压和焊接通电时间。当采用HJ431焊剂时应符合表7-3的要求。不同直径钢筋焊接时，按较小直径钢筋选择参数，焊接通电时间延长约10%。

表7-3 钢筋电渣压力焊焊接参数

钢筋直径/mm	焊接电流/A	焊接电压/V		焊接通电时间/s	
		电弧过程	电渣过程	电弧过程	电渣过程
14	200～220	35～45	18～22	12	3
16	200～250		18～22	14	4

续表

钢筋直径/mm	焊接电流/A	焊接电压/V		焊接通电时间/s	
		电弧过程	电渣过程	电弧过程	电渣过程
18	250～300	35～45	18～22	15	5
20	300～350	35～45	18～22	17	5
22	350～400	35～45	18～22	18	6
25	400～450	35～45	18～22	21	6
28	500～550	35～45	18～22	24	6
32	600～650	35～45	18～22	27	7

（4）安装焊接夹具和钢筋的顺序

① 夹具的下钳口应夹紧于下钢筋端部的适当位置，一般为 1/2 焊剂罐高度偏下 5～10mm，以确保焊接处的焊剂有足够的淹埋深度。

② 上钢筋放入夹具钳口后，调准动夹头的起始点，使上下钢筋的焊接部位位于同轴状态，方可夹紧钢筋。

③ 钢筋一经夹紧，严防晃动，以免上下钢筋错位和夹具变形。

（5）安放引弧用的钢丝圈（也可省去）

安放焊剂罐、填装焊剂。

（6）施焊方法

施焊的操作步骤及方法见表 7-4。

表 7-4　施焊的操作步骤及方法

步骤要点	主要内容
闭合电路、引弧	通过操作杆或操纵盒上的开关,先后接通焊机的焊接电流回路和电源的输入回路,在钢筋端面之间引燃电弧,开始焊接
电弧过程	引燃电弧后,应控制电压值。借助操纵杆使上下钢筋端面之间保持一定的间距,进行电弧过程的延时,使焊剂不断熔化而形成必要深度的渣池
电渣过程	随后逐渐下送钢筋,使上钢筋端部插入渣池,电弧熄灭,进入电渣过程的延时,使钢筋全断面加速熔化
挤压断电	电渣过程结束,迅速送上钢筋,使其断面与下钢筋端面相互接触,趁热排出熔渣和熔化金属,同时切断焊接电源

（7）回收焊剂及卸下夹具

接头焊毕，应停歇 20～30s 后（在寒冷地区施焊时，停歇时间应适当延长），才可回收焊剂和卸下焊接夹具。

2. 直螺纹连接

直螺纹连接示意及施工如图 7-17 和图 7-18 所示。

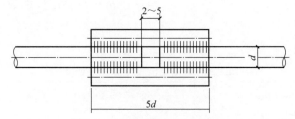

图 7-17　钢筋直螺纹连接示意

d—钢筋直径

（1）钢筋下料

钢筋下料时，应采用砂轮切割机，切口的端面应与轴线垂直，不得有马蹄形或挠曲。

（2）冷镦扩粗

钢筋下料后在钢筋镦粗机上将钢筋镦粗，按不同规格检验冷镦后的尺寸。

（3）切削螺纹

钢筋冷镦后，在钢筋套丝机上切削加工螺纹。钢筋端头螺纹规格应与连接套筒的型号匹配。

图 7-18 钢筋直螺纹连接施工

（4）丝头检查带塑料保护帽

钢筋螺纹加工后，随即用配置的量规逐根检测，合格后，再由专职质检员按一个工作班 10％的比例抽样校验。如发现有不合格螺纹，应全部逐个检查，并切除所有不合格的螺纹，重新镦粗和加工螺纹。对检验合格的丝头加塑料帽进行保护。

（5）运送至现场

运送过程中注意丝头的保护，虽然已经戴上塑料帽，但由于塑料帽的保护有限，所以仍要注意丝头的保护，不得与其他物体发生撞击，造成丝头的损伤。

（6）钢筋接头工艺检验

钢筋连接工程开始前及施工过程中，应对每批进场钢筋进行接头工艺检验，工艺检验应符合以下几点的要求。

① 每种规格钢筋的接头试件不应少于 3 根。

② 对接头试件的钢筋母材应进行抗拉强度试验。

③ 3 根接头试件的抗拉强度均应满足现行国家标准《钢筋机械连接技术规程》（JGJ 107—2010）的规定。

（7）钢筋连接施工步骤及要求

① 钢筋连接时连接套规格与钢筋规格必须一致，连接之前应检查钢筋螺纹及连接套螺纹是否完好无损，钢筋螺纹丝头上如发现杂物或锈蚀，可用钢丝刷清除。

② 对于标准型和异型接头连接：首先用工作扳手将连接套与一端的钢筋拧到位，然后再将另一端的钢筋拧到位。

③ 活连接型接头连接：先对两端钢筋向连接套方向加力，使连接套与两端钢筋丝头挂上扣，然后用工作扳手旋转连接套，并拧紧到位。在水平钢筋连接时，一定要将钢筋托平对正后，再用工作扳手拧紧。

④ 被连接的两根钢筋端面应处于连接套的中间位置，偏差不大于一个螺距，并用工作扳手拧紧，使两根钢筋端面顶紧。

⑤ 每连接完一个接头必须立即用油漆做上标记，防止漏拧。

3. 电弧焊连接

焊缝尺寸示意和电弧焊施工分别见图 7-19 和图 7-20。

（1）检查设备

检查电源、焊机及工具。焊接地线应与钢筋接触良好，防止因起弧而烧伤钢筋。

（2）选择焊接参数

根据钢筋级别、直径、接头形式和焊接位置，选择适宜的焊条直径、焊接层数和焊接电流，保证焊缝与钢筋熔合良好。

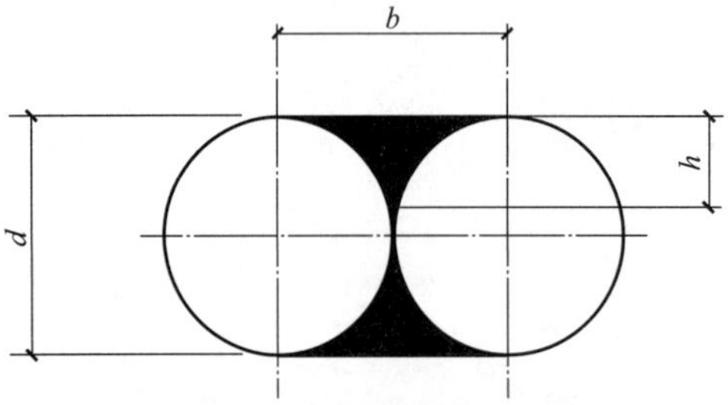

图 7-19   焊缝尺寸示意

b—两钢筋之间的间隙；d—钢筋直径；h—余高

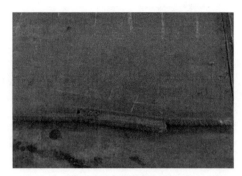

图 7-20   电弧焊施工

（3）试焊、做模拟试件（送试/确定焊接参数）

在每批钢筋正式焊接前，应焊接 3 个模拟试件做拉力试验，经试验合格后，方可按确定的焊接参数成批生产。

（4）施焊步骤及做法

施焊步骤及做法见表 7-5。

表 7-5   施焊步骤及做法

步骤	主要内容
引弧	带有垫板或帮条的接头,引弧应在钢板或帮条上进行。无钢筋垫板或无帮条的接头,引弧应在形成焊缝的部位,防止烧伤主筋
定位	焊接时应先焊定位点再施焊
运条	运条时的直线前进、横向摆动和送进焊条三个动作要协调平稳
收弧	收弧时应将熔池填满,拉灭电弧时应将熔池填满,注意不要在工作表面造成电弧擦伤
多层焊	如钢筋直径较大,需要进行多层施焊时,应分层间断施焊,每焊一层后应清渣,再焊接下一层。应保证焊缝的高度和长度
熔合	焊接过程中应有足够的熔深。主焊缝与定位焊缝应结合良好,避免气孔、夹渣和烧伤缺陷,并防止产生裂缝
平焊	平焊时要注意熔渣和铁水混合不清的现象,防止熔渣流到铁水前面。熔池也应控制成椭圆形,一般采用右焊法,焊条与工作表面成 70°
立焊	立焊时,铁水与熔液易分离。要防止熔池温度过高,铁水下坠形成焊瘤,操作时焊条与垂直面成 60°～80°,使电弧略向上,吹向熔池中心。焊第一道时,应压住电弧向上运条,同时做较小的横向摆动,其余各层用半圆形横向摆动加挑弧法向上焊接
横焊	焊条倾斜 70°～80°,防止铁水受自重作用坠到下坡口上。运条到上坡口处不做运弧停顿,迅速带到下坡口根部,做微小横拉稳弧动作,依次匀速进行焊接
仰焊	仰焊时宜用小电流短弧焊接,熔池宜薄,且应确保与母材熔合良好。第一层焊缝用短电弧做前后推拉动作,焊条与焊接方向成 80°～90°。其余各层焊条横摆,并在坡口侧略停顿稳弧,保证两侧熔合
钢筋与钢板搭接焊	钢筋与钢板搭接焊时,HPB300 钢筋的搭接长度 L 不得小于 4 倍钢筋直径。HRB335 和 HRB400 钢筋的搭接长度 L 不得小于 5 倍钢筋直径,焊缝宽度 b 不得小于钢筋直径的 0.6 倍,焊缝厚度 s 不得小于钢筋直径的 0.35 倍

4. 钢筋安装及要求

钢筋接头示意和钢筋的安装分别见图 7-21 和图 7-22。

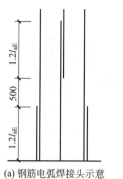

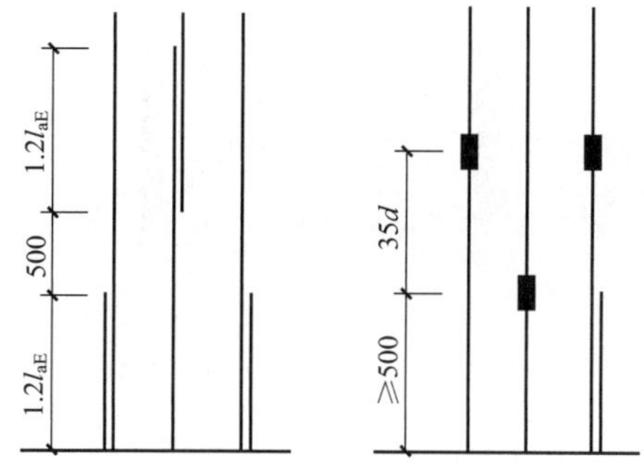

(a) 钢筋电弧焊接头示意　　(b) 钢筋对焊接头示意

图 7-21　钢筋接头示意

图 7-22　钢筋的安装

扫码看视频

梁钢筋的安装

 知识拓展

钢筋的安装要求

① 水平筋位置、间距不符合要求：墙体绑扎钢筋时应搭设工具式高凳或简易脚手架，以免水平筋发生位移。

② 下层伸出的墙体钢筋和竖直钢筋绑扎不符合要求：绑扎时应先将下层墙体伸出的钢筋调直理顺，然后再绑扎或焊接。如果下层伸出的钢筋位移大时，应征得设计同意按 1：6 进行调整。

③ 门窗洞口加强筋位置尺寸不符合要求：认真学习图纸，在拐角、十字节点、墙端、连梁等部位钢筋的锚固应符合设计和规范要求。

扫码看视频

板钢筋的安装

钢筋安装步骤及方法见表 7-6。

表 7-6　钢筋安装步骤及方法

步骤要点	主要内容
在顶板上弹墙体外皮线和模板控制线	将墙根浮浆清理干净，至露出石子，用墨斗在钢筋两侧弹出墙体外皮线和模板控制线
调整竖向钢筋位置	根据墙体外皮线和墙体保护层厚度检查预埋筋的位置是否正确，竖筋间距是否符合要求，如有位移时，应按 1：6 的比例将其调整到位。如有位移偏大时，应按技术洽商要求认真处理
接长竖向钢筋	预埋筋调整合适后，开始接长竖向钢筋。按照既定的连接方法连接竖向筋，当采用绑扎搭接时，搭接段绑扣不少于 3 个。采用焊接或机械连接时，连接方法详见相关施工工艺标准
绑竖向梯子筋	根据预留钢筋上的水平控制线安装预制的竖向梯子筋，应保证方正、水平。一道墙设置 2～3 个竖向梯子筋为宜；梯子筋如代替墙体竖向钢筋，应大于墙体竖向钢筋一个规格，梯子筋中控制墙厚度的横挡钢筋的长度比墙厚小 2mm，端头用无齿锯锯平后刷防锈漆，根据不同墙厚画出梯子筋一览表
绑扎暗柱及门窗过梁钢筋	暗柱钢筋绑扎：绑扎暗柱钢筋时先在暗柱竖筋上根据箍筋间距划出箍筋位置线，起步筋距地 30mm（在每一根墙体水平筋下面）。将箍筋从上面套入暗柱，并按位置线顺序进行绑扎，箍筋的弯钩叠合处应相互错开。暗柱钢筋绑扎应方正，箍筋应水平，弯钩平直段应相互平行 窗过梁钢筋绑扎：为保证门窗洞口标高位置正确，在洞口竖筋上划出标高线。门窗洞口要按设计和规范要求绑扎过梁钢筋，锚入墙内长度要符合设计和规范要求，过梁钢筋两端各进入暗柱一个，第一个过梁箍筋距暗柱边 50mm，顶层过梁入支座全部锚固长度范围内均要加设箍筋，间距为 150mm

续表

步骤要点	主要内容
绑墙体水平钢筋	暗柱和过梁钢筋绑扎完成后,可以进行墙体水平筋绑扎。水平筋应绑在墙体竖向筋外侧,按竖向梯子筋的间距从下到上顺序进行绑扎,水平筋的第一根起步筋距地应为50mm 绑扎时将水平筋调整水平后,先与竖向梯子筋绑扎牢固,再与竖向立筋绑扎,注意将竖向立筋调整竖直。墙筋为双向受力钢筋,所有钢筋交叉点都应逐点绑扎,绑扣采用顺扣时应交错进行,确保钢筋网绑扎稳固,不发生位移
设置拉钩和垫块	拉钩设置:双排钢筋在水平筋绑扎完成后,应按设计要求间距设置拉钩,以固定双排钢筋骨架间距。拉钩应呈梅花形设置,应卡在钢筋的十字交叉点上。注意用扳手将拉钩弯钩角度调整到135°,并应注意拉钩设置后不应改变钢筋排距 设置垫块:在墙体水平筋外侧应绑上带有钢丝的砂浆或塑料卡,以保证保护层的厚度,垫块间距1m左右,呈梅花形布置。注意钢筋保护层垫块不要绑在钢筋十字交叉点上
设置墙体钢筋上口水平筋梯子筋	对绑扎完成后的钢筋板墙进行调整,并在上口距混凝土面150mm处设置水平梯子筋,以控制竖向立筋的位置和固定伸出筋的间距,水平梯子筋应与竖向立筋固定牢靠,同时在模板上口加扁铁,与水平梯子筋一起控制墙体竖向钢筋的位置

5. 钢筋安装常见质量问题及解决方法

钢筋安装时常常会出现主次梁钢筋绑扎错误的现象,如图7-23所示。

原因: 施工过程中没有很好地进行技术交底、现场技术人员指导不到位或钢筋绑扎工人对工艺不熟悉操作不当,对于标准图集认识有误,从而导致绑扎错误。

解决方法: 只能是拆掉后,重新绑扎。最重要的一处错误是梁上部主筋在支座处接头。按图集要求,梁主筋可以在支座内锚固,不能接头。

底板主次梁的绑扎: 地梁受力系统是反受力系统(相对于楼板受力),是将地基承载力看成是反向作用在地梁上的受力模型,因此对地梁主次梁交接处来说,应该将次梁钢筋放在主梁钢筋的下部,形成"扁担原理"。此外,地梁上部负筋不能在支座和弯矩最大处连接。

图7-23 主次梁钢筋绑扎错误

第七节 预应力结构原理及材料

预应力混凝土结构的基本原理:对混凝土或钢筋混凝土梁的受拉区预先施加预应力,使之建立一种人为的应力状态,这种应力的大小和分布规律,能有利于抵消使用荷载作用下产生的拉应力,因而使混凝土构件在使用荷载作用下不致开裂,或推迟开裂,或使裂缝宽度减小。这种预先给混凝土内部应力的结构,就称为预应力混凝土结构。

🔧 知识拓展

预应力混凝土就是事先在混凝土或钢筋混凝土中引入内部应力,且其数值和应力恰好能将使用荷载产生的应力抵消到一个合适程度的混凝土。

钢筋混凝土虽然改善了混凝土抗拉强度过低的缺点,但仍存在两个不能解决的问题:一是在带裂缝工作状态下，裂缝的存在不仅造成受拉区混凝土材料不能充分利用、结构刚度下降和自重比例上升，而且限制了它的使用范围；二是从保证结构耐久性的要求出发，必须限制混凝土裂缝开展的宽度，这就使高强度钢筋无法在钢筋混凝土结构中充分发挥其作用，相应也不可能使高强混凝土的作用发挥出来。

1. 第一种概念——预加应力能使混凝土（图 7-24）在使用状态下成为弹性材料

经过预压混凝土，使原先抗拉弱、抗压强的脆性材料变为一种既能抗压又能抗拉的弹性材料。由此，混凝土被看作承受两个力系，即内部预应力和外部荷载。若预应力所产生的压应力将外荷载所产生的拉应力全部抵消，则在正常使用状态下混凝土没有裂缝甚至不出现拉应力。在这两个力系的作用下，混凝土构件的应力、应变及变形均可按材料力学公式计算，并可在需要时采用叠加原理。

图 7-24　预应力混凝土施工

2. 第二种概念——预加应力能使高强钢材和混凝土共同工作并发挥两者的潜力

这种概念是将预应力混凝土看作高强钢材和混凝土两种材料的一种协调结合。在混凝土构件中采用高强钢筋，要使高强钢筋的强度充分发挥，就必须使其有很大的伸长变形。如果高强钢筋只是简单地浇筑在混凝土体内，那么在使用荷载作用下混凝土势必严重开裂，构件将出现不能允许的宽裂缝和大挠度。

3. 第三种概念——预加应力实现荷载平衡

预加应力的作用可以认为是对混凝土构件预先施加与使用荷载（外力）方向相反的荷载，用以抵消部分或全部使用荷载效应的一种方法。预应力筋位置的调整可对混凝土构件造成横向力。

4. 预应力混凝土结构的优点

预应力混凝土结构的优点见表 7-7。

表 7-7　预应力混凝土结构的优点

优点	主要内容
提高了构件的抗裂性和刚度	构件施加预应力之后，裂缝的出现将大大推迟；在使用荷载作用下，构件可不出现裂缝或推迟出现，因而构件的刚度相应提高，结构的耐久性增强
可以节省材料，减小自重	预应力混凝土由于必须采用高强度材料，可以减少钢筋用量和减小构件截面尺寸，节省钢材和混凝土，从而降低结构物的自重。对于自重占总荷载比例很大的大跨径公路桥梁来说，采用预应力混凝土有着显著的优越性
可以减小混凝土梁的剪力和主拉应力	预应力混凝土梁的曲线筋（束），可使混凝土梁在支座附近承受的剪力减小，又由于混凝土截面上预压应力的存在，荷载作用下的主拉应力也相应减小，有利于减小混凝土梁腹的厚度
结构安全、质量可靠	施加预应力时，预应力筋（束）与混凝土都将经受一次强度检验

5. 预应力混凝土结构的缺点

① 工艺较复杂，质量要求高，因而需要配备一支技术较熟练的专业队伍。

② 需要有一定的专门设备，如张拉机具、灌浆设备等。

③ 预应力反拱不易控制，它将随混凝土的徐变增加而加大，可能影响结构使用效果。

④ 预应力混凝土结构的开工费用较大，对于跨径小、构件数量少的工程，成本较高。

第八节　后张法有黏结预应力混凝土施工

1. 有黏结预应力混凝土施工方法（图7-25）

预留孔洞是后张法制作的特殊工序，孔洞的形状、尺寸和安装质量对后张法的产品质量有着直接的影响，对孔洞成型的基本要求是：孔洞的尺寸与位置应正确，孔道应平顺，接头不漏灰浆，端部预埋锚垫板应垂直于孔道中心线，孔道成型的质量，对孔道摩擦损失的影响较大，施工过程中应严格把关。

 知识拓展

后张法

后张法指的是先浇筑混凝土，待达到设计强度的80%以上后再张拉预应力钢材以形成预应力混凝土构件的施工方法。

梁板中预应力钢绞线的预留孔道采用的是波纹管（图7-26）方法成形。直线段和弯曲线段波纹管的安装，应在安装前根据设计图中预应力钢绞线的 N_1 曲线坐标尺寸，先在腹板箍筋上定出曲线位置，以波纹管底为准做好标记，波纹管采用定位钢筋固定安装。箍筋固定托架应焊接在腹板钢筋上，使其能牢固地置于腹板及板底内的设计位置，并在混凝土浇筑期间不产生位移或上浮，钢筋固定托架之间的间距按设计技术要求为50cm，曲线中间直线段和 N_2 中间直线段采用U形筋将两个波纹管一起固定，在箍筋上面焊一个横向筋卡住孔道。

图7-25　有黏结预应力混凝土施工方法

图7-26　波纹管施工

 知识拓展

波纹管由薄钢带经压波后卷制而成，它具有重量轻、刚度好、弯折方便、连接简单、摩阻系数小、与混凝土黏结良好等特点，是后张应力筋孔道成型的理想材料。

波纹管的连接，连接接头管采用大一号同类型波纹管做接头，接头管的长度控制在20～30cm，安装时以旋转的方式进行，连接处应不使接头处产生角度变化及在混凝土浇筑期间发生管道转动或移位，最后在接头两端用胶带缠裹，防止水泥浆的渗入。

波纹管安装后，应检查其位置、曲线形状是否符合设计要求，波纹管的固定是否牢靠，接头是否完好，管壁有无破损等，如有破损应及时更换，对于较小的孔眼用黏结带修补。

2. 预应力张拉

（1）锚具及千斤顶安装程序

安装工作锚环→安装工作锚夹片→夹片预楔紧→安装顶楔器→安装千斤顶→安装工具锚→安装工具锚夹片→夹片顶楔紧→千斤顶整体校正。

（2）配装要求

① 穿入工作锚的钢绞线要顺直，对号入座，不得使钢绞线扭结交叉安装。

② 工作锚环必须准确放在锚垫板中心定位槽内。

③ 夹片之间间距要均匀，夹片安装完后，用套管将其打入锚环内，其外露长度一般为4～5mm，并均匀一致。

④ 工具锚的夹片其重复使用次数一般不宜超过10次，工具锚在使用前应涂膜润滑油或滑石粉，以利夹片在卸荷后顺利脱出。

第九节　后张法无黏结预应力混凝土施工

无黏结预应力施工（图7-27）适用于工业与民用建筑现场后张法无黏结预应力混凝土结构工程。

图 7-27　无黏结预应力施工

1. 工艺流程

施工准备→梁、模板支撑→放线→下部非预应力钢筋铺放、绑扎→铺放暗管、预埋件→无黏结预应力铺放、端部节点安装→修补破损的护套→上部非预应力钢筋铺放、绑扎→无黏结预应力起拱、绑扎→隐蔽工程检查验收→混凝土浇筑及振捣→混凝土养护→松动穴模、拆侧模→张拉准备→混凝土强度试验→张拉无黏结筋→切除超长的无黏结筋→端部处理。

2. 操作工艺及要求

① 无黏结筋的下料长度应按设计和施工工艺计算确定。下料时应用砂轮锯切割。

② 制作挤压锚具时应遵守专项操作规定。在完成挤压后，检查护套是否正好与挤压锚具头贴紧靠拢。在使用连体锚作为张拉锚具时，必须加套颈管，并切断护套，安装定心穴模。

③ 端模预留孔位置：在张拉端帮模外侧，按施工图所注无黏结筋位置弹线、编号和钻孔。

④ 铺放无黏结筋：通常无黏结筋的配置有单向和双向曲线配置两种。

⑤ 端部节点安装：无黏结筋张拉端均设承压板且与预应力筋垂直，承压板和穴模应与端模紧密固定。安装中应防止由于承压板端面倾斜造成张拉油缸与承压板互不垂直，而影响张拉正常进行。

⑥ 无黏结筋绑扎：检查塑料保护套筒无损伤后。将软塑料管两端分别绑在两端套筒和无黏结筋上，并按设计要求标高将无黏结筋绑在端部非预应力筋或附加筋上，绑扎时，应保护无黏结筋与锚环轴线重合，并垂直于承压板，以利张拉时锚环能顺利拉出板端。

⑦ 起拱：绑完非预应力筋后，按施工图中无黏结筋的设计编号位置，将无黏结筋理直，找正各筋曲线高度控制点下面的马凳位置并绑牢。

⑧ 混凝土浇筑及振捣：混凝土浇筑时，严禁踏压马凳及防止触动锚具，确保无黏结筋及锚具的位置正确；应认真振捣张拉端及锚固端混凝土，严禁漏振，避免出现蜂窝麻面，保证其密实性，同时严禁触碰张拉端塑料套筒，避免由于套筒脱落破坏而影响张拉进行。

🔁 知识拓展

无黏结筋

在运输中，无黏结筋应轻装轻卸，严禁抛掷及锋利物品损坏无黏结筋表面和配件。吊具用钢丝绳需套胶管，避免装卸时破坏无黏结筋塑料套管，若有损坏应及时用塑料胶条修补，其缠绕搭接长度为胶条1/3宽度。

第十节　预应力工程灌浆及封锚

后张法预应力筋张拉完毕并经检查合格后，应及时进行孔道灌浆，孔道内水泥浆应饱满、密实。

后张法预应力筋锚固后的外露部分宜采用机械方法切割，也可采用氧-乙炔焰方法切割，其外露长度不宜小于预应力筋直径的 1.5 倍，且不宜小于 30mm。封锚施工如图 7-28 所示。

1. 灌浆前的准备工作

① 应确认孔道、排气兼泌水管及灌浆孔畅通；对预埋管成型孔道，可采用压缩空气清孔。

② 应切除锚具外多余预应力筋，并应采用水泥浆等材料封堵锚具夹片缝隙和其他可能漏浆处，也可采用封锚罩封闭端部锚具。

③ 采用真空灌浆工艺时，应确认孔道的密封性。

图 7-28　封锚施工

2. 灌浆用水泥浆的原材料

除应符合国家现行有关标准的规定外，尚应符合下列规定。

① 宜采用强度等级不低于 42.5 的普通硅酸盐水泥。

② 水泥浆中氯离子含量不应超过水泥重量的 0.06%。

③ 拌和用水及掺加的外加剂中不应含有对预应力筋或水泥有害的成分。

🔁 知识拓展

灌浆用水泥浆的性能应符合下列规定：采用普通灌浆工艺时稠度宜控制在 12~20s，采用真空灌浆工艺时稠度宜控制在 18～25s；水胶比不应大于 0.45；自由泌水率宜为 0，且不应大于 1％，泌水应在 24h 内全部被水泥浆吸收；自由膨胀率不应大于 10％；边长为 70.7mm 的立方体水泥浆试块 28d 标准养护的抗压强度不应低于 30MPa。

3. 灌浆用水泥浆的制备及使用应符合的规定

① 水泥浆宜采用高速搅拌机进行搅拌，搅拌时间不应超过 5min。

② 水泥浆使用前应经筛孔尺寸不大于 1.2mm×1.2mm 的筛网过滤。

③ 搅拌后不能在短时间内灌入孔道的水泥浆，应保持缓慢搅动。

④ 水泥浆拌和后至灌浆完毕的时间不宜超过 30min。

4. 灌浆施工工艺及要求

① 宜先灌注下层孔道，后灌注上层孔道。

② 灌浆应连续进行，直至排气管排出的浆体稠度与注浆孔处相同且没有出现气泡后，再顺浆体流动方向将排气孔依次封闭；全部封闭后，宜继续加压 0.5～0.7MPa，并稳压 1～2min 后封闭灌浆口。

③ 当泌水较大时，宜进行二次灌浆或泌水孔重力补浆。

④ 因故停止灌浆时，应用压力水将孔道内已注入的水泥浆冲洗干净。

5. 真空辅助灌浆应符合的规定

① 灌浆前，应先关闭灌浆口的阀门及孔道全程的所有排气阀，然后在排浆端启动真空泵抽出孔道内的空气，使孔道真空负压达到 0.08～0.10MPa，并保持稳定，再启动灌浆泵开始灌浆。

② 灌浆过程中，真空泵应保持连续工作，待浆体经过抽真空端时应关闭通向真空泵的阀门，同时打开位于排浆端上方的排浆阀门，在排出少许浆体后再关闭。

第十一节　混凝土组成材料及常用添加剂

普通混凝土（图 7-29）（简称混凝土）由水泥、砂、石子和水所组成。为改善混凝土的某些性能还常加入适量的外加剂和掺和料。

1. 混凝土中各组成材料的作用

在混凝土中，砂、石子起骨架作用，称为骨料；水泥与水形成水泥浆，水泥浆包裹在骨料表面并填充其空隙。在硬化前，水泥浆起润滑作用，赋予拌和物一定和易性，便于施工。水泥浆硬化后，则将骨料胶结成一个坚实的整体。

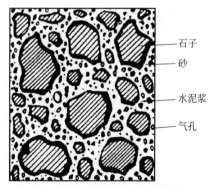

图 7-29　混凝土组成结构示意

2. 混凝土组成材料的技术要求

混凝土的技术性质在很大程度上是由原材料的性质及其相对含量决定的。同时也与施工工艺（搅拌、成型、养护）有关。因此，必须了解其原材料的性质、作用及其质量要求，合理选择原材料，这样才能保证混凝土的质量。

3. 水泥、砂的选择及要求

水泥、砂的选择及要求见表 7-8。

表 7-8　水泥、砂的选择及要求

步骤	主要要求
水泥品种选择	配制混凝土一般可采用硅酸盐水泥、普通硅酸盐水泥、矿渣硅酸盐水泥、火山灰质硅酸盐水泥和粉煤灰硅酸盐水泥,必要时也可采用快硬硅酸盐水泥或其他水泥。水泥的性能指标必须符合现行国家有关标准的规定
水泥标号选择	水泥标号的选择应与混凝土的设计强度等级相适应。原则上,配制高强度等级的混凝土,选用高标号水泥;配制低强度等级的混凝土也可用海砂。若必须使用海砂时,则应经淡水冲洗,其氯离子含量不得大于 0.02%。有些杂质如泥土、贝壳和杂物可在使用前经过冲洗、过筛处理将其清除。特别是配制高强度混凝土时更应严格些。当用较高标号水泥配制低强度混凝土时,由于水灰比(水与水泥的质量比)大,水泥用量少,拌和物的和易性不好。这时,如果砂中泥土细粉多一些,则只要将搅拌时间稍加延长,就可改善拌和物的和易性
颗粒形状及表面特征	细骨料的颗粒形状及表面特征会影响其与水泥的黏结及混凝土拌和物的流动性。山砂的颗粒多具有棱角,表面粗糙,与水泥黏结较好,用它拌制的混凝土强度较高,但拌和物的流动性较差;河砂、海砂,其颗粒多呈圆形,表面光滑,与水泥的黏结较差,用来拌制混凝土,混凝土的强度则较低,但拌和物的流动性较好
砂的颗粒级配及粗细程度	砂的颗粒级配即表示砂大小颗粒的搭配情况。在混凝土中砂粒之间的空隙由水泥浆填充,为达到节约水泥和提高强度的目的,应尽量减小砂粒之间的空隙

4. 混凝土中常见的外加剂

① 改善混凝土拌和物和易性能的外加剂,包括各种减水剂、引气剂和泵送剂等。

② 调节混凝土凝结时间、硬化性能的外加剂,包括缓凝剂、早强剂和速凝剂等。

③ 改善混凝土耐久性的外加剂,包括引气剂、防水剂和阻锈剂等。

④ 改善混凝土其他性能的外加剂,包括加气剂、膨胀剂、防冻剂、着色剂、防水剂和泵送剂等。

📚 知识拓展

减水剂:在混凝土坍落度基本相同的条件下,能减少拌和用水量的外加剂。常用的减水剂是阴离子表面活性剂。

早强剂:提高混凝土早期强度,并对后期强度无显著影响的外加剂。

引气剂:在搅拌混凝土过程中能引入大量均匀分布、稳定而封闭的微小气泡的外加剂。

防冻剂:能使混凝土在负温下硬化,并在规定时间内达到足够防冻强度的外加剂。

第十二节　混凝土搅拌

混凝土搅拌分为两种:人工搅拌(图 7-30)和机械搅拌(图 7-31)。

图 7-30　人工搅拌

图 7-31　机械搅拌

1. 人工搅拌

搅拌时力求动作敏捷，搅拌时间从加水时算起，应大致符合如下要求。

① 搅拌物体积为 30L 以下时 4～5min。

② 搅拌物体积为 31～50L 时 5～9min。

③ 搅拌物体积为 51～75L 时 9～12min。

④ 拌好后，根据试验要求，立即做坍落度测定或试件成型。从开始加水时算起，全部操作须在 30min 内完成。

2. 机械搅拌

先预拌一次，即先涮膛，以免正式拌和时影响拌和物的配合比。开动搅拌机，向搅拌机内依次加入石子、砂和水泥，干拌均匀，再将水徐徐加入，全部加料时间不超过 2min，水全部加入后，继续拌和 2min。

将拌和物自搅拌机卸出，倾倒在拌板上，再经人工拌和 1～2min，即可做坍落度测定或试件成型。从开始加水时算起，全部操作必须在 30min 内完成。

 知识拓展

坍落度

坍落度是指混凝土的和易性，具体来说就是保证施工的正常进行，其中包括混凝土的保水性、流动性和黏聚性。坍落度是用一个量化指标来衡量其程度的高低，用于判断施工能否正常进行。

第十三节　混凝土运输

1. 混凝土运输的要求

① 混凝土运输（图 7-32）的容器应严密、不漏浆，容器内壁应平整光洁，不吸水。

图 7-32　混凝土运输

 知识拓展

混凝土运输

混凝土垂直运输自由落差高度以不小于 2m 为宜，超过 2m 时应采取缓降措施，或用皮带机运输。

② 混凝土要以最少的转运次数，用最短的运输时间，从搅拌地点运至浇筑地点。

③ 混凝土运至浇筑地点，如出现离析或初凝现象，必须在建筑前进行二次搅拌后，方可入模。

④ 同时运输两种以上混凝土时，应在运输设备上设置标志，以免混淆。

2. 混凝土运输工艺

混凝土运输应先确定运距和数量，然后运至现场。

① 从搅拌机鼓筒卸出来的混凝土拌和料，是介于固体与液体之间的弹塑性物体，极易产生分层离析；且受初凝时间限制和施工和易性要求，对混凝土在运输过程中应予以重视。

② 运送混凝土，宜采用搅拌运输车，如果运距不远，也可采用翻斗车，运量少也可采用手推车。运送的容器应严密，其内壁应平整光洁。黏附的混凝土残渣应经常清除。冬期施工，混凝土罐车必须有保温措施，防止混凝土热量散失。

③ 混凝土在装入容器前应先用水将容器湿润，气候炎热时应覆盖，以防水分蒸发。冬期施工时，在寒冷地区应采取保温措施，以防在运输途中冻结。

④ 混凝土运输必须保证其浇筑过程能连续进行。若因故停歇过久，发现混凝土初凝时，应做废料处理，不得再用于过程中。

⑤ 在运输混凝土后如发现离析，必须进行二次搅拌。当坍落度损失后没有满足施工要求时，应加入原水胶比的水泥砂浆或二次加入减水剂进行搅拌，事先应经实验室验证，严禁直接加水。

第十四节　混凝土输送

1. 混凝土输送的要求

① 混凝土输送管（图 7-33）安装完毕后，不得碰撞泵管，以免泵管发生变形。

② 在使用过程中不得随意拆卸泵管。

③ 凡穿过楼板处应用钢管固定，并有木楔固定等防滑措施。垂直管下端的弯管不能作为上部管道的支撑点，应设置钢支撑承受垂直重量。

2. 施工工艺流程

（1）泵送设备平、立面布置的步骤

泵送示意如图 7-34 所示。

图 7-33　混凝土输送管

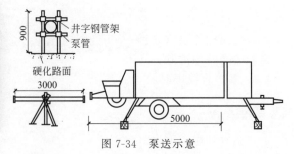

图 7-34　泵送示意

① 泵设置位置应场地平整，道路通畅，供料方便，距离浇筑地点近，便于配管，供电、

供水、排水便利。

② 作业范围内不得有高压线等障碍物。

③ 泵送管布置宜缩短管路长度，尽量少用弯管和软管。输送管的铺设应保证施工安全，便于清洗管道、排除故障和维修。

④ 在同一管路中应选择管径相同的混凝土输送管，输送管的新、旧程度应尽量相同；新管与旧管连接使用时，新管应布置在泵送压力较大处，管路要布置得横平竖直。

⑤ 管路布置应先安排浇筑最远处，由远向近依次后退进行浇筑，避免泵送过程中接管。

⑥ 布料设备应覆盖整个施工面，并能均匀、迅速地进行布料。

🔁 知识拓展

垂直向上配管时，地面水平管长度不宜小于 15m，且不宜小于垂直管长度的 1/4，在混凝土泵机 Y 形出料口 3～6m 处的输送管根部应设置截止阀，防止混凝土拌和物反流。固定水平管的支架应靠近管的接头处，以便拆除、清洗管道；倾斜向下配管时，应在斜管上端设置排气阀，当高差大于 20m 时，在斜管下端设置 5 倍高差长度的水平管，或采取增加弯管与环形管的措施，以满足 5 倍高差长度要求。

（2）泵送步骤及方法

① 泵送混凝土前，先把储料斗内的清水从管道泵出，达到湿润和清洁管道的目的，然后向料斗内加入与混凝土内除粗骨料外的其他成分相同配合比的水泥砂浆（或 1∶2 水泥砂浆或水泥浆），润滑用的水泥浆或水泥砂浆应分散布料，不得集中浇筑在一处。润滑管道后即可开始泵送混凝土。

② 开始泵送时，泵送速度宜放慢，油压变化应在允许范围内，待泵送顺利后，才用正常速度进行泵送。采用多泵同时进行大体积混凝土浇筑施工时，应每台泵依顺序逐一启动，待泵送顺利后，启动下一台泵，以防意外。

③ 泵送期间，料斗内的混凝土量应保持在不低于缸筒口上 10mm 到料斗口下 150mm 为宜。太少则吸入效率低，容易吸入空气而造成塞管，太多则反抽时会溢出并加大搅拌轴负荷。

④ 混凝土泵送应连续作业。混凝土泵送、浇筑及间歇的全部时间不应超过混凝土的初凝时间。如必须中断时，其中断时间不得超过混凝土从搅拌至浇筑完毕所允许的延续时间。在混凝土泵送过程中，有计划中断时，应在预先确定的中断部位停止泵送，且中断时间不宜超过 1h。

⑤ 泵送中途若停歇时间超过 20min，管道又较长时，应每隔 5min 开泵一次。泵送少量混凝土，管道较短时，可采用每隔 5min 正反转 2～3 行程，使管内混凝土蠕动，防止泌水离析，长时间停泵（超过 45min）、气温高、混凝土坍落度小时可能造成塞管，宜将混凝土从泵和输送管中清除。

⑥ 泵送将结束时，应估算混凝土管道内和料斗内储存的混凝土量及浇筑现场所需混凝土量（$\phi150$mm 管径每 100mm 长有 1.75m^3），以便决定供应混凝土量。

⑦ 泵送完毕清理管道时，采用空气压缩机推动清洗球，先安好专用清洗水，再启动空压机，渐进加压。清洗过程中，应随时敲击输送管，了解混凝土是否接近排空。当输送管内尚有 10m 左右混凝土时，应将压缩机缓慢减压，防止出现大喷爆和伤人。

⑧ 泵送完毕，应立即清洗混凝土泵和输送管，管道拆卸后按不同规格分类堆放。

第十五节 混凝土浇筑

1.浇筑操作

混凝土浇筑前，应根据工程结构特点、平面形状和几何尺寸、混凝土供应和泵送设备能力、劳动力和管理能力，以及周围场地大小等条件，预先划分好混凝土的浇筑（图7-35）区域。

图7-35 混凝土的浇筑

① 混凝土的浇筑顺序。

a.当采用输送管输送混凝土时，应由远而近浇筑；同一区域的混凝土，应按先竖向结构后水平结构的顺序，分层连续浇筑。

b.当不允许留施工缝时，区域之间、上下层之间的混凝土浇筑间歇时间，不得超过混凝土初凝时间。

c.当下层混凝土初凝后，浇筑上层混凝土时，应先按预留施工缝的有关规定处理后再开始浇筑。

🔺 知识拓展

混凝土的分层厚度

混凝土的分层厚度宜为300~500mm。水平结构的混凝土浇筑厚度超过500mm时，按（1∶6）~（1∶10）坡度分层浇筑，且上层混凝土应超前覆盖下层混凝土500mm以上。

② 混凝土的布料方法，应符合下列规定：在浇筑竖向结构混凝土时，布料设备的出口离模板内侧面不应小于50mm，且不得向模板内侧面直冲布料，也不得直冲钢筋骨架；浇筑水平结构混凝土时，不得在同一处连续布料，应在2~3m范围内水平移动布料，且宜垂直于模板布料。

③ 振捣泵送混凝土时，振动棒移动间距宜为400mm左右，振捣时间宜为15~30s，隔20~30min后，进行第二次复振。

④ 对于有预留洞、预埋件和钢筋太密的部位，应预先制定技术措施，确保顺利布料和振捣密实。在浇筑混凝土时，应经常观察，当发现混凝土有不密实等现象，应立即采取措施予以纠正。

⑤ 水平结构的混凝土表面，适时用木抹子抹平搓毛两遍以上。必要时，先用铁滚筒压两遍以上，防止产生收缩裂缝。

2.混凝土浇筑常见质量问题及解决方法

混凝土浇筑过程中常会出现蜂窝、麻面、孔洞、露筋等质量通病，如图7-36所示。

原因： 现场施工控制不严，混凝土浇筑过程中振捣不密实，为了保证工期混凝土在夜间浇筑，工人不能很好地控制浇筑质量，在浇筑混凝土过程中未严格按规范要求施工，导致出现大面积的

图7-36 蜂窝、麻面

质量问题。

解决方法：混凝土在建筑工程中的使用越来越广泛，混凝土工程施工过程中，经常发生蜂窝、麻面、孔洞、露筋等质量通病，这些质量通病如不能根除，将影响结构的安全。

（1）常见质量通病

① 混凝土强度偏低，匀质性差，低于同等级的混凝土梁板，主要原因是随意改变配合比，水灰比大，坍落度大；搅拌不充分均匀；振捣不均匀；过早拆模，养护不到位，早期脱水导致表面疏松。

② 混凝土柱"软顶"现象，柱顶部砂浆多，石子少，表面疏松、裂缝。其主要原因是：混凝土水灰比大，坍落度大，浇捣速度过快，未分层排除水分，到顶层未排除水分并二次浇捣。

③ 混凝土的蜂窝、孔洞。主要原因是配合比不正确；混凝土搅拌时间短，未搅拌均匀，一次下料过多，振捣不密实；未分层浇筑，混凝土离析，模板孔隙未堵好，或模板支撑不牢固，振捣时，模板移位漏浆。

④ 混凝土露筋，主要原因是混凝土浇筑振捣时，钢筋的垫块移位，或垫块太少，甚至漏放，钢筋紧贴模板致使拆模后露筋；钢筋混凝土结构截面较小，钢筋偏位过密，大石子卡在钢筋上，水泥浆不能充满钢筋周围，产生露筋；因混凝土配合比不准确，浇筑方法不当，混凝土产生离析；浇捣部位缺浆或模板严重漏浆，造成露筋；木模板湿润不够，混凝土表面失水过多，或拆模时混凝土缺棱掉角，造成露筋。

⑤ 混凝土麻面，缺棱掉角。主要原因模板表面粗糙或清理不干净；浇筑混凝土前木模板未湿或湿润不够；养护不好；混凝土振捣不密实；过早拆模，受外力撞击或保护不好，棱角被碰掉。

（2）控制措施

① 混凝土强度偏低，匀质性差的主要控制措施。

a.确保混凝土原材料质量，对进场材料必须按质量标准进行检查验收，并按规定进行抽样复试。

b.严格控制混凝土配合比，保证计量准确，按试验室确定的配合比及调整施工配合比，正确控制加水量及外加剂掺量。加大对施工人员宣传教育力度，强调混凝土桩结构规范操作的重要性，改变其认为柱子混凝土水灰比大，易操作、易密实的错误观念。

c.混凝土应拌和充分均匀，混凝土坍落度值可以较梁板混凝土小一些，宜掺减水剂，增加混凝土的和易性，减少用水量。

d.振捣要均匀密实，截面积较小、高度较高的柱在大柱模侧开设洞口，分段浇筑。

e.需改变柱模过早拆除，不养护的传统坏习惯；改变混凝土柱失水过快，表面疏松，强度降低的状况。

② 混凝土柱"软顶"的主要控制措施。

a.严格控制混凝土配合比，要求水灰比、坍落度不要过大，以减少泌水现象。

b.掺减水剂，减少用水量，增加混凝土的和易性。

c.合理安排好浇筑混凝土柱的次序，适当放慢混凝土的浇筑速度，混凝土浇筑至柱顶时应二次浇捣并排除其水分和进行抹面。

d.连续浇筑高度较大的柱时，应分段浇筑，分层减水，尤其是商品混凝土。

③ 混凝土柱蜂窝孔间的主要控制措施。

a.混凝土搅拌时，应严格控制材料的配合比，经常检查，保证材料计量准确。

b.混凝土应拌和充分均匀，宜采用减水剂。

c.模板缝隙拼接严密，柱底模四周缝隙应用双面胶带密封，防止漏浆。

d.浇筑时柱底部应先填厚度为100mm左右的与柱混凝土级配一样的水泥砂浆。

e.控制好下料，保证混凝土浇筑时不产生离析，混凝土自由倾落高度不应超过2m。

f.混凝土应分层振捣，在钢筋密集处，可采用人工振捣与机械振捣相结合的办法，严防漏振。

g.防止砂石中混有黏土块等杂物。

h.浇筑时应经常观察模板、支架墙缝等情况，若有异常，应停止浇筑，并应在混凝土凝结前修整完毕。

④ 混凝土露筋的主要控制措施。

a.混凝土浇筑前，应检查钢筋和保护层厚度是否准确，发现问题及时修整。

b.混凝土截面较小，钢筋较密集时，应选级配适当的石子。

c.为了保证混凝土保护层厚度，必须注意固定好垫块，垫块间距不宜过稀。

d.为了防止钢筋移位，严禁振捣棒撞击钢筋，保护层混凝土要振捣密实。

e.混凝土浇筑前，应用清水将模板充分湿润，并认真填好缝隙。

f.混凝土柱也要充分养护，不宜过早拆模。

⑤ 混凝土麻面缺棱掉角的主要控制措施。

a.模板面清理干净，不得粘有干硬水泥砂浆等杂物。

b.模板在混凝土浇筑前应充分湿润，混凝土浇筑后应认真浇水养护。

c.混凝土必须按操作规程分层均匀振捣密实，严防漏浆。

d.拆除柱模板时，混凝土也具有足够的强度；拆模时不能用力过猛、过急，注意保护棱角。

e.加强成品保护，对于处在人多运料等通道时，混凝土阳角要采取相应的保护措施。

第十六节　混凝土振捣

1. 施工操作

混凝土振捣施工（图7-37），应依据振捣棒的长度和振动作用有效半径，有次序地分层操作，振动棒移动距离一般可在40cm左右（小截面结构和钢筋密集节点以振实为度）。

 知识拓展

混凝土振捣

采用插入式振捣器振捣混凝土时，插入式振捣器的移动间距不宜大于振捣器作用半径的1.5倍，且插入下层混凝土内的深度宜为50～100mm，与侧模应保持50～100mm的距离。

图7-37　混凝土振捣施工

（1）振捣施工步骤

① 混凝土下料，达到振捣条件时启动机器，移动到位后降低振动棒，使振动棒平滑地插入混凝土中，插入深度为55～60cm，插入耗时约10s。

② 振捣棒插到位后，开始持续地进行振捣，此时混凝土表面会有气泡排出并开始泛浆。

③ 将振捣棒慢慢地拔出，拔出速度约为5cm/s。

④ 以上从振捣棒开始插入到拔出完毕为一个振捣周期。一个周期完成后，以0.8m的

倍数尺寸水平移动振捣棒，和上一振捣区搭接，开始下一循环的振捣。

（2）混凝土振捣的要求

① 当振动完毕需变换振捣器在混凝土拌和物中的水平位置时，应边振动边竖向缓慢提出振捣器，不得将振捣器放在拌和物内平拖。不得用振捣器驱赶混凝土。

② 表面振捣器的移动距离应能覆盖已振动部分的边缘。

③ 附着式振捣器的设置间距和振动能量应通过试验确定，并应与模板紧密连接。

④ 对有抗冻要求的引气混凝土，不应采用高频振捣器振捣。

⑤ 每一振点的振捣延续时间以混凝土不再沉落，表面呈现浮浆为度，防止过振、漏振。

⑥ 对于箱梁腹板与底板及顶板连接处的承托、预应力筋锚固区以及施工缝处等其他钢筋密集部位，宜特别注意振捣。

2. 混凝土振捣常见质量问题及解决方法

混凝土振捣过程中常常会出现振捣不足的现象，如图 7-38 所示。

原因：现场操作工人经验不足，未遵守混凝土振捣的一般要求与规定，导致出现质量问题。出现这种问题后，一般应查验施工记录，并检验结构质量，若结构未受大的影响，可采用砂浆抹面的方法进行修补；若结构受力不合格，则应拆除返工。

解决方法：混凝土振捣，应依据振捣棒的长度和振动作用有效半径，有次序地分层振捣，振动棒移动距离一般可在 40cm 左右（小截面结构和钢筋密集节点以振实为度）。振捣棒插入下层已振混凝土深度应不小于 5cm，严格控制振捣时间，一般在 20 秒左右，严防漏振或过振。并应随时检查钢筋保护层和预留孔洞、预埋件及外露钢筋位置，确保预埋件和预应力筋承压板底部混凝土密实，外露面层平

图 7-38 混凝土振捣不足

整。施工缝符合要求。封闭性模板可增设附着式振捣器辅助振捣。

混凝土振捣方法应遵循垂直插入、快插、慢拔、"三不靠"等原则进行。

① 插入时要快，拔出时要慢，以免在混凝土中留下空隙。

② 每次插入振捣的时间为 20～30s，并以混凝土不再显著下沉，不出现气泡，开始泛浆时为准。

③ 振捣时间不宜过久，太久会出现砂与水泥浆分离，石子下沉，并在混凝土表面形成砂层，影响混凝土质量。

④ 振捣时振捣器应插入下层混凝土 10cm，以加强上下层混凝土的结合。

⑤ 振捣插入前后间距一般为 30～50cm，防止漏振。

⑥ 三不靠：一指振捣时不要碰到模板；二指钢筋；三指预埋件。在模板附近振捣时，应同时用木锤轻击模板，在钢筋密集处和模板边角处，应配合使用铁钎捣实。

第十七节　混凝土施工缝与后浇带

1. 施工缝的设置与处理

（1）施工缝的设置

施工缝（图 7-39）的位置应在混凝土浇筑之前确定，并宜留置在结构受剪力较小且便

于施工的部位。施工缝的留置位置应符合表 7-9 的规定。

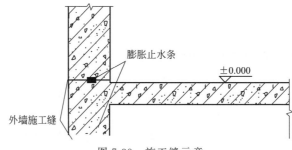

膨胀止水条

±0.000

外墙施工缝

图 7-39　施工缝示意

 知识拓展

施工缝

施工缝指的是在混凝土浇筑过程中，因设计要求或施工需要分段浇筑，而在先、后浇筑的混凝土之间所形成的接缝。施工缝并不是一种真实存在的"缝"，它只是因先浇筑混凝土超过初凝时间，而与后浇筑的混凝土之间存在一个结合面，该结合面就称为施工缝。

表 7-9　施工缝留置位置规定

部位	主要内容
柱	宜留置在基础、楼板、梁的顶面，梁和吊车梁牛腿、无梁楼板柱帽的下面
单向板	留置在平行于板的短边的任何位置
墙	留置在门洞口过梁跨中 1/3 范围内，也可留在纵横墙的交接处
与板连成整体的大截面梁（高超过 1m）	留置在板底面以下 20～30mm 处。当板下有梁托时，留置在梁托下部

（2）在施工缝处继续浇筑混凝土时应符合的规定

① 已浇筑的混凝土，其抗压强度不应小于 1.2MPa。

② 在已硬化的混凝土表面上，应清除水泥薄膜和松动石子以及软弱混凝土层，并加以充分湿润和冲洗干净，且不得积水。

③ 在浇筑混凝土前，宜先在施工缝处刷一层水泥浆（可掺适量界面剂）或铺一层与混凝土内成分相同的水泥砂浆。

④ 混凝土应细致捣实，使新旧混凝土紧密结合。

2. 后浇带的设置和处理

填充后浇带（图 7-40），可采用微膨胀混凝土，强度等级比原结构强度提高一级，并保持至少 15d 的湿润养护。后浇带接缝处按施工缝的要求处理。

后浇带

图 7-40　后浇带设置

知识拓展

后浇带

后浇带是在建筑施工中为防止现浇钢筋混凝土结构由于自身收缩不均或沉降不均可能产生的有害裂缝，按照设计或施工规范要求，在基础底板、墙、梁相应位置留设临时施工缝，将结构暂时划分为若干部分，经过构件内部收缩，在若干时间后再浇捣该施工缝混凝土，将结构连成整体的地带。

① 应根据墙板厚度的实际情况决定，一般厚度＜300mm 的墙板，可做成直缝；对厚度＞300mm 的墙板可做成阶梯缝或上下对称坡口形；对厚度＞600mm 的墙可做成凹形或多边凹形的断面。

② 钢筋是保持原状还是断开，这要由后浇带的类型来决定。沉降后浇带的钢筋应贯通，伸缩后浇带钢筋应断开，梁板结构的板筋应断开，但梁筋贯通，若钢筋不断开，钢筋附近的混凝土收缩将受到较大制约，产生拉应力开裂，从而降低了结构抵抗温度应力的能力。不同断面上的后浇带应曲折连通。

③ 后浇带混凝土浇筑，一般应使用无收缩混凝土浇筑，可以采用膨胀水泥，也可采用掺和膨胀剂与普通水泥拌制。混凝土的强度至少同原浇筑混凝土相同或提高一个级别。

④ 后浇带两侧的梁板与未补浇混凝土前长期处于悬臂状态，所以在未补浇前两侧模板支撑不能拆除，在后浇带浇筑后混凝土强度达 85％ 以上一同拆除，混凝土浇筑后注意保护，观察记录，及时养护。

3. 楼梯施工缝施工常见问题及解决方法

楼梯施工缝浇筑过程中常会出现未清理干净的现象，如图 7-41 所示。

原因： 施工过程中为了加快施工进度，施工缝没有清理干净就直接浇筑混凝土；没有按照施工方案和规范进行施工，现场实际操作人员的粗心大意，没有考虑会造成严重的后果导致此现象的发生。

解决方法： 楼梯施工缝或后浇带未经处理就浇筑混凝土，导致内部存在成层的松散混凝土。发生缝隙或夹层现象后要凿去松散混凝土，用高一强度等级的水泥砂浆或细石混凝土强力填塞或压浆。

图 7-41　楼梯施工缝未清理干净

第十八节　混凝土养护

混凝土浇筑后应及时进行保湿养护（图 7-42 和图 7-43），保湿养护可采用洒水、覆盖、喷涂养护剂等方式。选择养护方式应考虑现场条件、环境温湿度、构件特点、技术要求、施工操作等因素。

图 7-42　混凝土洒水养护

图 7-43　混凝土覆盖养护

 知识拓展

混凝土的养护时间应符合的规定

采用硅酸盐水泥、普通硅酸盐水泥或矿渣硅酸盐水泥配制的混凝土，不应少于 7d；采用其他品种水泥时，养护时间应根据水泥性能确定；采用缓凝型外加剂、大掺量矿物掺和料配制的混凝土，不应少于 14d；抗渗混凝土、强度等级 C60 及以上的混凝土，不应少于 14d；后浇带混凝土的养护时间不应少于 14d。

① 洒水养护应符合的规定

a. 洒水养护宜在混凝土裸露表面覆盖麻袋或草帘后进行，也可采用直接洒水、蓄水等养护方式；洒水养护应保证混凝土处于湿润状态。

b. 当日最低温度低于 5℃时，不应采用洒水养护。

② 覆盖养护应符合的规定

a. 覆盖养护宜在混凝土裸露表面覆盖塑料薄膜、塑料薄膜加麻袋、塑料薄膜加草帘进行。

b. 塑料薄膜应紧贴混凝土裸露表面，塑料薄膜内应保持有凝结水。

c. 覆盖物应严密，覆盖物的层数应按施工方案确定。

③ 喷涂养护剂养护应符合的规定

a. 应在混凝土裸露表面喷涂覆盖致密的养护剂进行养护。

b. 养护剂应均匀地喷涂在结构构件表面，不得漏喷；养护剂应具有可靠的保湿效果，保湿效果可通过试验检验。

c. 养护剂使用方法应符合产品说明书的有关要求。

④ 柱、墙混凝土养护方法应符合下列规定

a. 地下室底层和上部结构首层柱、墙混凝土带模养护时间，不宜少于 3d；带模养护结束后可采用洒水养护方式继续养护，必要时也可采用覆盖养护或喷涂养护剂养护方式继续养护。

b. 其他部位柱、墙混凝土可采用洒水养护；必要时，也可采用覆盖养护或喷涂养护剂养护。

⑤ 混凝土强度达到 1.2MPa 前，不得在其上踩踏、堆放荷载、安装模板及支架。

⑥ 施工现场应具备混凝土标准试件制作条件，并应设置标准试件养护室或养护箱。

第十九节　大体积混凝土裂缝控制

大体积混凝土裂缝（图 7-44）破坏了结构的整体性、耐久性、防水性，危害严重，必须加以控制，大体积开裂主要是水化热使混凝土温度升高引起的，所以采用适当措施控制混凝土温度升高和温度变化速率，在一定范围内，就可避免出现裂缝。

图 7-44　大体积混凝土裂缝

 知识拓展

大体积混凝土

混凝土结构物实体最小几何尺寸不小于 1m 的大体量混凝土，或预计会因混凝土中胶凝材料水化引起的温度变化和收缩而导致有害裂缝产生的混凝土，称为大体积混凝土。

① 原材料控制措施见表 7-10。

表 7-10　原材料控制措施

材料种类	控制措施
水泥的选择	理论研究表明，大体积混凝土产生裂缝的主要原因就是水泥水化过程中释放了大量的热量。因此在大体积混凝土施工中应尽量使用低热或者中热的矿渣硅酸盐水泥、火山灰水泥，并尽量降低混凝土中的水泥用量，以降低混凝土的温升，提高混凝土硬化后的体积稳定性。为保证减少水泥用量后混凝土的强度和坍落度不受损失，可适度增加活性细掺料替代水泥
骨料的选择	在选择粗骨料时，可根据施工条件，尽量选用粒径较大、质量优良、级配良好的石子，既可以减少用水量，又可以相应减少水泥用量，还可以减小混凝土的收缩和泌水现象。在选择细骨料时，采用平均粒径较大的中粗砂，从而降低混凝土的干缩，减少水化热量，对混凝土的裂缝控制有重要作用
外加剂	掺加适量粉煤灰，可减少水泥用量，从而达到降低水化热的目的，但掺量不能大于 30%。掺加适量的减水剂，可有效地增加混凝土的流动性，且能提高水泥水化率，增强混凝土的强度，从而可降低水化热，同时可明显延缓水化热释放速度

② 设计优化措施。

a. 精心设计混凝土配合比。在保证混凝土具有良好工作性的情况下，应尽可能地降低混凝土的单位用水量，采用"三低（低砂率、低坍落度、低水胶比）二掺（掺高效减水剂和高性能引气剂）一高（高粉煤灰掺量）"的设计准则，生产出高强、高韧性、中弹、低热和高极限拉伸值的抗裂混凝土。

b.增配构造筋提高抗裂性能。应采用小直径、小间距的配筋。

c.避免结构突变产生应力集中，在易产生应力集中的薄弱环节采取加强措施。

③ 施工控制措施。

a.控制混凝土入模温度：在温度较高的情况下进行施工，可以在施工现场对堆在露天的砂石用布覆盖，以减少阳光对其的辐射，同时对浇筑前的砂石用冷水降温。在搅拌过程中向混凝土中添加冰水。

b.严格控制混凝土的浇筑速率，一次浇筑的混凝土不可过高、过厚，以保证混凝土温度均匀上升。保证振捣密实，严格控制振捣时间、移动距离和插入深度，严防漏振及过振。

c.混凝土温度控制、监测与养生：为降低大体积混凝土的水化热，在混凝土的内部通入冷却循环水，采用循环法保温养护，以便加快混凝土内部的热量散发。

为能够较准确地测量出混凝土内部温度，在混凝土中预埋测温管，用水银温度计测温。上下层温差控制在 $15\sim20℃$。根据各测点的温度，可及时绘制出混凝土内部温度变化曲线，对照混凝土理论计算值，分析存在的问题，有的放矢地采取相应的技术措施。

d.混凝土养护是大体积混凝土施工中一项十分关键的工作。主要是保持适宜的温度和湿度，以便控制混凝土的内外温差，促进混凝土强度的正常发展及防止裂缝的产生和发展。

第八章

砌体施工

第一节　砂浆配制

　　砂浆（图 8-1）由胶凝材料、细集料和水等按适当比例配置而成，砂浆可分为：水泥砂浆、石灰砂浆、混合砂浆。砂浆配合比设计方法的原则与混凝土相同，只是以稠度指标代替混凝土拌和物的坍落度指标，同时不需选择砂率。

图 8-1　砂浆施工

📚 知识拓展

　　水泥砂浆：水泥、砂和水的混合物叫水泥砂浆。

　　石灰砂浆：石灰＋砂＋水组成的拌和物。

　　混合砂浆：砂浆与水泥、石灰按一定比例配制的混合物。

　　① 砂浆配合比设计的方法有：试验配比法、经验图表法、试验计算法。

　　② 首先确定砂浆的配比强度，当用于工程量大或质量要求高的建筑物时，砂浆配合比应通过试验加以选择，具体步骤如下。

　　a.确定满足施工要求的砂浆拌和物的稠度。

　　b.选择几组不同灰砂比的砂浆，如水泥∶砂为 1∶2、1∶3、1∶4、1∶5、1∶6.5、1∶8。

　　c.对每个灰砂比的砂浆进行搅拌，确定出达到规定稠度所需的单位用水量，并测出其密度和其他技术指标。

　　d.将试拌后稠度满足要求的各组砂浆制备试件。按标准养护至规定龄期，测定其强度和其他规定的技术指标。根据试拌和强度试验的结果，得出灰砂比与强度、单位用水量、密度之间的关系曲线，从关系曲线中求出符合强度要求的灰砂比、单位用水量及密度。应当注意，强度应比设计要求提高 $10\%\sim15\%$。

　　③ 当用于小型工地或工程量不大的情况，砂浆配合比可按图表法选择，施工时根据稠度需要控制好单位用水量，砂浆配合比参考值见表 8-1。

表 8-1　砂浆配合比参考值

砂浆标号/MPa	水泥用量/(kg/m³)	灰砂比
5.0	250	1∶8.0
7.5	290	1∶7.0
10	320	1∶6.0
15	390	1∶5.0

④ 砂浆试件的制作方法：捣棒采用钢制，直径 12mm，长 250mm，一端为弹头形。试模分有底和无底的，为内壁边长为 70.7mm 的立方体金属模型。当用于密实基底的砂浆时，采用带底试模，砂浆分两层浇入试模，每层厚约 4cm。

扫码看视频

墙体砌筑

第二节　砖墙砌筑形式

在砖墙砌筑过程中，常用的形式有一顺一丁、梅花丁和三顺一丁等砌筑方法。

知识拓展

一顺一丁砌法：又称"满丁满条"，指一皮砖按照顺一皮砖、丁一皮砖的方式交替砌筑，顺丁砌法是一皮中全部顺砖与一皮中全部丁砖相互间隔砌成，上下皮间的竖缝相互错开 1/4 砖长。

梅花丁砌法：一面墙的每一皮中均采用丁砖与顺砖左右间隔砌成，每一块丁砖均在上下两块顺砖长度的中心，上下皮竖缝相错 1/4 砖长。该砌法砖缝整齐，外表美观，结构的整体性好，但砌筑效率较低，适用于砌筑一砖或一砖半的清水墙。当砖的规格偏差较大时，采用梅花丁砌法，有利于减少墙面的不整齐性。

三顺一丁砌法：一面墙的连续三皮中全部采用顺砖与一皮中全部采用丁砖上下间隔砌成，上下相邻两皮顺砖间的竖缝相互错开 1/2 砖长（125mm），上下皮顺砖与丁砖间竖缝相互错开 1/4 砖长。该砌法因砌顺砖较多，所以砌筑速度快，但因丁砖拉结较少，结构的整体性较差，在实际工程中应用较少，适用于砌筑一砖墙或一砖半墙。

1. 一顺一丁施工

（1）定组砌方法

组砌方法应正确，一般采用一顺一丁（满丁、满条）排砖法（图 8-2 和图 8-3）。砖砌体的转角处和内外墙体交接处应同时砌筑，当不能同时砌筑时，应按规定留槎，并做好接槎处理。基底标高不同时，应从低处砌起，并应由高处向低处搭接。

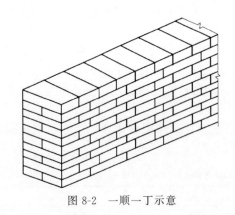

图 8-2　一顺一丁示意

图 8-3　一顺一丁砌筑照片

（2）砖浇水

砖应在砌筑前 1~2d 浇水湿润，烧结普通砖一般以水浸入砖四边 15mm 为宜，含水率为 10%~15%；煤矸石页岩实心砖含水率为 8%~12%。常温施工不得用干砖上墙，不得使用含水率达饱和状态的砖砌墙，冬期施工清除冰霜，砖可以不浇水，但应加大砂浆稠度。

（3）拌制砂浆工艺及要求

① 干拌砂浆的强度等级必须符合设计要求。施工人员应按使用说明书的要求操作。

② 干拌砂浆宜采用机械搅拌。如采用连续式搅拌器，应以产品使用说明书要求的加水量为基准，并根据现场施工稠度微调拌和加水量；如采用手持式电动搅拌器，应严格按照产品使用说明书规定的加水量进行搅拌，先在容器内放入规定量的拌和水，再在不断搅拌的情况下陆续加入干拌砂浆，搅拌时间宜为 3～5min，静停 10min 后再搅拌不少于 0.5min。

③ 拌和好的砂浆拌和物应在使用说明书规定的时间内用完，在炎热或大风天气时应采取措施防止水分过快蒸发，超过初凝时间严禁二次加水搅拌使用。

④ 散装干拌砂浆应储存在专用储料罐内，储料罐上应有标识。不同品种、强度等级的产品必须分别存放，不得混用。袋装干拌砂浆宜采用糊底袋，在施工现场储存应采取防雨、防潮措施，并按品种、强度等级分别堆放，严禁混堆混用。

⑤ 砂浆的配合比应由试验室经试配确定。在砂浆中掺入有机塑化剂、早强剂、缓凝剂、防冻剂等，经检验和试配符合要求后，方可使用。

⑥ 砂浆配合比应采取质量比。计量精度：水泥±2%，砂、灰膏控制在±5%。

⑦ 水泥砂浆应采取机械搅拌，先倒砂子、水泥、掺和料，最后倒水。搅拌时间不少于 2min。水泥粉煤灰砂浆和掺用外加剂的砂浆搅拌时间不得少于 3min；掺用有机塑化剂的砂浆，应为 3～5min。

⑧ 砂浆应随拌随用，水泥砂浆和水泥混合砂浆必须在拌成后 3h 和 4h 内使用完毕。当施工期间超过最高温度时，应分别在拌成后 2h 和 3h 内使用完毕。超过上述时间的砂浆，不得使用，并不应再次拌和后使用。

（4）排砖摆底（干摆砖样）的做法及要求

① 基础大放脚的摆底尺寸及收退方法，必须符合设计图纸规定，如果是一层一退，里外均应砌丁砖；如果是两层一退，第一层为条砖，第二层砌丁砖。

② 大放脚的转角处，应按规定放七分头，其数量为一砖墙放两块、一砖半厚墙放三块、二砖墙放四块，依此类推。

（5）砖基础砌筑工艺及要求

① 砖基础砌筑前，基底垫层表面应清扫干净，洒水湿润。先盘墙角，每次盘角高度不应超过五层砖，随盘随靠平、吊直。

② 砖基础墙应挂线，240mm 墙反手挂线，370mm 以上墙应双面挂线。

③ 基础大放脚砌到基础墙时，要拉线检查轴线及边线，保证基础墙身位置正确。同时要对照皮数杆的砖层及标高；如有高低差时，应在水平灰缝中逐渐调整，使墙的层数与皮数杆相一致。

④ 基础垫层标高不一致或有局部加深部位，应从深处砌起，并应由浅处向深处搭砌。

⑤ 暖气沟挑檐砖及上一层压砖，均应整砖丁砌，灰缝要严实，挑檐砖标高必须符合设计要求。

⑥ 各种预留洞、埋件、拉结筋按设计要求留置，避免后剔凿，影响砌体质量。

⑦ 变形缝的墙角应按直角要求砌筑，先砌的墙要把舌头灰刮尽；后砌的墙可采用缩口灰，掉入缝内的杂物随时清理。

⑧ 安装管沟和洞口过梁其型号、标高必须正确，底灰饱满；如坐灰超过 20mm 厚，应采用细石混凝土铺垫，两端搭墙长度应一致。

（6）抹防潮层

抹防潮层砂浆前，将墙顶活动砖重新砌好，清扫干净，浇水湿润，基础墙体应抄出标高线（一般以外墙室外控制水平线为基准），墙上顶两侧用木八字尺杆卡牢，复核标高尺寸无误后，倒入防水砂浆，随即用木抹子搓平。设计无规定时，一般厚度为 20mm，防水粉掺量为水泥质量的 3%～5%。

（7）留槎

流水段分段位置应在变形缝或门窗口角处，隔墙与墙或柱不同时砌筑时，可留阳槎加预埋拉结筋。沿墙高每 500mm 预埋 $\phi6$ 钢筋 2 根，其埋入长度从墙的留槎计算起，一般每边均不小于 1000mm，末端应加 180°弯钩。

2. 梅花丁和三顺一丁施工

梅花丁和三顺一丁施工如图 8-4 和图 8-5 所示。

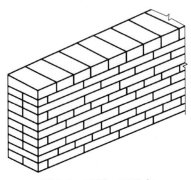

图 8-4　梅花钉示意　　　　　　　　　图 8-5　三顺一丁示意

（1）拌制砂浆的步骤及要求

① 干拌砂浆宜采用机械搅拌。如采用连续式搅拌器，应以产品使用说明书要求的加水量为基准，并根据现场施工稠度微调拌和加水量；如采用手持式电动搅拌器，应严格按照产品使用说明书规定的加水量进行搅拌，先在容器内放入规定量的拌和水，再在不断搅拌的情况下陆续加入干拌砂浆，搅拌时间宜为 3～5min，静停 10mm 后再搅拌不少于 0.5min。

② 使用人不得自行添加某种成分来变更干拌砂浆的用途及等级。

③ 拌和好的砂浆拌和物应在使用说明书规定的时间内用完，在炎热或大风天气时应采取措施防止水分过快蒸发，超过初凝时间严禁二次加水搅拌使用。

④ 散装干拌砂浆应储存在专用储料罐内，储料罐上应有标识。不同品种、强度等级的产品必须分别存放，不得混用。

⑤ 砌筑地上部分的墙体应使用混合砂浆，当砌体使用水泥砂浆砌筑时，砂浆强度等级应请设计人核准。砂浆的配合比应由试验室经试配确定。

⑥ 砂浆配合比应采取质量比。计量精度：水泥±2%，砂、灰膏控制在±5%。

⑦ 砂浆应采取机械搅拌，先倒砂子、水泥、掺和料，最后倒水。搅拌时间不少于 2min。水泥粉煤灰砂浆和掺用外加剂的砂浆搅拌时间不得少于 3min，掺用有机塑化剂的砂浆，应为 3～5min。

（2）排砖摞底（干摆砖样）施工工艺及要求

① 一般外墙第一层砖摞底时，两山墙排丁砖，前后檐纵墙排条砖。根据弹好的门窗洞口位置线，认真核对窗间墙、垛尺寸，按其长度排砖。

② 窗口尺寸不符合排砖"好活"的时候，可以将门窗洞口的位置在 60mm 范围内左右移动。

③ 破活应排在窗口中间、附墙垛或其他不明显的部位。移动门窗洞口位置时，应注意

暖卫立管安装及门窗开启时不受影响。

④ 排砖时必须做全盘考虑，前后檐墙排第一皮砖时，要考虑甩窗口后砌条砖，窗角上应砌七分头砖才是"好活"。

（3）砖墙砌筑工艺及做法

① 选砖：砌清水墙应选棱角整齐，无弯曲、裂纹，颜色均匀，规格基本一致的砖。敲击时声音响亮，焙烧过火变色，变形的砖可用在不影响外观的内墙上。灰砂砖不宜与其他品种砖混合砌筑。

② 盘角：砌砖前应先盘角，每次盘角不应超过五皮，新盘的大角，及时进行吊、靠。如有偏差要及时修整。盘角时应仔细对照皮数杆的砖层和标高，控制好灰缝大小，使水平灰缝均匀一致。大角盘好后再复查一次，平整和垂直完全符合要求后，再挂线砌墙。

③ 挂线：砌筑砖墙厚度超过一砖半厚（370mm）时，应双面挂线。超过10m的长墙，中间应设支线点，小线要拉紧，每皮砖都要穿线看平，使水平缝均匀一致，平直通顺；砌一砖厚（240mm）混水墙时宜采用外手挂线，可照顾砖墙两面平整，为下道工序控制抹灰厚度奠定基础。

④ 砌砖：砌砖时砖要放平，里手高，墙面就要张；里手低，墙面就要背。砌砖应跟线，"上跟线，下跟棱，左右相邻要对平"。

⑤ 烧结普通砖水平灰缝厚度和竖向灰缝宽度一般为10mm，但不应小于8mm，也不应大于12mm；蒸压（养）砖水平灰缝厚度和竖向灰缝宽度一般为10mm，但不应小于9mm，也不应大于12mm。

⑥ 240mm厚承重墙的每层墙的最上一皮砖，砖砌体的台阶水平面上及挑出层，应整砖丁砌。

（4）不得在下列墙体或部位设置脚手眼

① 120mm厚墙和独立柱。

② 过梁上与过梁成60°角的三角形范围及过梁净跨度1/2的高度范围内。

③ 宽度小于1m的窗间墙。

④ 砌体门窗洞口两侧200mm和转角处450mm范围内。

⑤ 梁或梁垫下及其左右500mm范围内。

⑥ 设计上不允许设置脚手眼的部位。

3. 砖墙砌筑常见质量问题及解决方法

砖墙砌筑时常常会出现墙身留槎不符合要求的现象，如图8-6所示。

原因：

① 因砌砖不立皮数杆，先砌筑外墙4个墙角（立头角），再砌山墙和纵墙的墙身，这就出现了留槎，而且普遍留的是直槎，不是斜槎。

② 内外墙不同时砌筑已成普遍现象，且又留的是直槎，少数的还留阴槎。

③ 留设的斜槎不符合要求，有的只在墙身下面1m左右留斜槎，上面仍为直槎。

图8-6　墙身留槎不合格

④ 留直槎时，也不按规范规定设置拉结筋：如采用冷拔钢丝作为拉结筋；拉结筋长度不够，拉结筋的间距不保证；拉结筋的末端也不加工成弯钩。

解决方法：砖砌体的转角处和内外墙交接处应同时砌筑，严禁无可靠措施的内外墙分砌施工。对不能同时砌筑而又必须留置的临时间断处，应砌成斜槎。

一般情况下不能留成直槎，不能因麻烦图方便而随意将斜槎改为直槎。当施工中因客观条件的限制，实在无法留置斜槎时，则应经技术负责人同意，并采用相应技术措施后，方可留置直槎，但直槎必须做成凸槎，并应加设拉结钢筋。拉结筋的数量为每120mm墙厚放置1根直径6mm的钢筋；间距沿墙高不得超过500mm；埋入长度从墙的留槎处算起，每边均不应小于500mm；末端应有90°弯钩。

防治措施：

① 砌墙时，对施工留槎应做统一规划；外墙大脚尽量做到同步砌筑不留槎，或在一步架留槎处，二步架改为同步砌筑，以加强墙脚的整体性。

② 有条件时，纵横墙交接处尽量安排同步砌筑；留退槎确有困难时，应留引出墙面12cm的直槎，并按规定设拉结条，使咬槎砖缝由纵横墙交接处，移至内墙部位，增强墙体的整体性。

③ 后砌12cm隔墙，易采取在墙面上留榫或槎的做法。接槎时，应在榫或槎洞口内先填塞砂浆，顶皮砖的上部灰缝，用大铲或瓦刀将砂浆封严，以稳固隔墙，较少留槎洞口对墙体截面的削弱。

第三节 砖墙砌筑施工

1. 施工操作

砖墙砌筑施工（图 8-7）工艺标准适用于一般工业与民用建筑中砖混、外砖内模及有抗震构造柱的砖墙砌筑工程。

图 8-7 砖墙砌筑施工

📚 **知识拓展**

砖墙砌筑施工工艺要求

接槎牢固，清理干净、浇水润湿、填实砂浆、保持灰缝平直。上下错缝，内外搭接，以保证砌体的整体性，同时组砌要有规律，少砍砖，以提高砌筑效率，节约材料；缝宽8～12mm，水平饱满度≥80%。严禁用水冲灌缝；在墙上留置的临时施工洞口，其侧边离交接处的墙面不应小于500mm，洞口净宽度不应超过1m。留施工洞，要设拉结筋；砌体相邻工作段的高度差，不得超过一个楼层的高度，也不宜大于4m。

砖墙砌筑的施工工艺见表 8-2。

表 8-2 砖墙砌筑的施工工艺

施工步骤	施工要点
抄平、放线	用 M7.5 水泥砂浆($H<20\mathrm{mm}$,H 为砂浆厚度)或 C10 细石混凝土($h\geqslant20\mathrm{mm}$,h 为细石混凝土厚度)抄平,使各段墙面的底部标高在同一水平面上
摆砖(摆脚)	在放线的基面上按选定的组砌方式用于干砖试摆。目的:竖缝厚度均匀
立皮数杆	使水平缝厚度均匀设在四大角及纵横墙的交接处,中间 10~15m 立一根,皮数杆上±0.00 与建筑物的±0.00 相吻合
盘角、挂线	三皮一吊、五皮一靠,确保盘角质量。挂线:上跟线、下靠棱
三一砌砖法	砌筑常用的是"三一砌砖法",即一块砖、一铲灰、一揉压。砌筑过程中应三皮一吊、五皮一靠,保证墙面垂直平整
勾缝、清理	砖墙勾缝宜采用凹缝或平缝,凹缝深度一般为 4~5mm。勾缝完毕后,应进行墙面、柱面和落地灰的清理

2. 砖墙砌筑施工常见质量问题及解决方法

砖墙砌筑施工中常常会出现留置临时洞口不合格的现象,如图 8-8 所示。

原因: 现场砌筑工人对于施工洞口的尺寸及规定不了解,为了加快施工进度没有和现场技术人员沟通、擅自留置,现场技术人员在洞口留置时没有在旁进行指导施工。

解决方法: 在留置临时施工洞口时应先和技术人员进行沟通,按照出具的尺寸和规定进行留置,对于留置洞口不合格的应及时整改。

① 在墙上留置临时施工洞口,其侧边离交接处墙面不应小于 500mm,洞口净宽度不应超过 1m。

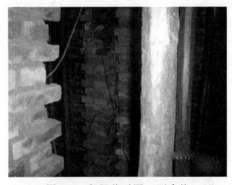

图 8-8 留置临时洞口不合格

② 抗震设防烈度为 9 度的地区建筑物的临时施工洞口位置,应会同设计单位确定。临时施工洞口应做好补砌。

③ 施工洞构造要求。

a.砌体结构。在砌体上留施工洞时,洞口顶部必须设置过梁。洞口构造如下。

ⓐ 烧结普通黏土砖墙:洞口两侧须留成直槎,但必须做成凸槎,并加设拉结筋。拉结筋的数量为每 120mm 墙厚放置 1 根直径 6mm 的钢筋,间距沿墙高不得超过 500mm,埋入长度从墙的留槎处算起,每边均不小于 500mm,钢筋末端应有 90°弯钩。

ⓑ 混凝土空心砌块墙:在洞顶部设置混凝土过梁。洞口两侧每隔 600mm 设 2 根直径 6mm 的拉结筋。拉结筋埋入长度,从留槎处算起,每边均不应小于 600mm,钢筋外露部分不得任意弯折。

ⓒ 加气混凝土(粉煤灰)砌块墙:施工洞口上部应放置 2 根直径 6mm 的钢筋,伸过洞口两边长度每边不小于 500mm。

b.过梁的设置。过梁的形式有:砌筑钢筋砖过梁、实心砖平拱式过梁、现浇或预制混凝土过梁。选择过梁长度时,一定要保证每边不小于 250mm 的支承长度。过梁的断面尺寸及配筋一定要经过计算方能确定。

c.钢筋混凝土结构。在钢筋混凝土墙上留施工洞,在无暗框架时,洞顶必须设置过梁,其钢筋应按计算配置，并应征得设计人员同意，并不得低于下述构造要求：在 8 度区不少于 $\phi12$，锚固长度不少于 $40d$ 和 600mm；箍筋直径最小为 $\phi6$ 纵向钢筋端头；洞口两侧应设置竖向构造钢筋，每边不少于 $2\phi10$，锚固长度不少于 $30d$；洞口处原墙体水平、竖向配筋应断开，断开长度（即外露长度）不小于 $40d$。

④ 施工洞填筑方法。

a. 砌体墙体洞口的填筑。填砌临时洞口时，应清除墙面黏结的砂浆、泥浆和杂物，并洒水湿润，再用与原墙相同的砖或砌块衬砌严密。

当墙体为混凝土空心砌块材料时，砌筑砂浆强度等级宜提高一级。洞口的顶部要斜砌，以保证洞口封堵的密实。

b. 现浇混凝土墙体洞口的填筑。

ⓐ 在堵洞之前，首先把埋设于墙体内的预留钢筋凿出，调直后按规范要求与墙体钢筋焊接或绑扎。

ⓑ 除非同设计人员商定好用砌体堵洞外，一般情况下应用同强度等级墙体混凝土浇灌。

ⓒ 为了防止产生裂缝，填筑中应采用补偿收缩混凝土。该种混凝土经 7～14d 的湿润养护，将其膨胀率控制在 0.05%～0.08%，可获得 0.5～1.2MPa 的自应力，使混凝土处于受压状态，以补偿混凝土的全部或大部分收缩，达到防止开裂的目的。其配比需通过试验确定。

⑤ 施工洞缝隙处理。施工洞处理不当，就会在其周围产生裂缝。为了防止裂缝的产生，除应按上述填筑方法施工外，还应遵守下列施工工艺。

a. 砌筑墙体。

ⓐ 砂浆配比一定要准确，灰缝要饱满、均匀一致。

ⓑ 砂浆强度及墙体干燥程度要和已砌墙体保持一致。

ⓒ 施工洞抹灰迟于墙体抹灰时，抹灰的接槎位置要避开洞口 30cm。

ⓓ 抹完底灰后，一定要待其干燥后，再抹面层灰。如发现底灰有裂纹时，要在其上贴专用无纺布后再抹灰。

b. 混凝土墙体。

ⓐ 粘在钢筋上的灰浆、浮锈等清洗干净，混凝土缝要凿毛，露出石子。

ⓑ 混凝土配合比一定要准确，严禁用人工随意拌和。

制作施工洞模板时，要使施工洞周围 50mm 范围内，凹进 5mm，以利于后期处理裂缝时，贴布刮胶之用。

第四节　小型空心砌块砌筑施工

1. 施工操作

小型空心砌块砌筑（图 8-9 和图 8-10）可根据下面所述进行。

（1）墙体放线

砌体施工前，应将基础面或楼层结构面按标高找平，依据砌筑图放出一皮砌块的轴线、砌体边线和洞口线。

（2）砌块排列施工

① 小型砌块在砌筑前，应根据工程设计施工图，结合砌块的品种、规格，绘制砌体砌块的排列图。围护结构或二次结构，应预先设计好地导墙、混凝土带、接顶方法等，经审核无误，按图排列砌块。外墙转角及纵横墙交接处，应将砌块分皮咬槎，交错搭砌，如果不能

咬槎时，按设计要求采取其他的构造措施。

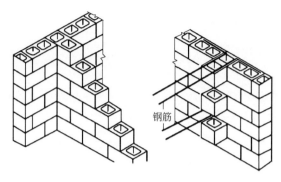

图 8-9　混凝土小型砌块示意

图 8-10　混凝土小型砌块施工

② 小型砌块墙内不得混砌其他墙体材料。镶砌时，应采用与小型砌块材料强度同等级的预制混凝土块。

③ 施工洞口留设。洞口侧边离交接处墙面不应小于 500mm，洞口净宽度不应超过 1m。洞口两侧应沿墙高每 3 皮砌块设 $2\phi4$ 拉结钢筋网片，锚入墙内的长度不小于 1000mm。

④ 样板墙砌筑。在正式施工前，应先砌筑样板墙，经各方验收合格后，方可正式砌筑。

知识拓展

小型砌块墙砌筑要求

小型砌块排列应从基础面开始，排列时尽可能采用主规格的砌块（390mm×190mm×190mm），砌体中主规格砌块应占总量的 75%～80%。

（3）拌制砂浆

与前面所述砖砌体施工中，拌制砂浆的要求相同。

（4）砌筑的步骤及要求

① 每层应从转角处或定位砌块处开始砌筑。应砌一皮、校正一皮，拉线控制砌体标高和墙面平整度。皮数杆应竖立在墙的转角处和交接处，间距宜不小于 15m。

② 在基础梁顶和楼面圈梁顶砌筑第一皮砌块时，应满铺砂浆。

③ 砌筑时，小型砌块包括多排孔封底小型砌块、带保温夹芯层的小型砌块均应底面朝上反砌于墙上。

④ 小型砌块墙体砌筑形式应每皮顺砌，上下皮应对孔错缝搭砌，竖缝应相互错开 1/2主规格小砌块长度，搭接长度不应小于 90mm。墙体的个别部位不能满足上述要求时，应在灰缝中设置拉结钢筋或 $4\phi4$ 钢筋点焊网片。

⑤ 墙体转角处和纵横墙交接处应同时砌筑。临时间断处应砌成斜槎，斜槎水平投影长度不应小于斜槎高度，严禁留直槎。

⑥ 置在水平灰缝内的钢筋网片和拉接筋应放置在小型砌块的边肋上（水平墙梁、过梁钢筋应放在边肋内侧），且必须设置在水平灰缝的砂浆层中，不得有露筋现象。拉结筋的搭接长度不应小于 $55d$，单面焊接长度不小于 $10d$。

⑦ 砌筑小型砌块的砂浆应随铺随砌，墙体灰缝应横平竖直。水平灰缝宜采用坐浆法满铺小型砌块全部壁肋或多排孔小型砌块的封底面；竖向灰缝应采取满铺端面法，即将小砌块

端面朝上铺满砂浆再上墙挤紧，然后加浆插捣密实。墙体的水平灰缝厚度和竖向灰缝宽度宜为 10mm，但不应大于 12mm，也不应小于 5mm。

⑧ 砌体水平灰缝的砂浆饱满度，应按净面积计算，不得低于 90%；小型砌块应采用双面碰头灰砌筑，竖向灰缝饱满度不得小于 80%，不得出现瞎缝、透明缝。

🔖 知识拓展

小砌块夹芯墙施工宜符合下列要求：内外墙均应按皮数杆依次往上砌筑；内外墙应按设计要求及时砌入拉结件；砌筑时灰缝中挤出的砂浆与空腔槽内掉落的砂浆应在砌筑后及时清理。

（5）竖缝填实砂浆

每砌筑一皮，小型砌块的竖凹槽部位应用砂浆填实。

（6）勒缝

混水墙面必须用原浆做勾缝处理。缺灰处应补浆压实，并宜做成凹缝，凹进墙面 2mm。清水墙宜用 1∶1 水泥砂浆勾缝，凹进墙面深度一般为 3mm。

（7）灌芯柱混凝土施工步骤及方法

① 芯柱所有孔洞均应灌实混凝土。每层墙体砌筑完后，砌筑砂浆强度达到指纹硬化时，方可浇灌芯柱混凝土；每一层的芯柱必须在一天内浇灌完毕。

② 每个层高混凝土应分两次浇灌，浇灌到 1.4m 左右，采用钢筋插捣或振捣棒振捣密实，然后再继续浇灌，并插（振）捣密实；当过多的水被墙体吸收后应进行复振，但必须在混凝土初凝前进行。

③ 浇灌芯柱混凝土时，应设专人检查记录芯柱混凝土强度等级、坍落度、混凝土的灌入量和振捣情况，确保混凝土密实。

④ 芯柱混凝土在预制楼盖处应贯通，采用设置现浇混凝土板带的方法或预制板预留缺口的方法，实施芯柱贯通，确保不削弱芯柱断面尺寸。

⑤ 芯柱位置处的每层楼板应留缺口或浇一条现浇板带。芯柱与圈梁或现浇板带应浇筑成整体。

2. 小型空心砌块砌筑施工常见质量问题及解决方法

小型空心砌块砌筑施工时常会出现混凝土加气块表面起皮的现象，如图 8-11 所示。

原因：原材料控制不严格，影响后续的墙面抹灰及内部装饰施工。通常，混凝土结构建筑物的地面或墙面在施工完成和应用一段时间后，有些工程会出现起灰、起砂现象，这是混凝土常见的工程弊病。

引起的原因有两种：一是混凝土在正常使用条件下的磨损破坏；二是混凝土本身的原因。

解决方法：混凝土在正常使用条件下的起灰、起砂现象，一般出现的概率较低，只有经历很长时间后才会出现明显损坏，这种损坏属于材料正常使用的正常损坏。

图 8-11 混凝土加气块表面起皮

病态混凝土的起灰、起砂不同于混凝土正常使用条件下的磨损破坏，它是在混凝土施工未启用之前即表现出了严重的结合强度不足和耐磨性差的问题。建筑物出现的病态起灰、起砂与混凝土的抗压强度没有直接的关系，与混凝土的黏结强度密切相关。

解决病态混凝土的起灰、起砂措施和方法总体上有两类。

①　在水泥基材料未成型之前采取预防措施，包括加强对水泥基原材料的控制、物料的配合比设计、施工作业规范化管理，以及加强过程控制，加强混凝土养护，避免环境对质量的影响等。这些方法均为预防性措施，即便如此，水泥基材料的起灰、起砂现象仍时有发生。

②　对已经出现起灰、起砂的混凝土进行处理和治理，以物理方法为主进行补救。

a. 在不影响道路和建筑物的标高下，加铺一层水泥基材料，如自流平水泥、细石混凝土等。问题严重的可能需要除去原有的混凝土，重新浇筑混凝土。

b. 采用薄层材料进行弥补。例如施工一层 2~3mm 的自流平水泥，采用聚合物改性的腻子刮施、环氧等树脂材料修补。由于病态混凝土的黏结强度很低，两种材料的结合界面很容易分离，造成起皮等新问题。

c. 改变地面材料种类，如铺设瓷砖、水磨石、石材、地毯等，但会增加造价或增加单位面积重量。还可通过在建筑物的不同部位用混凝土增强剂进行涂刷。

另外，加气块吸水导湿缓慢，干缩大，易开裂，表面容易粉化，所以在运输和堆存的过程中一定要有防雨防潮措施。

第五节　石砌体砌筑施工

砌筑毛石墙时，应经常检查校核墙体的轴线和边线，以保证墙体轴线准确，不发生位移；砌石时应注意选石，石块大小应搭配均匀。砌筑时应严格防止出现不坐浆砌筑或先填心后填塞砂浆，或采取铺石灌浆法施工。石砌体砌筑如图 8-12 所示。

①　砌筑采用坐浆法。砌前先试摆，使石料大小搭配，大面平方朝下，应利用自然形状或经修理使其能与先砌毛石基本吻合，砌筑时先砌转角处、交接处和洞口处。逐块卧砌坐浆，使砂浆饱满，每皮高 300~400mm。灰缝厚度一般控制在 20mm，铺灰厚度为 30~40mm。

图 8-12　石砌体砌筑

知识拓展

坐浆法与铺浆法

坐浆法是先将需要砌筑的块体进行打浆，与砌砖相同。铺浆法则是将砌筑段先铺上砂浆（一般超过正在砌砖面 1~2m），然后再安砌块石，再铺浆，再安砌块石。

②　砌筑时，避免出现通风、干缝、空缝和孔洞，墙体中间不得有铲口石、斧刃石和过桥石，同时应注意合理摆放石块，以免出现承重后发生错位、劈裂外鼓等现象。

③　在转角及两墙交接处应有较大和较规整的垛石相互搭砌，如不能同时砌筑，应留阶梯形斜槎，不得留直槎。

④　毛石墙每日砌筑高度不得超过 1.2m，正常气温下，停歇 4h 后可继续垒砌。每砌 3~4 层应大致找平一次。砌至楼层高度时，应使用平整的大石块压顶并用水泥砂浆全部找平。

⑤　石墙面的勾缝：石墙面或柱面的勾缝形式有平缝、平凹缝、平凸缝、半圆凹缝、半

圆凸缝、三角凸缝等，一般毛石墙面多采用平缝或平凸缝。

⑥ 勾缝线条应顺石缝进行，且均匀一致，深浅及厚度相同，压实抹光，搭接平整。阳角勾缝要两面方整。阴角勾缝不能上下直通。勾缝不得有丢缝、开裂或黏结不牢的现象。勾缝完毕应清扫墙面或柱面，早期应洒水养护。

 知识拓展

石墙面的勾缝

勾缝宜采用 1:1.5 水泥砂浆。毛石墙面勾缝按下列程序进行：拆除墙面或柱向上临时装设的缆风绳、挂钩等物；清除墙面或柱向上黏结的砂浆、泥浆、杂物和污渍等；刷缝，即将灰缝刮深 10~20mm，不整齐处加以修整；用水喷洒墙面或柱面，使其湿润，然后进行勾缝。

第六节　构造柱与圈梁施工

1. 施工操作

设置构造柱（图 8-13）的墙体，应先砌墙、后浇混凝土。砌砖时，与构造柱连接处应砌成马牙槎，每个马牙槎沿高度方向的尺寸不应超过 300mm，马牙槎应先退后进，构造柱应有外露面。

① 预留构造柱位置砌体施工。按规范规定，砌体与构造柱的连接处应砌成马牙槎，马牙槎凹入深度宜为 50~60mm。目前砌体砌块普遍使用蒸压加气混凝土砌块，加气混凝土砌块模数高度为 250mm，刚好作为一个马牙槎。砌筑时第一块砖应为凹入，谓之咬脚，然后按顺数同进同退砌筑马牙槎（若底部采用灰砂砖砌筑也应视为一个马牙槎凹入咬脚）。

② 构造柱钢筋安装与砌体拉结筋预埋。构造柱钢筋示意如图 8-14 所示。

图 8-13　构造柱施工

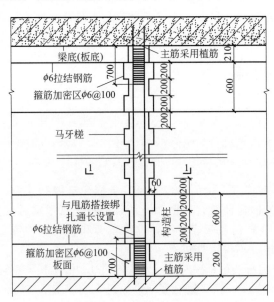

图 8-14　构造柱钢筋示意

a.构造柱的截面尺寸和配筋应满足设计要求。当设计无要求时，构造柱截面最小宽度不得小于200mm，厚度同墙厚，纵向钢筋不得小于4ϕ10，箍筋可采用ϕ6@200。纵向钢筋顶部和底部应锚入混凝土梁或板中。浇筑主体混凝土时应准确测量构造柱纵筋位置，确保插筋位置准确。为保证钢筋位置准确，可采用后植筋法预埋构造柱纵筋。若采用后植筋法施工，钻孔深度60mm，植筋前先用吹筒吹净孔内粉尘，然后注满结构胶液或环氧树脂液，再植入钢筋。

b.砌体与混凝土构造柱之间应设置拉结筋，拉结筋应沿砌筑全高设置，间隔不得超过600mm设置2ϕ6拉结筋。蒸压加气混凝土砌块的拉结筋埋入深度宜为700mm，且拉结筋末端应为弯钩，拉结筋的砌体水平灰缝厚度应比拉结筋直径大4mm。

 知识拓展

柱与墙拉结筋的设置要求

柱与墙拉结筋应按设计要求设置，设计无要求时，一般沿墙高500mm，每120mm厚墙设置一根ϕ6水平拉结筋，每边伸入墙内不得小于1000mm。

③ 构造柱模板安装与混凝土浇筑步骤及方法。

a.保证浇筑构造柱时有一定的操作空间，便于小型振动板插入，构造柱模板的对拉螺杆宜设置于构造柱两侧的砌体上，不宜设置于构造柱中。若对拉螺杆设置于构造柱中，会阻碍振动棒的插入。

b.构造柱顶部梁高≥800mm时，模板可以满封，端部一侧模板装成喇叭式进料口，进料口应比构造柱高出100mm，浇筑柱混凝土时应把进料口也浇满，拆模后将突出的混凝土打凿掉即可。

c.构造柱顶部梁高<800mm时，模板一侧满封，另一侧模板应预留缺口作为进料口及小型插入式振动棒使用，即浇筑构造柱端部还剩一小截混凝土没浇，必须进行二次补浇，拆模时满封一侧的模板不宜拆除，作为二次补浇模板，有缺口一侧的模板应拆除。二次补浇混凝土应制成较干硬状（如面团状），二次补浇混凝土塞满后再钉模板，拆模后混凝土二次浇筑外观较为模糊，观感较好。

d.对于顶部没梁的构造柱，施工方法比较简单，可在楼板开口浇筑。

④ 当墙高超过4m时，在墙中部或门窗顶部加设一道通长的钢筋混凝土圈梁；当墙长超过5m时，增加构造柱，墙顶与梁（板）应有拉结。

⑤ 大的门洞窗洞（1.5m以上）两侧，当墙长超过5m时，在墙角、中间部位与端部设置钢筋混凝土构造柱，构造柱中距不大于墙高。构造柱施工必须先砌墙后浇筑。

 知识拓展

墙与框架柱与构造柱的连接

砌墙时沿墙每隔500mm（或砌体皮数）设拉结钢筋，每边伸入墙内长度不应小于墙长的1/5，不得漏留。

2.构造柱与圈梁施工常见质量问题及解决方法

构造柱与圈梁施工时常会出现漏放拉结筋的现象，如图8-15所示。

原因： 在施工过程中没有按照施工方案进行施工，现场技术人员没有在旁进行指导施工，现场技术人员对砌筑工艺不熟悉或监理人员不认真负责等原因导致错误的发生。

图 8-15　漏放拉结筋

解决方法： 在施工过程中应严格按照施工方案和技术交底进行，现场技术人员认真负责在旁进行指导施工，监理人员严把质量关，发现不合格的应及时责令改正，使其符合质量验收规范的要求。

漏放拉结筋，会使得砌块墙与隔墙连接不好，影响砌体的整体性，不利于抗震。

砌块墙与后砌的隔墙交接处，应在沿墙高每 80cm 左右的水平缝内设 2ϕ4 的钢筋网片，其伸入长度，从交接处算起，各边均≥300mm。住宅工程层高内每墙拉结筋不宜少于 3 道。

第七节　砌筑工程常见质量问题

砌筑过程中常见的质量问题主要有以下两种。

1. 砌体结构破坏而导致房屋、构筑物倒塌

砌体结构破坏而导致房屋、构筑物倒塌如图 8-16 所示。

图 8-16　砌体结构倒塌

① 安全度的不足，往往是造成砖石砌体破坏的首要原因。由于砌体材料的均质性较差，而在设计过程中有些单位或个人轻视、忽视砌体结构的必要强度和稳定性的复核验算，仅凭

一般构造要求和经验，或简单套抄其他相似工程的设计图纸资料，来确定砌体的截面尺寸和砖、石、砂浆等材料的强度等级。

② 在施工过程中，施工单位及有关人员没有把好砌体所用砖、石、水泥、砂等材料质量关，是发生砌体质量事故的另一个主要原因。例如砖块质量较差，强度等级往往达不到设计要求；有的工程还随意使用旧房拆除下来的杂砖，亦难以达到基本质量要求。

2. 砌体结构裂缝

砌体结构裂缝如图 8-17 所示。

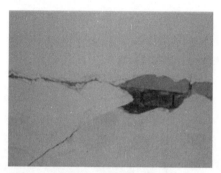

图 8-17　砌体结构裂缝

① 由于砌体承载力不足，而导致砌体的裂缝，往往出现在荷载较大而集中的大梁、屋架支承处的砌体上，或在截面尺寸较小的窗间墙和砖柱上，缝的形式通常是竖向的，缝的宽度不一定很大，如有砌体材料随裂缝边剥落，则预示着结构可能破坏，应采取必要的紧急措施，以防结构坍塌。

② 由温差过大导致的砌体裂缝，大多出现在砖混结构房屋建筑顶层墙体和门窗洞口角边。由于钢筋混凝土的线膨胀系数要比普通砖砌体的线膨胀系数大一倍，在砖混结构中，钢筋混凝土屋盖、楼盖、圈梁等与砖墙胀缩不一致，必然彼此牵制，而致使结构开裂。其中钢筋混凝土屋盖直接暴露在大气中，受到温度的影响相对较大，故砌体温度裂缝更多地出现在房屋顶层屋盖下的砌体上。缝的形式主要有水平包角缝和八字缝两种。

③ 由地基不均匀沉降及寒冷地区冻胀土（房屋基础埋置过浅而处于土的冻结深度线以上）原因，造成房屋结构整体变形过大而导致砌体结构开裂，容易出现在门窗洞口的对角位置上，大部分为斜向裂缝。

知识拓展

防治砌体温差裂缝的主要措施有：在屋盖上宜设置保温层或隔热层；尽可能采用装配式有檩条体系的钢筋混凝土层盖和瓦层盖；在钢筋混凝土屋面板与墙体结合面间设置低强度材料的滑动层。

预防砌体结构因地基不均匀沉降和冻胀土等因素出现裂缝的措施，除采取改善地基条件和将基础置于冻土线以下等措施外，最主要还需通过多种途径来提高房屋建筑的整体刚度，如在确保结构砌体基本质量的前提下，可采用有梁式条形基础，设置地梁、增加圈梁等。控制建筑物的长高比，在一定范围内能有效地减少建筑物的不均匀沉降；房屋的楼、屋盖结构尽量采用现浇钢筋混凝土结构等，也可在结构或地基突变的部位设置沉降缝。

第九章

屋面施工

第一节　屋面找坡层和找平层施工

找坡层施工适用于建筑工程屋面采用陶粒混凝土和炉渣混凝土的施工。

1. 找平层施工工艺

屋面找平层施工见图 9-1。

① 弹线找坡。按照设计要求的坡度，向雨水口找坡，当设计无要求时，可按 2%～3% 找坡，天沟和水落口周围坡度要适当增加。在女儿墙和其他凸出屋面的墙体、管道上弹出找坡层上平标高线和控制线。

② 基层处理。在结构层上做找平层时，应事先进行基层处理，主要把基层上黏结的松动混凝土、砂浆、灰浆等铲除，其余杂物清扫干净后，在施工前一天洒水湿润。

③ 搅拌。先将骨料、水泥、水和外加剂均按重量计量。根据配合比确定用水量时，还需计算骨料的含水量，给予相应的调整，在搅拌过程中应经常抽测。

图 9-1　屋面找平层施工

📚 知识拓展

雨水口指的是管道排水系统汇集地表水的设施，由进水算、井身及支管等组成，分为偏沟式、平算式和联合式。

计量允许偏差：骨料的计量允许偏差小于 ±3%；水泥、水和外加剂计量允许偏差应小于 2%。

当设计人员对找坡层的强度和配合比没有特殊要求时也可采用以下经验配比法，具体见表 9-1。

表 9-1　找坡层经验配合比

找坡层种类	材料	比例
陶粒混凝土	水泥：砂：陶粒	1：1：6
水泥炉渣	水泥：炉渣	1：6
水泥石灰炉渣	水泥：石灰：炉渣	1：1：6

④ 做标高墩找坡。根据水落口的位置及坡度，找出最高点和最低点的标高，结合找坡先量出找坡层各点的上平标高，拉小线做好找平墩，粗略找坡、找平，虚铺和压实厚度比一

般是 1.3∶1，厚度超过 120mm 的地方要分层铺设，压实后的厚度不应大于虚铺厚度的 3/4。

⑤ 振捣和滚压。分段或全部铺好后用平板振动器振捣或用铁滚筒碾压，随即用大杠细找坡、找平，在振捣和滚压过程中，局部撒垫调整坡度和平整度，经振捣和反复滚压平整出浆，达到要求的厚度和坡度。

⑥ 拍边修整。对墙根、边角、管根周围不易碾压处，应采用木拍板或木抹子拍打平实，并根据需要做出圆弧。

2. 找平层施工工艺

屋面找平层施工如图 9-2 所示。

找平层施工工艺见表 9-2。

图 9-2　屋面找平层施工

表 9-2　找平层施工工艺

步骤要点	主要内容
基层处理	在铺设找平层前，应将基层表面处理干净，当找平层下有松散填充层时应铺平振实；用水泥砂浆铺设找平层，其下一层为水泥混凝土垫层时应予湿润；当表面光滑时应划毛或凿毛
找标高、弹线	根据墙上的 +50cm 水平线，往下量测出面层标高，并弹在墙上
洒水湿润	用喷壶等工具将地面基层均匀洒一遍水
抹灰饼和标筋	测量放线，定出变形缝、分格线和标高控制点，并做出灰饼
刷水泥浆结合层	铺设时先刷一道水泥浆，其水灰比宜为 0.4～0.5，并应随刷随铺
铺设找平层	涂刷水泥浆之后接着铺水泥砂浆，在灰饼之间将砂浆铺均匀，然后用木刮杠按灰饼高度刮平。铺砂浆时如果灰饼已硬化，木刮杠刮平后同时将利用过的灰饼敲掉，并用砂浆填平
压光	当设计要求需要压光时，采用铁抹子压光；铁抹子压第一遍：木抹子抹平后，立即用铁抹子压第一遍，直到出浆为止，把脚印压平。如果砂浆过稀，表面有泌水现象时，可均匀撒一遍水泥和砂(1∶1)的拌和料(砂子要过 3mm 筛)，再用木抹子用力抹压，使干拌料与砂紧密结合为一体，吸水后用铁抹子压平。第二遍抹压：当面层开始凝结，地面面层上人留有脚印但不下陷时，用铁抹子进行第二遍抹压，注意不得漏压，并将面层的凹坑、砂眼和脚印压平。第三遍抹压：当面层上人稍有脚印，而抹压无抹子纹时，用铁抹子进行第三遍抹压，第三遍抹压要用力稍大，将抹子纹抹平压光，压光的时间应控制在初凝前完成

第二节　屋面保护层和隔离层施工

屋面卷材防水层和涂膜防水层都应设置保护层，当面层防水卷材本身无保护时，应另做保护层。

1. 保护层施工工艺及操作要领

保护层施工如图 9-3 所示。

（1）涂刷浅色、反射涂料保护层施工

① 按下列顺序进行操作：卷材或涂膜防水层检查验收→清扫干净防水层表面→喷涂浅色、反射涂料保护层→检查验收。

② 保护层施工前做好防水层维护，一般卷材防水层应养护 2d 以上，涂膜防水层一周以上。

③ 用柔软、干净的棉布擦拭，清除防水层表面的浮灰。

图 9-3　保护层施工

（2）铺撒绿豆砂保护层施工

知识拓展

绿豆砂

绿豆砂是直径3mm左右的碎石，用得最多的地方是沥青类防水层和坡道面层。用于防水层的做法是炒热后均匀撒在防水层上，然后压入防水层内，可以有效防止防水层热胀冷缩。

① 操作顺序：卷材防水层交接检查→清扫干净防水层表面→刮热沥青胶结料或冷玛蹄脂→铺撒绿豆砂→清理干净临时保护遮盖物和填塞物→保护层检查验收。

② 绿豆砂经筛选、冲洗、晾干、烘烤加热至100℃左右备用。

③ 由一人在前刮涂热胶黏结（玛蹄脂），第二人撒热绿豆砂，第三人扫平或刮平绿豆砂层。

（3）撒布细砂、云母及蛭石保护层的施工

① 操作顺序：涂膜防水层检查→清扫干净防水层表面→喷涂面层防水涂料→撒布细砂、云母、蛭石→清洁干净时保护遮盖物和填塞物→保护层检查验收。

② 细砂应清洗干净、干燥并筛去粉料，云母或蛭石应干燥并筛去粉料。

③ 在涂刷最后一道面层或涂料时，边涂刷边撒布细砂、云母或蛭石，撒布要均匀、不漏底。

（4）浇筑细石混凝土保护层的施工

① 操作顺序：清扫防水层表面→找标准块→固定木方做分格→设置隔离层→摊铺细石混凝土→铁棍碾压或人工拍打密实→刮尺找坡、刮平→收水后二次搓平、收光→终凝前取出分格木条→养护不少于7d。

② 一个分格内的细石混凝土宜一次连续完成，宜采取滚压或人工拍实、刮平表面，木抹子二次提浆收平。注意施工时不宜采取机械振捣方式，不宜掺加水泥砂浆或干灰来抹压、收光表面。

③ 细石混凝土初凝后及时取出分隔缝木条，修整好缝边。

④ 养护时间不少于7d，完成养护后干燥和清理分隔缝、嵌填密封材料封闭。

知识拓展

分隔缝

分隔缝的分隔面积不宜大于$100m^2$，分隔缝宽不宜小于20mm。

2. 隔离层施工

隔离层施工如图9-4所示。

图9-4 隔离层施工

隔离层施工工艺见表 9-3。

表 9-3 隔离层施工工艺

步骤	主要内容
基底清理	把粘在基层上的浮浆、落地灰等清除干净
涂刷底胶	将聚氨酯甲、乙两组分和二甲苯按 1∶1.5∶2 的比例配合均匀,搅拌,用刷子蘸底胶均匀地涂刷在基层表面,不得过薄也不得过厚,涂刷后要干燥 4h 以上才能进行下一道工序的操作
细部附加层	将聚氨酯甲、乙两组分和二甲苯按 1∶1.5∶2 的比例配合均匀,搅拌,在根部、阴阳角部位做一布二涂的加强层,加强层的宽度宜大于 200mm
涂膜	每两道涂膜间隔时间不宜超过 72h
闭水试验	第三道涂膜实干后进行闭水试验,蓄水高度应超过房间地面找平层最高点 20～30mm,蓄水时间不少于 24h

第三节　屋面保温与隔热层施工

屋面保温隔热（图 9-5）构造和保温材料的选择即是屋面的保温隔热系统，保温隔热构造分为非上人屋面、上人屋面、倒置式屋面、坡屋面、架空屋面、种植屋面等。屋面的防水层受到屋面构造和保温材料的影响，构造的不合理以及选材的不当都会影响防水层的寿命，最终导致屋面寿命的缩短。

1. 屋面保温隔热工程施工技术

保温隔热系统的施工工序和要求如下。

① 施工准备。审查图纸，详细掌握图纸中的细部构造和有关的技术要求。然后编制施工方案，针对不同的工程特点和保温隔热材料的特性做出合理的施工方案，并得到相关单位的批准。

② 基层处理时，将屋面板清理干净，清除灰浆、杂物等，保持基层的干燥。使用强度等

图 9-5 保温隔热施工

级大于 C20 的细石混凝土将装配式的钢筋混凝土面板缝填密实，当板缝过大时要在其中放置构造钢筋，并用细石混凝土填充后振捣密实。

③ 弹线，当屋面没有隔气层时可以直接在结构上弹线，铺设保温层。弹线的方向按照坡度和流失的方向确定，设置合适的保温层厚度范围。当屋面具有隔气层时，先对隔气层进行施工，随后铺设保温层。隔气层施工时要保证满刷、厚度均匀，采用卷材时，使用单层卷材铺筑，对搭接缝进行黏结。

④ 保温层铺设，干铺时聚苯板可以直接在结构层上进行铺设，并靠紧需要保温的表面，铺平、垫稳。分层铺设时，错开上下的两层板，使相邻的板边厚度保持一致。要使用同一种材料密实填充缝隙。

⑤ 采用粘贴法进行保温层施工时，要保证黏结材料平粘在屋面基层上，在板缝间或者缺棱处要使用聚苯板碎屑或者黏结材料，搅拌均匀后补填严密。一般采用的胶黏剂是高分子乳液，不能使用溶剂型胶黏剂，否则会使聚苯板溶化，降低其保温性能。

知识拓展

保温层铺设

采用封闭式保温层时，在屋面和墙的连接处，要沿墙向上连续铺设隔气层，并高出保温层上表面不小于150mm。

确保保温层贴近基层，铺平垫稳，拼缝严密，使上下缝错开，并填充密实。保温层的厚度要达到设计的要求，厚度的偏差保持在4mm以下。抽检时要严格按照检测要求进行，每处检测数量不能小于3处。

2. 成品安全及安全注意事项

① 施工过程中和施工后要及时进行保护措施，运输材料时要在已经铺好的地面铺设脚手板，不能损坏保温层。

② 保温层施工完成，并经检验合格后要及时用水泥砂浆进行找平，保证保温层的使用效果。

③ 聚苯板是易燃物品，在施工过程中要注意防火，现场要严禁明火，并配备消防灭火器材。

④ 材料的搬运过程中要轻拿轻放，避免损伤材料，保证材料的外形完整性。干铺时可以在零下温度施工；若采用粘贴法，必须在5℃以上操作施工。

第四节　刚性防水屋面施工

刚性防水屋面（图9-6和图9-7）主要适用于防水等级为Ⅲ级的屋面防水，也可用作Ⅰ、Ⅱ级屋面多道防水设防中的一道防水层；不适用于设有松散保温层的屋面，大跨度和轻型屋盖的屋面，以及受振动或冲击的建筑屋面。而且刚性防水层的节点部位应与柔性材料复合使用，才能保证防水的可靠性。

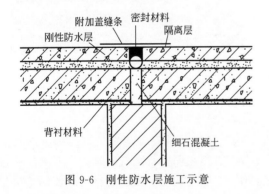

图9-6　刚性防水层施工示意

图9-7　刚性防水层现场施工

 知识拓展

刚性防水屋面

刚性防水屋面是采用混凝土浇捣而成的屋面防水层。在混凝土中掺入膨胀剂、减水剂、防水剂等外加剂，使浇筑后的混凝土细致密实，水分子难以通过，从而达到防水的目的。

1. 基层处理、做找平层、找坡施工做法

① 基层为整体现浇钢筋混凝土板或找平层时，应为结构找坡。屋面的坡度应符合设计要求，一般为 2%～3%。

② 基层为装配式钢筋混凝土板时，板端缝应嵌填密封材料处理。

③ 基层应清理干净，表面应平整，局部缺陷应进行修补。

2. 隔离层施工做法

① 刚性防水屋面基层为保温层时，保温层可兼做隔离层，但保温层必须干燥。

② 隔离层可用石灰黏土砂浆、纸筋灰、麻刀灰、卷材等。

③ 石灰黏土砂浆铺设时，基层清扫干净，洒水湿润后，石灰膏∶砂∶黏土配合比为 1∶2.4∶3.6，铺抹厚度为 15～20mm，表面压实平整，抹光干燥后再进行下道工序的施工。

④ 纸筋灰与麻刀灰做刚性防水层的隔离层时，纸筋灰与麻刀灰所用灰膏要彻底熟化，防止灰膏中未熟化颗粒将来发生膨胀，影响工程质量。铺设厚度为 10～15mm，表面压光，待干燥后，其上铺一层塑料布，再绑扎钢筋，浇筑细石混凝土。

⑤ 卷材做隔离层时，可在找平层上直接铺一层卷材，即可在其上浇筑细石混凝土刚性防水层。

3. 弹分格缝线、安装分格缝木条、支边模板施工

① 弹分格线。分格缝弹线分块应按设计要求进行，如设计无明确要求时，应设在屋面板的支承端，屋面转折处，防水层与突出屋面结构的交接处，纵横分格不应大于 6m。

② 分格缝木条应采用水泥素灰或水泥砂浆固定于弹线位置，要求尺寸和位置准确。

③ 为便于拆除，分格条也可采用聚苯板或定型聚氯乙烯塑料分格条，底部用砂浆固定于弹线位置。

 知识拓展

分格缝木条

分格缝木条宜做成上口宽为 30mm，下口宽为 20mm，其厚度不应小于混凝土厚度的 2/3，应提前制作好并泡在水中湿润 24h 以上。

4. 绑扎防水层钢筋网片的施工

① 把隔离层清扫干净，弹出分格缝墨线，将钢筋满铺在隔离层上，钢筋网片必须置于细石混凝土中部偏上的位置，但保护层厚度不应小于 10mm。绑扎成型后，按照分格缝墨线处剪开并弯钩。

② 采用绑扎接头时应有弯钩，其搭接长度不得小于 250mm。绑扎火烧丝收口应向下弯，不得露出防水层表面。

③ 混凝土浇筑时，应有专人负责钢筋的成品保护，根据混凝土的浇筑速度进行修整。确保混凝土中的钢筋网片符合要求。

5. 浇筑细石混凝土防水层施工

① 细石混凝土浇筑前，应将隔离层表面杂物清除干净，钢筋网片和分格缝木条放置好并固定牢固。

② 浇筑混凝土按块进行，一个分格板块范围内的混凝土必须一次浇捣完成，不得留置施工缝。浇筑时先远后近，先高后低，先用平板锹和木杠基本找平，再用平板振捣器进行振捣，用木杠二次刮平。

③ 用木抹子或电动抹平机基本压平，收出水光，有一定强度后，用铁抹子或电动抹光机进行二次抹光，并修补表面缺陷、缺棱掉角等。

④ 终凝前进行人工三次收光，取出分格条，再次修补表面的平整度及光洁度，使其在 2m 范围内不大于 5mm。

⑤ 细石混凝土终凝且有一定强度（12～24h）以后进行养护，养护时间不少于 7d。养护方法可采用淋水湿润，也可采用喷涂养护剂、覆盖塑料薄膜或锯末等，必须保证细石混凝土处于充分的湿润状态。

⑥ 细石混凝土养护期过后，将分格缝中杂物清理干净，干燥后用密封材料嵌填密实。

6. 分格缝密封材料嵌填施工

① 嵌填密封材料前，基层应干净、干燥、表面平整、密实，不得有蜂窝麻面、起皮起砂现象。

② 基层处理剂应配比准确，搅拌均匀，采用多组分基层处理剂时，应根据有效时间确定使用量。

③ 基层处理剂涂刷应均匀，不得漏涂，待基层处理剂表干后，应立即嵌填密封材料。

④ 采用热灌法施工时，应由下向上进行，纵横交叉处沿平行于屋脊的板缝宜先浇灌，同时在纵横交叉处沿平行于屋脊的两侧板缝各延伸浇灌 150mm，并留成斜槎。

⑤ 当采用冷嵌法施工时，应先将少量密封材料批刮在缝槽两侧，再分次将密封材料填嵌在缝内，应用力压嵌密实，并与缝壁黏结牢固。

⑥ 当采用合成高分子密封材料嵌缝时，单组分密封材料可直接使用。多组分密封材料应根据规定的比例准确计量，拌和均匀，其拌和量、拌和时间和拌和温度应按该材料要求严格控制。

第五节　卷材防水屋面施工

卷材防水层（图 9-8）主要是用于建筑墙体、屋面以及隧道、公路、垃圾填埋场等处，起到抵御外界雨水、地下水渗漏的一种可卷曲成卷状的柔性建材产品，作为工程基础与建筑物之间无渗漏连接，是整个工程防水的第一道屏障，对整个工程起着至关重要的作用。

图 9-8　卷材防水层施工

① 卷材防水层施工工艺。

a. 清理基层：施工前将验收合格基层表面的尘土、杂物清理干净。

b. 涂刷基层处理剂：高聚物改性沥青防水卷材可选用与其配套的基层处理剂。使用前在清理好的基层表面，用长把滚刷均匀涂布于基层上，常温经过 4h 后，开始铺贴卷材。

c. 附加层施工，女儿墙、水落口、管根、檐口、阴阳角等细部先做附加层，一般用热熔法使用改性沥青卷材施工，必须粘贴牢固。

d. 热熔铺贴卷材：按弹好标准线的位置，在卷材的一端用火焰加热器将卷材涂盖层熔融，随即固定在基层表面，用火焰加热器对准卷材卷和基层表面的夹角，喷嘴距离交界处 300mm 左右，边熔融涂盖层边跟随熔融范围缓慢地滚铺改性沥青卷材，卷材下面的空气应排尽，并辊压黏结牢固，不得空鼓。

e.屋面防水保护层：分为着色剂涂料、地砖铺贴、浇筑细石混凝土、或用带有矿物粒（片）料、细砂等保护层的卷材。

② 屋面防水施工中用于溶解基层处理剂的有机溶剂属易燃品，应由专人妥善保管，特别是有机溶剂应采取有效措施，防止中毒，并应做好施工现场各工种间的协调及消防安全工作。

 知识拓展

卷材铺贴方向应符合下列规定：屋面坡度小于3％时，卷材宜平行屋脊铺贴；屋面坡度在3％以上或屋面受震动时，卷材可平行或垂直屋脊铺贴；热熔铺贴卷材时，焊枪或喷灯嘴应处在成卷卷材与基层夹角中心线上，距粘贴面300mm左右处。

地砖铺贴：此种做法适用于上人屋面。在防水层表面设隔离层后，再铺摊水泥砂浆进行地砖铺贴，铺贴过程中应注意屋面的排水坡向及坡度，水落口处不得积水；也可采用干砂卧砖铺贴地砖，其效果较好。

第六节　涂膜防水屋面施工

涂膜防水层（图 9-9）与基层应黏结牢固，表面平整，涂刷均匀，无流淌、褶皱、脱皮、起鼓、裂缝、鼓泡、露胎体和翘边等缺陷。

图 9-9　涂膜防水层施工

知识拓展

涂膜防水层

涂膜防水层是指为了完全隔绝外界雨水、潮气、一切有害气体对防水基层的侵害而采用防水涂料制成的防水层。涂料防水由于其可以形成整体无接缝封闭层，完全可以隔气隔水，涂料防水施工技术容易掌握，施工设备简单，不受基层任何复杂形状的限制，可做成连续整体的涂料防水层。

① 清理基层。先以铲刀、扫帚等工具将基层表面的突出物、砂浆疙瘩等异物铲除，并将尘土、杂物彻底清扫干净。对凹凸不平处，应用高强度等级水泥砂浆修补顺平。对阴阳角、管根、地漏和水落口等部位更应认真清理。

② 涂料的调配。涂膜防水材料的配制：按照生产厂家指定的比例分别称取适量的液料和粉料，配料时把粉料慢慢倒入液料中并充分搅拌，搅拌时间不少于10min至无气泡为止。搅拌时不得加水或混入上次搅拌的残液及其他杂质。配好的涂料必须在厂家规定的时间内用完。

③ 涂膜施工方法。

a.涂刷底层涂料。将已搅拌好的底层涂料，用长板刷或圆形滚刷滚动涂刷，涂刷要横竖交叉进行，达到均匀、厚度一致，不漏底，待涂层干燥后，再进行下道工序。

b.细部附加层增强处理。对预制天沟、檐沟与屋面交界处，应增加一层涂有聚合物水泥防水涂料的胎体增强材料作为附加层。檐口处、压顶下收头处应多遍涂刷封严，或用密封材料封严。

c. 下层涂料须待底层涂料干燥后方可涂刷。

d. 中层涂料须待下层涂料干燥后方可涂刷。

e. 对于面层涂料，待中层涂料干燥后，用滚刷均匀涂刷。可多刷一遍或几遍直至达到设计规定的涂膜厚度。

📚 知识拓展

设置附加层的宽度应不小于 300mm。

④ 每层涂刷完约 4h 后涂料可固结成膜，此后可进行下一层涂刷。为消除屋面因温度变化产生胀缩，应在涂刷第二层涂膜后铺无纺布同时涂刷第三层涂膜。无纺布的搭接宽度应不小于 100mm。屋面防水涂料的涂刷不得少于五遍，涂膜厚度不应小于 1.5mm。

⑤ 聚合物水泥防水涂料与卷材复合使用时，涂膜防水层宜放在下面；涂膜与刚性防水材料复合使用时，刚性防水层放在上面，涂膜放在下面。

⑥ 防水层完工后应做蓄水试验，蓄水 24h 无渗漏为合格。坡屋面可做淋水试验，淋水 2h 无渗漏为合格。

⑦ 保护层：涂膜防水作为屋面面层时，不宜采用着色剂保护层。一般应铺面砖等刚性保护层。

第七节 屋面接缝密封防水施工

屋面接缝密封防水（图 9-10）是指采用无定形或定形密封防水材料，对屋面各种接缝或各种节点进行密封处理，以达到接缝防水的目的。屋面接缝和节点是屋面渗漏水的主要通道，原因是承受变形大、构造层次繁，施工面积小、操作复杂，稍有不慎，密封质量就会受到影响，引致渗漏。

图 9-10 屋面接缝密封防水施工

① 施工前的准备。密封防水施工前应熟悉有关技术资料、施工方法和施工要求，应充分做好施工机具、安全防护设施、施工用材料的准备工作，进场材料应按规定要求进行抽检，合格后方可使用。

📚 知识拓展

密封防水施工

密封材料严禁在雨天或雪天施工；五级风及以上时不得施工。施工环境气温：改性沥青密封材料宜为 0～35℃，溶剂型合成高分子密封材料宜为 0～35℃，水乳型合成高分子密封材料宜为 5～35℃。

② 施工前的检查。施工前应进行接缝尺寸和基层平整性、密实性的检查，符合要求后方可施工。如果接缝宽度不符合要求，应进行调整或用聚合物水泥砂浆处理；基层出现缺陷时，亦可采用聚合物水泥砂浆进行修补。卷材搭接缝的密封应待接缝检查合格后才能进行。

③ 屋面接缝密封防水的施工要点见表 9-4。

表 9-4 屋面接缝密封防水的施工要点

施工步骤	主要内容
基层的清理	对基层上黏附的灰尘、砂粒、油污等均应清扫干净，接缝处浮浆可用钢丝刷刷除，然后宜采用小型电吹风吹净
填塞背衬材料	背衬材料的形状有圆形、方形的棒状或片状，常用的有泡沫塑料棒或条、油毡以及现场喷灌的硬泡聚氨酯泡沫条等，可根据实际需要选用 填塞时，圆形的背衬材料其直径应大于接缝宽度 1~2mm；方形背衬材料应与接缝宽度相同或略小，以保证背衬材料与接缝两侧紧密接触。如果接缝较浅时，则可用扁平的片状背衬材料做隔离条，一般隔离条设置在接缝的最底端，充填整个接缝的宽度 伸出屋面管道根部的隔离条，由于管道根部受温度应力影响，会出现起鼓，宜在根部设 L 形隔离条
贴防污带	防污带的主要作用是防止接缝周边受密封胶污染和保持密封胶伸出接缝宽度一致、外观整齐。施工时应该黏结牢固，不能让密封胶浸入其中，黏结要成直线，保持密封膏线条美观
涂刷底涂料	底涂料的主要作用是提高密封材料的黏结性能，在背衬材料和防污带施工完成后进行；各种密封胶应选用相适应的底涂料

④ 现场施工时，底涂料如一次用不完，应密封保存。每次要摇均匀后方可使用，过期或已凝固的底涂料不得使用，底涂料切忌阳光直射，界面温度过高或过低对底涂料都有影响。

第八节 瓦屋面施工

1. 平瓦屋面施工

平瓦屋面施工如图 9-11 所示。

① 施工放线：放线不仅要弹出屋脊线及檐口线、水沟线，还要根据屋面瓦的特点和屋面的实际尺寸，通过计算，得出屋面瓦所需的实际用量，并弹出每行瓦及每列瓦的位置线，便于瓦片的铺设。

② 为保证屋面达到三线标齐（水平、垂直、对角线），应在屋脊第一排瓦和屋脊处最后一排瓦施工前进行预铺瓦，大面积利用平瓦扣接的 3mm 调整范围来调节瓦片。

图 9-11 平瓦屋面施工

知识拓展

屋脊第一排瓦施工

对于普通屋面檐口第一排瓦、山墙处瓦片以及屋脊处的瓦片必须全部固定，其余可间隔梅花状固定，当坡度大于 50% 时，必须全部固定，檐口及屋脊处砂浆必须饱满。

③ 坡度大于 50% 的屋面铺设瓦片时，需用铜丝穿过瓦孔系于钢钉或加强连接筋上，钢钉或加强连接筋在浇筑屋面混凝土时预留；或用相当长度的钢钉直接固定于屋面混凝土中。

④ 挂（铺）瓦层：钢板网采用 1:3 水泥砂浆或 C25 防水混凝土（P6）垫层，平均厚度为 35mm，随抹随压实、找平，用双股 18 号镀锌钢丝将钢板网绑住，形成整网与预埋件在

屋顶结构板上的 φ30 透气管，还需用涂料将连接筋和网筋根部涂刷严密以防腐防渗。挂瓦时，先挂脊瓦两侧的第一排瓦、变坡折线两侧的第一排瓦及檐部的第一排瓦，均须用双股18 号镀锌钢丝绑扎在瓦条上或水泥卧瓦上。脊部用麻刀灰或玻璃灰卧脊瓦。

⑤ 排水沟部位的瓦片用手提切割机裁切，应切割整齐，底部空隙用砂浆封堵密实、抹平，水沟瓦可外露，也可用彩色的聚合水泥砂浆找补、封实。平瓦伸入天沟、檐沟的长度不应小于 50mm。排水沟应预先在地面上制作，铺入后应包住挂瓦条，并用钢钉固定，屋檐处铝板（或其他板材）应向下折叠，以防止雨水倒灌。

2. 油毡瓦屋面施工

油毡瓦屋面施工如图 9-12 所示。

图 9-12　油毡瓦屋面施工

① 油毡瓦屋面坡度宜为 10％～85％。

② 油毡瓦的基层必须平整。铺设时在基层上应先铺一层沥青防水垫毡，从檐口往上用油毡钉铺钉，垫毡搭接宽度不应小于 50mm。

③ 油毡瓦铺设：油毡瓦应自檐口向上铺设，第一层瓦应与檐口平行，切槽应向上指向屋脊，用油毡钉固定。第二层油毡瓦应与第一层叠合，但切槽应向下指向檐口。第三层油毡瓦应压在第二层上，并露出切槽 100mm。油毡瓦之间的对缝上下不应重合。

④ 铺设脊瓦时，应将油毡瓦沿槽切开，分成四块作为脊瓦，并用两个油毡钉固定。

⑤ 屋面与突出屋面结构的连接处，油毡瓦应铺设在立面上，其高度不应小于 250mm。在屋面与突出屋面的烟囱、管道等连接处，应先做垫层，待铺瓦后，再用聚合物改性沥青防水卷材做单层防水。在女儿墙泛水处，油毡瓦可沿基层与女儿墙的八字坡铺贴，并用镀锌薄钢板覆盖，钉入墙内；泛水口与墙间的缝隙应用密封材料封严。

 知识拓展

脊瓦铺设

脊瓦应顺主导风向搭接，并应搭盖住两坡面的油毡瓦接缝的 1/3。脊瓦与脊瓦的压盖面不小于脊瓦面积的 1/2，并不应小于 100mm。

第九节　金属板屋面施工

金属板屋面施工（图 9-13）时应注意：金属板垂直、水平运输时，所有的工具都要捆绑棉丝，安放牢固，严禁拖滑。堆放场地应平坦、坚实，且便于排除地面水。严禁往屋面上堆放物料等重物，或抛掷砖头、水泥块等杂物，以防因碰撞、冲击引起屋面板产生较大变形而影响屋面质量。

1. 测量放线

使用紧线器拉钢丝线测放出屋面轴线控制线的位置，依据轴线控制线在主体结构上弹出用于焊接檩托的控制线。

2. 檩托安装顺序

① 根据设计图纸要求，在主体结构上焊接钢檩托，如是混凝土结构应有预埋件。

② 钢檩托预制成形，并经防腐、防锈处理后严格按设计要求的位置摆放就位，保证构件中心线在同一水平面上，其误差不得超过±10mm。

③ 在焊接安装钢檩托时，必须保证焊缝成形良好，焊缝长度、焊脚高度应符合设计要求和施工规范的规定。焊缝处除渣，不平滑处打磨后进行涂刷各道防腐、防锈涂层处理。

图 9-13　金属板屋面施工

3. 主檩条的安装

① 主檩条按照设计规格型号加工，檩条轧制成形后，进行喷砂除锈，涂刷防腐、防锈漆。

② 将成形的主檩条吊装到安装作业面，水平平移到安装位置，用木垫块垫好，保证檩条上表面在同一水平面上，其误差不应超过±10mm，上下水平，不平整的需用角铁等填充物垫平，其偏差不应超过±6mm。

③ 在焊接安装钢檩托时，必须保证焊缝成形良好，焊缝长度、焊脚高度应符合设计要求和施工规范的规定。焊缝处除渣，不平滑处打磨后进行涂刷各道防腐、防锈涂层处理。

4. 屋面衬板的安装

① 衬板安装前，预先在板面上弹出拉铆钉的位置控制线及相邻衬板搭接位置线。如板与板相互接触发生较大缝隙时，需用铆钉适当紧固。

② 用自攻螺钉固定铺设好的衬板，连接固定应锚固可靠，自攻螺钉应在一个水平线上，用 1m 靠尺检验，凡超过 4mm 误差均应重新修整固定，使外露螺钉：直线时自然成为直线，曲线时自然成为曲线，圆滑过渡。

 知识拓展

衬板安装

衬板的横向搭接不小于一个波距，纵向搭接不小于 150mm。

5. 支架檩条的安装

① 支架檩条按照设计规格型号加工，檩条轧制成形后，进行喷砂除锈，涂刷防腐、防锈漆。

② 安装支架檩条配件：按设计间距，采用自攻螺钉将配件与主檩条连接，位置必须准确，固定牢固。

③ 将成形的支架檩条吊装到安装作业面，水平平移到安装位置，准确定位摆放在安装好的支架檩条配件上，保证构件中心线在同一水平面上，其误差不应超过±10mm，上下水平，不平整的需用角铁等填充物垫平，其偏差不应超过±6mm。

④ 将支架檩条与配件焊接，保证焊缝成形良好，焊缝长度、焊脚高度应符合设计要求和施工规范的规定。对焊缝处，需除渣打磨光亮平滑后按要求补涂防锈漆。

⑤ 保温棉的安装：将保温棉依照排布图铺设，如分层铺设，上下层应错缝，错缝的宽度应≥100mm，边角部位应铺设严密，不得少铺、漏铺或不铺。

6. 金属屋面面板的铺设

① 根据测量所得屋面板长度，在压型机计算机控制盘上输入各部位面板加工长度数据

并压制面板。采用直立锁边式连接技术，使屋面上无螺钉外露，防水、防腐蚀性能好。

② 为防止屋面板在起吊过程中的变形，一般采用人工方式搬运。在每 6～8m 出处设一人接板，通过搭设的坡道运送至屋面，存放在适宜屋面板安装时取用的位置。按屋面面板卷边大小，堆在屋面工作面上，以加快安装进度。遇有面板折损处做好标记，以便调整。

③ 根据设计图纸，依屋面面板排布设计，安装时每 6m 距离设一人，按屋面板小卷边朝安装方向一侧，依次排列，安装在固定的支架和支架檩条之上，大小卷边扣在一起，设专人观察扣上支架的情况，以保证固定点设置的准确、固定牢固。

④ 屋面板铺设完毕，应及时采用专用锁边机将板咬合在一起，接口咬合紧密，板面无裂缝或孔洞，以获得必要的组合效果。

⑤ 屋面板接口的咬合方向需符合设计要求，即相邻两块板接口咬合的方向，应顺最大频率风向，在多维曲面的屋面上雨水可能翻越屋面板的肋高横流时，咬合接口应顺水流方向。

⑥ 屋面板纵向通长一块板安装，无纵向搭接缝，使屋面系统完整，防水性能可靠。

⑦ 屋面板安装完毕，檐口收边工作应尽快完成，防止遇特大风吹起屋面板发事故，收边要求泛水板、封檐板安装牢固，包封严密，棱角顺直，成形良好。

 知识拓展

檐口收边

当有檐沟时屋面板的金属板材应伸入檐沟内，其长度不应小于50mm；檐口应用异性金属板材做堵头封檐板；山墙应用异性金属板材的包角板和固定支架封严。

第十节　玻璃采光顶施工

玻璃采光顶施工（图 9-14）因其对材料、结构及施工质量要求的特殊性，对施工的环境和施工顺序要认真研究安排，安装质量的好坏，是直接影响玻璃采光顶安装后能否满足建筑物理性能及其他性能要求的关键，应合理安排，科学组织，采取可靠的保护措施，方可进行施工。

图 9-14　玻璃采光顶施工

玻璃采光顶施工步骤及方法见表 9-5。

表 9-5 玻璃采光顶施工步骤及方法

步骤要点	施工主要内容
准备工作	首先检查到场材料是否符合设计要求及材质证明文件的准确性,构件应平直、规则,不得有变形和表面刮痕
定位测量	根据土建方提供的基准线进行放线复尺,检查主体结构、埋件的误差。埋件应牢固,位置准确
立柱安装	将立柱与连接件连接,然后连接件再与主体预埋件连接,并进行调整和固定,保证安装的尺寸误差和连接件的牢固程度。立柱一般是竖向构件,其安装的准确和质量影响整个采光顶的安装质量,是采光顶安装施工的关键之一
横梁安装	横梁一般为水平构件,是分段在立柱中嵌入连接的,连接处设有弹性橡胶垫,以适应和消除横向温度变形。连接件及弹性橡胶垫安装在立柱的预定位置,并应安装牢固,其接缝严密
隔热保温材料安装	安装时处理好采光顶框架与土建结构的防水收口
玻璃安装	安装前将其表面擦拭干净,热反射玻璃安装时将镀膜面朝向室内,非镀膜面朝向室外。安装时玻璃四周嵌入量要符合设计要求,使之能保证在建筑变形及温度变形时消除变形对玻璃的影响
打胶	玻璃安装完成后的打胶工作的质量是保证采光密封性的重要步骤,要切实保证玻璃采光顶接口处密封胶的施工质量
收口处理	做好采光顶与上部女儿墙、下部窗台、左右与主体结构等处的连接处理,保证连接的牢固、密封,满足防水等的要求

知识拓展

立柱加工:立柱加工时的允许误差为±1.0mm。

横梁安装:横梁加工时的允许误差为 0.5mm;截料端头不应有加工变形,毛刺不应大于 0.2mm,累计偏差不应大于±1.0mm;相邻构件连接处的缝隙应进行密封处理;装配后的钢框,其对边尺寸长度差、对角线长度差≤2.0mm。

第十一节 屋面工程细部防水构造施工

1. 天沟、檐口、檐沟的防水构造

天沟、檐口、檐沟的防水构造见图 9-15 和图 9-16。

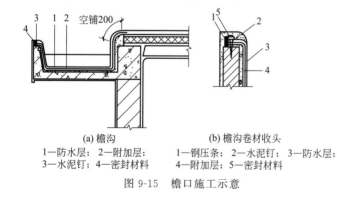

(a) 檐沟
1—防水层;2—附加层;
3—水泥钉;4—密封材料

(b) 檐沟卷材收头
1—钢压条;2—水泥钉;3—防水层;
4—附加层;5—密封材料

图 9-15 檐口施工示意

图 9-16 檐口现场施工照片

① 天沟铺设沥青瓦的方法有三种:敞开式、编织式、搭接式(切割式),其中以搭接式

较为常用。

② 在铺贴完防水卷材后，先沿一坡屋面铺设沥青瓦，伸过天沟并延伸到相邻屋面 300mm 处，用钢钉固定，钢钉应固定在排水天沟中心线外侧 250mm 处，并用密封胶黏结牢固。用同样方法继续铺设另一坡沥青瓦，延伸到相邻的坡屋面上。距天沟中心线 50mm 处弹线，将多余的沥青瓦沿线裁剪掉，用密封膏固定好，并嵌封严密。

③ 檐沟：檐口油毡瓦与卷材之间，应采用粘贴法铺贴。

2. 水落口及水落管构造及做法

水落口及水落管构造及做法见图 9-17 和图 9-18。

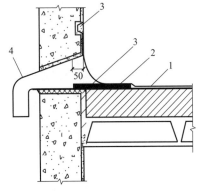

图 9-17　横式水落口施工示意
1—防水层；2—附加层；3—密封材料；4—水落口

图 9-18　水落管现象照片

① 水落口的制作与安装见表 9-6。

表 9-6　水落口的制作与安装

施工要点	主要内容
画线	依照图纸尺寸、材料品种和规格进行放样画线，经复核与图纸无误，进行裁剪；为节约材料，宜合理进行套裁，先画大料，后画小料，画料形式和尺寸应准确，用料品种、规格无误
	画线后，先裁剪出一套样板，裁剪尺寸准确，裁口垂直平整
成形	将裁好的块料采用电焊对口焊接，焊接之后经校正符合要求
刷防锈漆	加工制作好的水落斗（包括铸铁雨水斗）应刷防锈层。铸铁雨水口应刷防锈漆，用钢丝刷刷掉锈斑，均匀涂刷防锈漆一道；镀锌白铁雨水斗应涂刷磷化底漆

② 找准安装位置，其施工步骤和方法如下。

a. 挑檐板水落口应按设计要求，先剔出挑檐板钢筋，找好水落口位置，核对标高，装卧水落口，用 φ6 钢筋加固，支好底托模板，用与挑檐同强度等级的混凝土浇筑密实，水落口上表面，应与找平层平齐，不得突出找平层表面，水落口周边应留宽和深各 20mm 的凹槽，槽内应嵌填密封材料，并完成防水层后安装活动钢筋算子。

b. 横式水落口：按设计要求，在砌筑女儿墙时，预留水落口洞。将左右两侧及上口用砖和砂浆嵌固，清水砖墙缝应与大面积墙体一致，或在砌筑墙体时，弹出中线、标高，将水落口斗随墙砌入，用水泥砂浆或豆石混凝土封口，完成防水层施工后将算子安装稳固。

c. 内排直式水落口宜采用铸铁或塑料制成，埋设标高应考虑水落口防水层增加的附加层、柔性密封、保护面层及排水坡度，水落口周围 $R500$mm 范围内坡度不应小于 5%，并应用防水涂料或密封材料涂封，其厚度不应小于 2mm。

d.刷油漆：水落口安装完毕，对其外露的表面按设计要求涂刷油漆。

③ 水落管安装步骤及方法如下。

a.安装水落管随抹灰架子由上往下进行，先在水斗口处吊线坠弹直线，用钢錾子在墙上打眼，按线用水泥砂浆埋入卡子铁脚，卡子间距为1.2m，卡子露出墙面3cm左右，外墙水落管距外墙饰面不小于3cm，且不宜大于4cm，待水泥砂浆达到强度后再安装水落管；严禁用木楔固定。有马腿弯时上口必须压进水斗嘴内并在弯管与直管接槎处加钉一个卡子。

b.安装下节水落管时，套入上节水落管的长度应不小于4cm，另一半圆卡子用螺钉拧紧；最下面一节管子要待勒脚、散水做完后才能安装，主管距散水面15～20cm。水落管下口设135°弯头呈马蹄形。

c.雨水管不宜排在采光井上面，也不应使水落管穿过采光井罩后再排向地面，如遇采光井，应将水落管接出直接排到地面散水处。弯头处设双卡固定，水落管正面及侧面应通顺，无弯曲。

 知识拓展

水落口和水落管

水落口是用于将屋面雨水排至水落管而在檐口或檐沟开设的洞口，构造上要求排水通畅，不易渗漏和堵塞。

水落管经过带形线脚、檐口等墙面突出部位处宜用直管，线脚、檐口线等处应预留缺口或孔洞；如必须采用弯管绕过时，弯管的弯折角度应为钝角。

第十章

装配式混凝土结构施工

第一节　装配式混凝土结构建筑常用材料

1. 常用基础材料

（1）水泥的选用

基础施工一般会用到硅酸盐水泥和普通硅酸盐水泥，它们的主要技术指标见表 10-1，不同龄期水泥的强度规范要求见表 10-2。

表 10-1　水泥主要技术指标

技术指标	性能要求
细度：水泥颗粒的粗细程度	颗粒越细，硬化得越快，早期强度也越高。硅酸盐水泥和普通硅酸盐水泥细度以比表面积表示，不小于 300m²/kg
凝结时间：从加水搅拌到开始凝结所需的时间称初凝时间；从加水搅拌到凝结完成所需的时间称终凝时间	硅酸盐水泥初凝时间不小于 45min，终凝时间不大于 6.5h；普通硅酸盐水泥初凝时间不小于 45min，终凝时间不大于 6h
体积安定性：指水泥在硬化过程中体积变化的均匀性能	水泥中含杂质较多，会产生不均匀变形
强度：指水泥胶砂硬化后所能承受外力破坏的能力	不同品种、不同强度等级的通用硅酸盐水泥，其不同龄期的强度应符合表 10-2 的规定。一般而言，自建小别墅选择强度等级为 32.5 级的水泥即可

表 10-2　不同龄期水泥的强度规范要求

品种	强度等级	抗压强度/MPa		抗折强度/MPa	
		3d	28d	3d	28d
硅酸盐水泥	42.5	≥17.0	≥42.5	≥3.5	≥6.5
	42.5R	≥22.0		≥4.0	
	52.5	≥23.0	≥52.5	≥4.0	≥7.0
	52.5R	≥27.0		≥5.0	
	62.5	≥28.0	≥62.5	≥5.0	≥8.0
	62.5R	≥32.0		≥5.5	
普通硅酸盐水泥	42.5	≥17.0	≥42.5	≥3.5	≥6.5
	42.5R	≥22.0		≥4.0	
	52.5	≥23.0	≥52.5	≥4.0	≥7.0
	52.5R	≥27.0		≥5.0	

在选购水泥时，可以从以下几个方面加以判断。

① 看水泥的包装是否完好，标识是否完全。正规水泥包装袋上的标识有：工厂名称，生产许可证编号，水泥名称，注册商标，品种（包括品种代号），强度等级（标号），包装年、月、日和编号。

② 用手指捻一下水泥粉，如果感觉到有少许细、砂、粉，则表明水泥细度是正常的。

③ 看水泥的色泽是否为深灰色或深绿色，如果色泽发黄（熟料是生烧料）、发白（矿渣掺量过多），水泥强度一般比较低。

④ 水泥也是有保质期的。一般而言，超过出厂日期 30d 的水泥，其强度将有所下降。储存 3 个月后的水泥，其强度会下降 $10\%\sim20\%$，6 个月后会降低 $15\%\sim30\%$，一年后会降低 $25\%\sim40\%$。正常的水泥应无受潮结块现象，优质水泥在 6h 左右即可凝固，超过 12h 仍不能凝固的水泥质量不过关。

⑤ 作为基础建材，市面上水泥的价格相对比较透明，例如强度等级为 32.5 级的普通硅酸盐水泥，一袋为 20 元左右。水泥强度等级越高，价格也相应高一些。

（2）建筑用砂石的选用

① 建筑用砂的种类。一般建筑用砂可分为天然砂和人工砂。天然砂是由自然风化、水流搬运和分选、堆积形成的，粒径小于 4.75mm 的岩石颗粒，包括河砂、湖砂、山砂、淡化海砂，但不包括软质岩、风化岩石的颗粒；人工砂是经除土处理的机制砂、混合砂的统称。机制砂是由机械破碎、筛分制成的，粒径小于 4.75mm 的岩石颗粒，但是不包括软质岩、风化岩石的颗粒。混合砂则是由机制砂和天然砂混合制成的建筑用砂。

② 建筑用砂的规格。建筑用砂在实际中主要按照细度模数分为细、中、粗三种规格，其细度模数分别为：细砂 1.6～2.2、中砂 2.3～3.0、粗砂 3.1～3.6。

在实际施工中，细砂通常用来抹面，混凝土则往往使用中粗砂。

③ 建筑用砂的类别。根据国家规范，建筑用砂按技术要求分为Ⅰ、Ⅱ、Ⅲ三种类别，分别用于不同强度等级的混凝土。

建筑用砂类别的划分涉及的因素较多，包含颗粒级配、含泥量、含石粉量、有害物质含量（这里的有害物质是指对混凝土强度的不良影响）、坚固性指标、压碎指标六个方面。对于普通业主来说，很多因素是很难了解的，一般可以大概地去辨别：类别低的砂看着更细一些，清洁程度也要差一点，当然石粉含量、有害物质等也会相对多一些，最后拌和的混凝土强度也会等级低一点。

a.Ⅰ类砂宜用于强度等级大于 C60 的混凝土。

b.Ⅱ类砂宜用于强度等级为 C30～C60 以及有抗冻、抗渗或其他要求的混凝土。

c.Ⅲ类砂宜用于强度等级小于 C30 的混凝土和建筑砂浆。

④ 砂表观察密度、松散堆积密度、空隙率应符合如下规定。

a.表观密度大于 $2500kg/m^3$。

b.松散堆积密度大于 $1350kg/m^3$。

c.空隙率小于 47%。

⑤ 其他要求。挑选砂石料时，要注意砂石料中不宜混有草根、树叶、树枝、塑料品、煤块、炉渣等有害物质。对于预应力混凝土、接触水体或潮湿条件下的混凝土所用砂，其氯化物含量应小于 0.03%。

（3）建筑石灰的选用

石灰在自建房中是用途比较广泛的建筑材料，在实际生产中，由于石灰石原料的尺寸大或煅烧时窑中温度分布不匀等原因，石灰中常含有欠火石灰和过火石灰。欠火石灰中的碳酸钙未完全分解，使用时缺乏黏结力。过火石灰结构密实，表面常包覆一层熔融物，熟化很慢。

生石灰呈白色或灰色块状，为便于使用，块状生石灰常需加工成生石灰粉、消石灰粉或石灰膏。

① 生石灰粉是由块状生石灰磨细而得到的细粉。

② 消石灰粉是块状生石灰用适量水熟化而得到的粉末，又称熟石灰。

③ 石灰膏是块状生石灰用较多的水（为生石灰体积的 3～4 倍）熟化而得到的膏状物，也称石灰浆。

熟化石灰常用两种方法：消石灰浆法和消石灰粉法。石灰熟化时会放出大量的热，体积增大 1～2 倍，在熟化过程中，一定要注意好防护安全，避免出现意外情况。一般煅烧良好、氧化钙含量高的石灰熟化较快，放热量和体积增大也较多。

石灰熟化的理论需水量为石灰重量的 32% 左右，在生石灰中，均匀加入 60%～80% 的水，可以得到颗粒细小、分散均匀的消石灰粉。若用过量的水熟化，将得到具有一定稠度的石灰膏。石灰中一般都含有过火石灰，过火石灰熟化慢，若没有经过彻底的熟化，在使用后期会继续与空气中的水分发生熟化，从而产生膨胀而引起隆起和开裂。所以，为了消除过火石灰的这种危害，石灰在熟化后，一定要"陈伏"两周左右。

在购买生石灰时，应选块状生石灰，好的块状生石灰应该具有以下几个方面的特点。

① 表面不光滑、毛糙。表面光滑，可反光，轮廓清楚的为石头，一般都没有烧好。

② 同样体积的石灰，烧得好的较轻，没烧好的石块沉，轮廓清楚如毛刺。

③ 好的石灰化水时全部化光，没有杂质，也没有石块沉淀物。

④ 在购买石灰时，最好现买、现化、现用。

（4）基础常用管道的选用

① 基础管道的选择。现在市面上的管道材质五花八门，各种材质、型号、功能往往让人晕头转向。要想选对、选好基础用管道，首先就得了解管道的种类，以及用在什么地方。常用基础管道如图 10-1 所示。

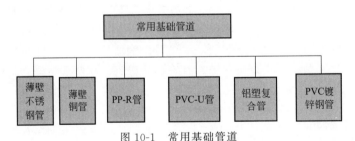

图 10-1　常用基础管道

常用基础管道的主要性能、特点等内容见表 10-3。

表 10-3　常用基础管道的主要内容

名称	性质及特点	图片
薄壁不锈钢管	最常见的一种基础管材，耐腐蚀、不易氧化生锈、抗腐蚀性强、使用安全可靠、抗冲击性强、热传导率相对较低。但不锈钢管的价格目前相对较高，另外在使用时要注意选择耐水中氯离子的不锈钢型号	

名称	性质及特点	图片
薄壁铜管	住宅建筑中的铜管是指薄壁紫铜管。按有无包覆材料分类,有裸铜管和塑覆铜管(管外壁覆有热挤塑料覆层,用以保护铜管和管道保温)。薄壁铜管具有较好的力学性能和良好的延展性,其管材坚硬、强度高,小管径的生产由拉制而成	
PP-R 管	一般用于给水管,管道压力不能大于 0.6MPa,温度不能高于 70℃,其优点是价格比较便宜,施工方便,是目前应用最多的一种管材。PP-R 管具有如下特点: ①耐腐蚀、不易结垢,避免了镀锌钢管锈蚀结垢造成的二次污染; ②耐热,可长期输送温度为 70℃以下的热水; ③保温性能好,20℃时的热导率仅约为钢管的 1/200、紫铜管的 1/1400; ④卫生、无毒,可以直接用于纯净水、饮水管道系统; ⑤重量轻,强度高,PP-R 管的密度一般为 0.89～0.91g/cm³,仅为钢管的 1/9、紫铜管的 1/10; ⑥管材内壁光滑,不易结垢,管道内流体阻力小,流体阻力远低于金属管道	
PVC-U 管	又称硬聚乙烯管,适合用在温度低于 45℃、压力小于 0.6MPa 的管道。PVC-U 管的化学稳定性好、耐腐蚀性强、使用卫生、对水质基本无污染。管还具有热导率小,不易结露,内壁光滑,水流阻力小,材质较轻,加工、运输、安装、维修方便等特点。但要注意的是,其强度较低,耐热性能差,不宜在阳光下暴晒	
铝塑复合管	结构为塑料→胶黏剂→铝材,即内外层是聚乙烯塑料,中间层是铝材,经热熔共挤复合而成。铝塑复合管和其他塑料管道的最大区别是它集塑料与金属管的优点于一身,具有独特的优点:力学性能优越,耐压较高;采用交联工艺处理的交联聚乙烯(PEX)做的铝塑复合管耐温较高,可以长期在 95℃高温下使用;能够阻隔气体的渗透且热膨胀系数低	
PVC 镀锌钢管	兼有金属管材强度大、刚性好和塑料管材耐腐蚀的优点,同时也克服了两类材料的缺点。衬 PVC 镀锌钢管的优点是管件配套多、规格齐全	

　　② 基础管道选择的技巧。

　　a. PP-R 管选择技巧。

ⓐ PP-R 管有冷水管和热水管之分，但无论是冷水管还是热水管，其材质应该是一样的，其区别只在于管壁的厚度不同。

ⓑ 一定要注意，目前市场上较普遍存在着管件、热水管用较好的原料，而冷水管却用 PP-B（PP-B 为嵌段共聚聚丙烯）冒充 PP-R 的情况。这类产品在生产时需要焊接不同的材料，因材质不同，焊接处极易出现断裂、脱焊、漏滴等情况，埋下各种隐患。

ⓒ 选购时应注意管材上的标识，产品名称应为"冷热水用无规共聚聚丙烯管材"或"冷热水用 PP-R 管材"，并标明了该产品执行的国家标准。当发现产品被冠以其他名称或执行其他标准时，则尽量不要选购该产品。

b. PVC-U 管选择技巧。虽然 PVC-U 管价格较低廉，且对水质的影响很小，但当在生产过程中，加入不恰当的添加剂和其他不洁的残留物后，会从塑料中向管壁迁移，并会不同程度地向水中析出，这也是该管道材料最大的缺陷。

c. 铝塑复合管选择技巧。铝塑复合管有较好的保温性能，内外壁不易腐蚀，因内壁光滑，对流体阻力很小，又可随意弯曲，所以安装施工方便。铝塑复合管有足够的强度，可将其作为供水管道，若其横向受力太大，则会影响其强度，所以宜做明管施工或将其埋于墙体内，不宜埋入地下。

d. PVC 镀锌钢管选择技巧。这种复合管材也存在自身的缺点，例如材料用量多，管道内实际使用管径变小；在生产中需要增加复合成型工艺，其价格要比单一管材的价格稍高。此外，如黏合不牢固或环境温度和介质温度变化大时，容易产生离层而导致管材质量下降。

2. 常用围护结构材料

（1）ALC 板

① ALC 板的选用。ALC 是蒸压轻质混凝土的简称，是高性能蒸压加气混凝土（ALC）的一种。ALC 板（图 10-2）是以粉煤灰（或硅砂）、水泥、石灰等为主原料，经过高压蒸汽养护而成的多气孔混凝土成型板材（内含经过处理的钢筋增强）。ALC 板既可做墙体材料，又可做屋面板，是一种性能优越的新型建材。

图 10-2　ALC 板

② ALC 板的特点。ALC 板具有科学合理的节点设计和安装方法，它在保证节点强度的基础上确保墙体在平面外稳定性、安全性的同时，在平面内通过墙板具有的可转动性，使墙体在平面内具有适应较大水平位移的随动性。

③ ALC 板的基本特征。

a. 隔声性：该材料是一种由大量均匀的、互不连通的微小气孔组成的多孔材料，具有很好的隔声性能，100mm 厚的 ALC 板平均隔声量 40.8dB，150mm 厚 ALC 板的平均隔声量 45.8dB。

b. 耐火性：ALC 板材是一种不燃的无机材料，具有很好的耐火性能，作为墙板耐火极限 100mm 厚板为 3.23h；150mm 厚板＞4h；50mm 厚板保护钢梁耐火极限＞3h；50mm 厚板保护钢柱耐火极限＞4 小时，都超过了一级耐火标准。

c. 耐久性：ALC 是一种无机硅酸盐材料，不老化，耐久性好，其使用年限可以和各类建筑物的使用寿命相匹配。

d. 抗冻性：抗冻性好，经冻融试验后质量损失＜1.5%（国家标准＜5%），强度损失＜5%（国家标准＜20%）。

e.抗渗性：抗渗性好，比标准砖抗渗性好 5 倍。

f.软化系数：软化系数高，$R_w/R_o = 0.88$。

g.环保性能：该材料无放射性，无有害气体逸出，是一种绿色环保材料。

h.施工性：ALC 板材生产工业化、标准化，安装产业化，可锯、切、刨、钻，施工干作业，速度快。

i.配套性：ALC 板具有完善的应用配套体系，配有专用连接件、勾缝剂、修补粉、界面剂等。

j.施工简单造价低：采用本材料不用抹灰，降低造价 20～25 元/m^2；可以直接刮腻子喷涂料。

k.表面质量好、不开裂：因为本材料为干法施工，所以板面不存在空鼓裂纹现象。

（2）墙砖

① 承重墙用砖的选择。承重墙是指在砌体结构中支撑着上部楼层重量的墙体，在图纸上为黑色墙体，打掉会破坏整个建筑结构。承重墙的各种指标是经过科学计算的，如果在承重墙上打孔开洞，就会影响建筑结构稳定性，改变建筑结构的体系。

能作为承重墙用砖的种类很多，有黏土砖、页岩砖、灰砂砖等。目前，国家严格限制普通黏土砖的使用，一些承重墙体改用页岩砖等材料。

📖 知识拓展

无论选择哪种砖，都必须满足所需要的强度等级。普通黏土砖按照抗压强度可以为 MU10、MU15、MU20、MU25 和 MU30 五个强度等级。

普通黏土砖的标准尺寸是 240mm×115mm×53mm。

② 非承重墙用砖的选择。

a.砖的选择。其实"非承重墙"并非不承重，只是相对于承重墙而言，非承重墙起到次要承重作用，但同时也是承重墙非常重要的支撑部位。非承重墙通常用黏土、工业废料或其他地方资源为主要原料，以不同工艺制造的、用于砌筑承重和非承重墙体的墙砖，所以又叫做砌墙砖。

用作砌筑非承重墙的砖按照生产工艺分为烧结砖和非烧结砖。经焙烧制成的砖为烧结砖；经碳化或蒸汽（压）养护硬化而成的砖属于非烧结砖。

按照孔洞率（砖上孔洞和槽的体积总和与按外尺寸算出的体积之比的百分率）的大小，砌墙砖分为实心砖、多孔砖和空心砖。实心砖是没有孔洞或孔洞率小于 15% 的砖；孔洞率等于或大于 15%，孔的尺寸小而数量多的砖称为多孔砖；孔洞率等于或大于 15%，孔的尺寸大而数量少的砖称为空心砖。

非承重墙用砖见表 10-4。

表 10-4　非承重墙用砖

名称	性能	图片
烧结普通砖	烧结普通砖是以黏土、页岩、煤矸石、粉煤灰为主要原料，经焙烧而成的普通砖。按主要原料分为烧结黏土砖、烧结页岩砖、烧结煤矸石砖和烧结粉煤灰砖	

续表

名称	性能	图片
烧结多孔砖	按主要原料分为黏土砖、页岩砖、煤矸石砖和粉煤灰砖。烧结多孔砖的孔洞垂直于大面,砌筑时要求孔洞方向垂直于承压面。因为它的强度较高,所以主要用于建筑物的承重部位	
烧结空心砖	由两两相对的顶面、大面及条面组成直角六面体,在烧结空心砖的中部开设有至少两个均匀排列的条孔,条孔之间由肋相隔,条孔与大面、条面平行,其间为外壁,条孔的两开口分别位于两顶面上,在所述的条孔与条面之间分别开设有若干孔径较小的边排孔,边排孔与其相邻的边排孔或相邻的条孔之间为肋。空心砖结构简单,制作方便;砌筑墙体后,能确保设置在这种墙面上的串点吊挂的承载能力,适用于非承重部位作为墙体围护材料	
蒸压灰砂砖	蒸压灰砂砖以适当比例的石灰和石英砂、砂或细砂岩,经磨细、加水拌和、半干法压制成型并经蒸压养护而成,是替代烧结黏土砖的产品	
粉煤灰砖	蒸压(养)粉煤灰砖是以粉煤灰和石灰为主要原料,掺入适量的石膏和骨料,经坯料制备、压制成型、高压或常压蒸汽养护而制成的。其颜色呈深灰色。粉煤灰砖的标准尺寸与普通黏土砖一样,强度分为 MU7.5、MU10、MU15、MU20 四个等级。优等品的强度级别应不低于 MU15 级,一等品的强度级别应不低于 MU10 级	
炉渣砖	炉渣砖是以煤渣为主要原料,加入适量石灰、石膏等材料,经混合、压制成型、蒸汽或蒸压养护而制成的实心砖。颜色呈黑灰色。其标准尺寸与普通黏土砖一样,强度等级与灰砂砖相同	

b. 砖的选择的技巧。非承重墙用砖选择技巧见表 10-5。

表 10-5　非承重墙用砖选择技巧

名称	选择技巧
烧结普通砖	烧结普通砖具有较高的强度、较好的绝热性、隔声性、耐久性及价格低廉等优点,加之原料广泛、工艺简单,所以是应用历史悠久,应用范围广泛的墙体材料。另外,烧结普通砖也可用于砌筑柱、拱、烟囱、地面及基础等,还可与轻骨料混凝土、加气混凝土、岩棉等复合砌筑成各种轻质墙体,在砌体中配置适当的钢筋或钢丝网也可制作柱、过梁等,代替钢筋混凝土柱、过梁使用 烧结普通砖的缺点是生产能耗高、砖的自重大、尺寸小、施工效率低、抗震性能差等,尤其是黏土实心砖大量毁坏土地、破坏生态。从节约黏土资源及利用工业废渣等方面考虑,提倡大力发展非黏土砖。所以,我国正大力推广墙体材料改革,以空心砖、工业废渣砖、砌块及轻质板材等新型墙体材料代替黏土实心砖,已成为不可逆转的势头

续表

名称	选择技巧
烧结多孔砖和烧结空心砖	烧结多孔砖、烧结空心砖与烧结普通砖相比,具有很多的优点。使用这些砖可使建筑物自重减轻 1/3 左右,节约黏土 20%～30%,节省燃料 10%～20%,且烧成率高,造价降低 20%,施工效率可提高 40%,并能改善砖的绝热和隔声性能。在相同的热工性能要求下,用空心砖砌筑的墙体厚度可减薄半砖左右
蒸压灰砂砖	蒸压灰砂砖的外形为直角六面体,标准尺寸与普通黏土砖一样。根据抗压强度和抗折强度分为 MU10、MU15、MU20、MU25 四个等级 蒸压灰砂砖材质均匀密实,尺寸偏差小,外形光洁整齐。MU15 及其以上的灰砂砖可用于基础及其他建筑部位;MU10 的灰砂砖仅可用于防潮层以上的建筑部位。由于灰砂砖中的某些水化产物(氢氧化钙、碳酸钙等)不耐酸,也不耐热,因此不得用于长期受热 200℃以上、受急冷急热和有酸性介质侵蚀的建筑部位,也不宜用于有流水冲刷的部位
粉煤灰砖	粉煤灰砖可用于墙体和基础,但用于基础或易受冻融和干湿交替作用的部位时,必须使用一等品和优等品。粉煤灰砖不得用于长期受热 200℃以上、受急冷急热和有酸性介质侵蚀的建筑部位。为避免或减少收缩裂缝的产生,用粉煤灰砖砌筑的建筑物,应适当增设圈梁及伸缩缝
炉渣砖	炉渣砖也可以用于墙体和基础,但用于基础或用于易受冻融和干湿交替作用的部位必须使用 MU15 级及其以上的砖。炉渣砖同样不得用于长期受热 200℃以上、受急冷急热和有酸性介质侵蚀的建筑部位

(3) 砌块

砌块是形体大于砌墙砖的人造块材。砌块一般为直角六面体,也有各种异形的。砌块系列中主规格的长度、宽度或高度有一项或一项以上分别大于 365mm、240mm 或 115mm,但高度不大于长度或宽度的六倍,长度不超过高度的三倍。砌块的类型和尺寸如图 10-3 所示。

① 普通混凝土小型空心砌块,适用于地震设计烈度为 8 度及 8 度以下地区的建筑物的墙体。对用于承重墙和外墙的砌块,要求其干缩值小于 0.5mm/m,非承重或内墙用的砌块,其干缩值应小于 0.6mm/m。

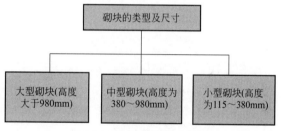

图 10-3 砌块的类型和尺寸

② 粉煤灰砌块,属于硅酸盐类制品,是以粉煤灰、石灰、石膏和骨料(炉渣、矿渣)等为原料,经配料、加水搅拌、振动成型、蒸汽养护而制成的密实砌块。

粉煤灰砌块的干缩值比水泥混凝土大,适用于墙体和基础,但不宜用于长期受高温和经常受潮湿的承重墙,也不宜用于有酸性介质侵蚀的部位。

③ 蒸压加气混凝土砌块,是以钙质材料(水泥、石灰等)、硅质材料(砂、矿渣、粉煤灰等)以及加气剂(铝粉)等,经配料、搅拌、浇筑、发气、切割和蒸压养护而成的多孔砌块。

蒸压加气混凝土砌块重量轻,具有保温、隔热、隔声性能好,抗震性强,耐火性好,易于加工,施工方便等特点,是应用较多的轻质墙体材料之一。蒸压加气混凝土砌块适用于承重墙、间隔墙和填充墙,作为保温隔热材料也可用于复合墙板和屋面结构中。在无可靠的防护措施时,该类砌块不得用于水中、高湿度和有侵蚀介质的环境中,也不得用于建筑物的基础和温度长期高于 80℃的建筑部位。

④ 轻骨料混凝土小型空心砌块,由水泥、砂(轻砂或普砂)、轻粗骨料、水等经搅拌、成型而得。所用轻粗骨料有粉煤灰陶粒、黏土陶粒、页岩陶粒、膨胀珍珠岩、自然煤矸石轻

骨料、煤渣等。其主规格尺寸为 390mm×190mm×190mm。砌块按强度等级分为六级：
1.5、2.5、3.5、5.0、7.5、10。按尺寸允许偏差和外观质量，分为一等品和合格品。

强度等级为 3.5 级以下的砌块主要用于保温墙体或非承重墙体，强度等级为 3.5 级及其以上的砌块主要用于承重保温墙体。

3. 喷涂及装饰常用材料

（1）常用防腐涂料

① 防腐涂料的组成及作用。防腐涂料一般由不挥发组分和挥发组分（稀释剂）两部分组成。防腐涂料刷在钢材表面后，挥发组分逐渐挥发逸出，留下不挥发组分干结成膜。不挥发组分的成膜物质分为主要、次要和辅助成膜物质三种，主要成膜物质可以单独成膜，也可以黏结颜料等物质共同成膜。它是涂料的基础，也常称基料、添料或漆基，它包括油料和树脂。次要成膜物质包含颜料和体质颜料。涂料组成中没有颜料和体质颜料的透明体称为清漆，具有颜料和体质颜料的不透明体称色漆，加有大量体质颜料的稠原浆状体称为腻子。

涂料经涂覆施工形成漆膜后，具有保护作用、装饰作用、标志作用和特殊作用。涂料在建筑防腐蚀工程中的功能则以保护作用为主，兼考虑其他作用。

② 常用防腐涂料的主要性能。常用防腐涂料性能的主要性能见表 10-6。

表 10-6 常用防腐涂料的主要性能

涂料种类	优点	缺点
油脂类	耐大气性较好；适用于室内外做打底罩面用；价廉；涂刷性能好，渗透性好	干燥较慢、膜软；力学性能差；水膨胀性大；不能打磨抛光；不耐碱
天然树脂漆	干燥比油脂漆快；短油度的漆膜坚硬，好打磨；长油度的漆膜柔韧，耐大气性好	力学性能差；短油度的耐大气性差；长油度的漆不能打磨、抛光
酚醛树脂漆	漆膜坚硬，耐水性良好；纯酚醛树脂漆的耐化学品腐蚀性良好；有一定的绝缘强度；附力力好	漆膜较脆；颜色易变深；耐大气性比醇酸漆差，易粉化；不能制白色或浅色漆
沥青漆	耐潮、耐水好；价廉；耐化学腐蚀性较好；有一定的绝缘强度；黑度好	色黑；不能制白色及浅色漆；对日光不稳定；有渗色性；自干漆，干燥不爽滑
醇酸漆	光泽较亮；耐候性优良；施工性能好，可刷、可喷、可烘；附着力较好	漆膜较软；耐水、耐碱性差；干燥较挥发性漆慢；不能打磨
氨基漆	漆膜坚硬，可打磨抛光；光泽亮，丰满度好；色浅，不易泛黄；附着力较好；有一定耐热性；耐候性好；耐水性好	需高温下烘烤才能固化；经烘烤过渡，漆膜发脆
硝基漆	干燥迅速；耐油；坚韧；可打磨抛光	易燃；清漆不耐紫外线；不能在 60℃ 以上使用；固体分低
纤维素漆	耐大气性、保色性好；可打磨抛光；个别品种耐热性、耐碱性、绝缘性也好	附着力较差；耐潮性差；价格高
过氯乙烯漆	耐候性优良；耐化学品腐蚀性优良；耐水、耐油、防延燃性好；"三防"性能较好	附着力较差；打磨抛光性能较差；不能在 70℃ 以上高温使用；固体分低
乙烯漆	有一定柔韧性；色泽浅淡；耐化学品腐蚀性较好；耐水性好	耐溶剂性差；固体分低；高温易炭化；清漆不耐紫外线
丙烯酸漆	漆膜色浅，保色性良好；耐候性优良；有一定耐化学品腐蚀性；耐热性较好	耐溶剂性差，固体分低

③ 防腐涂料的选购技巧。钢结构防腐涂料选购技巧的主要内容如下。

a. 使用场合和环境是否有化学腐蚀作用的气体，是否为潮湿环境。

b. 涂料是打底用，还是罩面用。

c.选择涂料时应考虑在施工过程中涂料的稳定性、毒性以及所需的温度条件。

d.按工程质量要求、技术条件、耐久性、经济效果、非临时性工程等因素，来选择适当的涂料品种。不应将优质品种降级使用，也不应勉强使用不能达到性能指标的品种。

（2）常用防火涂料

防火涂料是施涂于建筑物及构筑物的钢结构表面的涂料，其能形成耐火隔热保护层以提高钢结构耐火极限。

① 防火涂料的适用条件。

a.用于制造防火涂料的原料应预先检验。

b.涂层实干后不得有刺激性气味。

c.防火涂料应呈碱性或偏碱性。

② 防火涂料的选购技巧。

a.当防火涂料分为底层和面层涂料时，两层涂料应相互匹配。且底层不应腐蚀钢结构，不应与防锈底漆产生化学反应。

b.对室内隐蔽钢结构、高层钢结构及多层厂房钢结构，当其规定耐火极限在1.5h以上时，应选用厚涂型钢结构防火涂料（图10-4）。

图10-4 厚涂型钢结构防火涂料

📚 知识拓展

对室内裸露钢结构、轻型屋盖钢结构及有装饰要求的钢结构，当规定其耐火极限在1.5h以下时，应选用薄涂型钢结构防火材料。

（3）钢结构常用装饰材料

① 水溶性涂料。水溶性涂料是以水溶性合成树脂为主要成膜物质，水为稀释剂，加入适量的颜料、填料及辅助材料等，经研磨而成的一种涂料。

水溶性涂料的分类如图10-5所示。

图10-5 水溶性涂料的分类

② 溶剂型涂料。溶剂型涂料是以有机溶剂为分散介质而制得的建筑涂料。

溶剂型涂料的分类如图10-6所示。

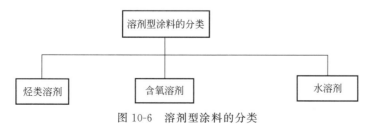

图10-6 溶剂型涂料的分类

烃类溶剂：通常是不同分子量材料的混合物，并且通过沸点不同进行分级，包括脂肪烃、芳香烃、氯化烃和萜烃等产品。

含氧溶剂：分子中含有氧原子的溶剂。它们能提供范围很宽的溶解力和挥发性，很多树脂不能溶于烃类溶剂中，但能溶于含氧溶剂。常见的包括醇、酮、酯和醇醚等产品。

水溶剂：作为独一无二的溶剂类型，水分子中存在两个活泼的氢离子和一个电负性的氧分子，与醇类形成线型链不同，水分子在三维阵中相结合，类似于交联聚合物。当水分子以这种方式相互结合时，其次价键的强度要大于醇类。与醇作溶剂相比，采用水作溶剂需要更大的能量来分离分子并将它们与其他材料结合。

扫码看视频

外墙板的安装

第二节　装配式混凝土结构建筑构件类型

1. 墙板的类型

图 10-7　外墙板

（1）按安装位置分类

装配式混凝土墙板按照安装位置可分为外墙板和内墙板，其中内墙板又可分为空心板、实心板和隔墙板。

① 外墙板。外墙板（图 10-7）又称外墙保温板、外墙装饰板、外墙保温装饰板，是工业化生产的大幅面外挂墙板，干法安装施工、耐久性好、维护成本低，集外墙保温与装饰功能于一体，符合建筑节能"模块化"技术发展方向，是目前我国建筑墙体外保温技术领域大力推广的一项先进技术。

📑 **知识拓展**

选材小常识：在我国南方地区装配式工程外墙板一般采用单一材料空心板，北方地区大多采用复合板材。

外墙板的主要特性如下。

a.保温性：金属面保温幕墙板芯材的热导率均控制在 $0.021\sim0.041W/(m\cdot K)$，可满足国家标准建筑节能 65% 以上的设计规范要求，同时可根据地域选用不同厚度的芯材。

b.装饰性：外墙外表面可仿天然石材、仿金属铝塑板幕墙、铝单板幕墙、饰面瓷砖等多种装饰效果，满足高档外观装饰要求，同时具有足够的安全性和可靠性。

c.经济性：根据国家对建筑物外墙外保温节能的标准要求，该产品与其他同类保温产品相比较，具有较高的性价比。

d.轻质性：金属面保温幕墙板的面密度，只有传统外墙外保温材料面密度的 50%，每平方米的面密度只有 $4\sim8kg$，降低了建筑物外墙的结构自重。

e.便捷性：金属面保温幕墙板，采用特制专用建筑保温幕墙锚栓，可将大幅保温幕墙板安全、准确、快速地安装镶嵌在建筑物外墙表面。干作业、无污染、施工快、效果好。

② 内墙板。

a.装配式建筑的内墙板多为钢筋混凝土的实心板（图 10-8）或空心板（图 10-9）。

图 10-8　钢筋混凝土实心板

图 10-9　钢筋混凝土空心板

b.空心板和实心板的常用类型及规格见表 10-7 和表 10-8。

表 10-7　空心板的常用类型及规格

类型	内部材料	常用墙板规格	所用位置
普通混凝土墙板	水泥、砂、石子	一间一块,厚 150mm;抽,ϕ114 孔;厚 140mm,抽 ϕ89 孔	内、外墙
轻骨料混凝土墙板	水泥、砂、粉煤灰陶粒	一间一块,厚 60mm,抽,ϕ100 孔;厚 220mm,抽 ϕ159 孔	承重内墙 自承重外墙

表 10-8　实心板的常用类型及规格

类型	内部材料	常用墙板规格	所用位置
普通混凝土墙板	水泥、砂、石子	一间一块,厚 140mm;一间一块,厚 160mm;一间一块,厚 60~100mm	承重内墙 高层承重内墙 隔墙板
轻骨料混凝土墙板	水泥、砂、粉煤灰陶粒	一间一块,厚 240mm;一间一块,厚 160mm;一间一块,厚 200mm	自承重外墙 承重内容 自承重外墙

c.隔墙板（图 10-10）：用于建筑物内部隔墙的墙体预制条板，隔墙板包括玻璃纤维增强水泥条板、玻璃纤维增强石膏空心条板、钢丝（钢丝网）增强水泥条板、轻混凝土条板、复合夹芯轻质条板等。建筑隔墙用轻质条板，作为一般工业建筑、居住建筑、公共建筑工程的非承重内隔墙主要材料。

（2）按板材所用材料分类

装配式混凝土墙板按照板材所用材料可分为粉煤灰矿渣混凝土墙板、钢筋混凝土墙板、轻骨料混凝土墙板和加气混凝土轻质板材等。

图 10-10　隔墙板

① 粉煤灰矿渣混凝土墙板。粉煤灰矿渣混凝土墙板（图 10-11）是一种环保板材，原材料全部或大部分使用工业废料制作而成。

② 钢筋混凝土墙板。钢筋混凝土墙板（图 10-12）是用钢筋混凝土材料制成的板，是房屋建筑和各种工程结构中的基本结构或构件，常用作屋盖、楼盖、平台、墙、挡土墙、基础、地坪、路面、水池等部位。

图 10-11　粉煤灰矿渣混凝土墙板

图 10-12　钢筋混凝土墙板

 知识拓展

钢筋混凝土板的分类

钢筋混凝土板按平面形状分为方板、圆板和异形板。按结构的受力作用方式分为单向板和双向板。最常见的有单向板、四边支承双向板和由柱支承的无梁平板。板的厚度应满足强度和刚度的要求。

③ 轻骨料混凝土墙板。轻骨料混凝土墙板（图 10-13）是指采用轻质材料或轻型构造制作，两侧面设有榫头、榫槽及接缝槽，面密度不大于标准规定值（90kg/m²：90 板。110kg/m²：120 板）用于工业与民用建筑的非承重内隔墙的预制条板。

④ 加气混凝土轻质板材。加气混凝土轻质板材（图 10-14）是由水泥和含硅材料经过磨细并加入发气剂和其他材料按比例配合，再经加工工序制成的一种轻质多孔建筑材料。

图 10-13　轻骨料混凝土墙板

图 10-14　加气混凝土轻质板材

 知识拓展

加气混凝土条板多用于外墙板、隔墙板。

2. 其他构件

装配式建筑的其他构件包括楼板、女儿墙、楼梯、烟道与通风道等。

（1）楼板

装配式建筑物的楼板分为现浇钢筋混凝土楼板和预制钢筋混凝土楼板（图 10-15）等，

具体使用情况根据图纸设计要求和工程实际情况进行选用。

 知识拓展

　　装配式钢筋混凝土楼板是指在构件预制加工厂或施工现场外预先制作，然后运到工地现场进行安装的钢筋混凝土楼板。预制板的长度一般与房屋的开间或进深一致，为 3M 的倍数；板的宽度一般为 1M 的倍数；板的截面尺寸须经结构计算确定。

　　预制钢筋混凝土楼板的类型如下。
　　① 预制钢筋混凝土楼板有预应力和非预应力两种。
　　② 施加预应力有先张法和后张法两种。
　　③ 预制钢筋混凝土楼板常用类型有实心平板、槽形板、空心板三种。
　　（2）女儿墙
　　装配式建筑物的女儿墙分为预制女儿墙板（图 10-16）和现场砌筑两种。

图 10-15　预制钢筋混凝土楼板

图 10-16　预制女儿墙板

 知识拓展

　　预制女儿墙一般是在轻骨料混凝土墙板的侧面做出销键，预留套环，板底有凹槽与下层墙板结合。板厚可与主体墙板一致。

　　（3）楼梯
　　装配式建筑物的楼梯一般都采用预制钢筋混凝土楼梯，如图 10-17 所示。

图 10-17　预制钢筋混凝土楼梯

楼梯段与休息平台板之间应采用可靠的连接方式，常用的连接为在楼梯间墙板上预留洞口、槽或挑出牛腿以及焊接托架，保证休息平台板的横梁要有足够的支承长度。

（4）烟道与通风道

装配式建筑的烟道与通风道一般采用预制钢筋混凝土构件，如图 10-18 所示。

图 10-18　预制钢筋混凝土烟道

第三节　预制混凝土构件生产操作

1. 模具组装

组装流程如下。

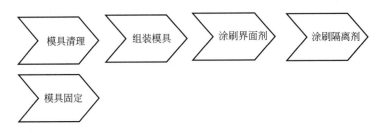

（1）模具清理

模具清理的操作要点如下。

① 清理模具各基准面边沿，利于抹面时保证厚度要求。

② 清理下来的混凝土残灰要及时收集到指定的垃圾桶内。

③ 用钢丝球或刮板将内腔残留混凝土及其他杂物清理干净，使用压缩空气将模具内腔吹干净，以用手擦拭手上无浮灰为准。

④ 所有模具拼接处均用刮板清理干净，保证无杂物残留。

（2）组装模具

装配式建筑构件模具组装要点如下。

① 选择正确型号侧板进行拼装，拼装时不许漏放紧固螺栓或磁盒。在拼接部位要粘贴密封胶条，密封胶条粘贴要平直，无间断，无褶皱，胶条不应在构件转角处搭接。

② 各部位螺栓拧紧，模具拼接部位不得有间隙，确保模具所有尺寸偏差控制在误差范围以

内。组模时应仔细检查模板是否有损坏、缺件现象，损坏、缺件的模板应及时维修或者更换。

（3）涂刷界面剂

涂刷界面剂的操作要点如下。

① 需要涂刷界面剂的模具应在绑扎钢筋笼之前涂刷，严禁将界面剂涂刷到钢筋笼上。

② 涂刷厚度不少于2mm，且需涂刷2次，2次涂刷时间的间隔不少于2min。

③ 涂刷完的模具要求涂刷面水平向上放置，20min后方可使用。

④ 界面剂涂刷之前保证模具必须干净，无浮灰。

⑤ 界面剂必须涂刷均匀，严禁有流淌、堆积的现象。

（4）涂刷隔离剂

涂刷隔离剂如图10-19所示。

知识拓展

① 必须采用水性隔离剂，且需时刻保证抹布（或海绵）及隔离剂干净，无污染。

② 用干净抹布蘸取隔离剂，拧至不自然下滴为宜，均匀涂抹在底模和模具内腔，保证无漏涂。

（5）模具固定

模具固定如图10-20所示。

图10-19　模具涂刷隔离剂　　　　图10-20　模具固定

知识拓展

模具固定的操作要点

模具（含门、窗洞口模具）、钢筋骨架对照划线位置微调整，控制模具组装尺寸。模具与底模紧固，下边模和底模用紧固螺栓连接固定，上边模靠花篮螺栓连接固定。模具与底模紧固，左右侧模和窗口模具采用磁盒固定。

2. 钢筋加工及安装

（1）钢筋调直

工艺流程如下。

调直方法的选择　手工调直　机械调直

① 调直操作细节详解

a.调直方法的选择。钢筋调直分人工调直和机械调直（图 10-21）两类。人工调直可分为绞盘调直（多用于直径为 12mm 以下的钢筋、板柱）、铁柱调直（用于直径较粗的钢筋）、蛇形管调直（用于冷拔低碳钢丝）。机械调直常用的有钢筋调直机调直（用于冷拔低碳钢丝和细钢筋）、卷扬机调直（用于粗、细钢筋）。

b.手工调直。直径在 10mm 以下的盘条钢筋，在施工现场一般采用手工调直。缺乏调直设备时，粗钢筋可采用弯曲机、平直锤或用卡盘、扳手、锤击矫直；细钢筋可用绞盘（磨）拉直或用导轮、蛇形管调直装置进行调直（图 10-22）。如通过牵引过轮的钢丝还存在局部慢弯，可用小锤敲打平直。

图 10-21　机械调直

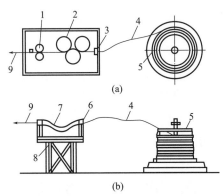

(a)

(b)

图 10-22　人工调直装置示意

1—导轮；2—辊轮；3—旧拔丝模；4—细钢筋或钢丝；
5—盘条架；6—旧滚珠轴承；7—蛇形管；
8—支架；9—人力牵引

c.机械调直。钢筋工程中对直径小于 12mm 的线材盘条，要展开调直后才可进行加工制作；对大直径的钢筋，要在其对焊后调直后检验其焊接重量。这些工作一般都要通过冷拉设备完成。工程中，对钢筋的调直亦可通过调直机进行。工程中常用钢筋调直机（图 10-23）的型号如表 10-9 所示。

 知识拓展

图 10-23　钢筋调直机

当采用冷拉法调直时，HPB300 光圆钢筋的冷拉率不宜大于 4%；HRB335、HRB400、HRB500、HRBF335、HRBF400、HRBF500 及 RRB400 带肋钢筋的冷拉率不宜大于 1%。

表 10-9　钢筋调直机型号

型号	钢筋调直直径/mm	钢筋调直速度/(m/min)	电动机功率/kW
CT$_4$×8B	4～8	40	3
CT$_4$×8	4～8	40	3
CT$_4$×10	4～10	40	3

② 钢筋调直操作要求。钢筋加工宜在常温状态下进行，加工过程中不应加热钢筋。钢筋调直冷拉温度不宜低于-20℃，预应力钢筋张拉温度不宜低于-15℃。当环境温度低于-20℃时，不得对 HRB335、HRB400 钢筋进行冷弯加工。

③ 钢筋调直操作施工总结。

a. 钢筋调直普遍使用慢速卷扬机拉直和用调直机调直。

b. 采用钢筋调直机调直冷拔低碳钢丝和细钢筋时，要根据钢筋的直径选用调直模和传送辊，并要恰当掌握调直模的偏移量和压紧程度。

c. 用卷扬机拉直钢筋时，应注意控制冷拉率：HPB300 级钢筋不宜大于 4%；HRB335、HRB400 级钢筋及不准采用冷拉钢筋的结构，不宜大于 1%。用调直钢丝和用锤击法平直粗钢筋时，表面伤痕不应使截面积减少 5% 以上。

d. 调直后的钢筋应平直，无局部曲折；冷拔低碳钢丝表面不得有明显擦伤。应当注意：冷拔低碳钢丝经调直机调直后，其抗拉强度一般要降低 10%～15%，使用前要加强检查，按调直后的抗拉强度选用。

（2）钢筋切断

工艺流程如下。

① 钢筋切断细节详解。

a. 切断方法的选择。钢筋切断分为机械切断和人工切断（图 10-24）两种。机械切断常用钢筋切断机，操作时要保证断料正确，钢筋与切断机口要垂直，并严格执行操作规程，确保安全。在切断过程中，如发现钢筋有劈裂、缩头或严重的弯头，必须切除。

图 10-24　钢筋人工切断机

📚 知识拓展

经验指导：手工切断常采用手动切断机、克子（又称踏扣，用于直径 16～32mm 的钢筋）、切断钳等工具。

b. 机具的确定。目前工程中常用的切断机械的型号有 GJ5-40 型、QJ40-1 型、GJ5Y-32 型三种。施工过程中可根据施工现场的实际情况进行选择。

c. 机具的调整及准备。

ⓐ 旋开机器前部的吊环螺栓，向机内加入 20 号机械油约 5kg，使油达到油标上线即可，加完油后，拧紧吊环螺栓。

ⓑ 检查刀具安装是否正确牢固，两刀片侧隙是否为 0.1～1.5mm，必要时可在固定刀片侧面加垫（0.5mm、1mm 厚的钢板）调整。

ⓒ 紧固各松动的螺栓，紧固防护罩，清理机器上和工作场地周围的障碍物。

ⓓ 给针阀式油杯内加足 20 号机械油，调整好滴油次数，使其每分钟滴 3～10 次，并检查油滴是否准确地滴入齿圈和离合器体的结合面凹槽处，空运转前滴油时间不得少于 5min。

ⓔ 空运转 10min，踩踏离合器 3～5 次，检查机器运转是否正常。如有异常现象应立即停机，检查原因，排除故障。

d. 切断钢筋。

ⓐ 开机前要先检查机器各部结构是否正常。刀片是否牢固，电动机、齿轮等传动机构处有无杂物，检查后认为安全正常才可开机。

ⓑ 钢筋必须在刀片的中下部切断，以延长机器的使用寿命。

ⓒ 钢筋只能用锋利的刀具切断。如果产生崩刃或刀口磨钝时，应及时更换或修磨刀片。

ⓓ 启动机器，应在运转正常后开始切料。

ⓔ 机器工作时，应避免在满负荷下连续工作，以防电机过热。

ⓕ 切断多根钢筋时，须将钢筋上下整齐排放（图 10-25），需拧紧定尺卡板的紧固螺栓，并调整固定刀片与冲切刀片间的水平间隙，对冲切刀片做往复水平动作的剪断机，间隙以 0.5～1mm 为宜。再根据钢筋所在部位和剪断误差情况，确定是否可用或返工。

ⓖ 切断钢筋时，应使钢筋紧贴挡料块及固定刀片。切粗料时，转动挡料块，使支承面后移；反之则前移，以达到切料正常。

ⓗ 钢筋放入时要和切断机刀口垂直，钢筋要摆正摆直。

ⓘ 随时检查机器轴套和轴承的发热情况（图 10-26）。一般正常情况应是手感不热，如感觉烫手时，应及时停机检查，查明原因，排除故障后，再继续使用。切忌超载。不能切断超过刀片硬度的钢材。

图 10-25　钢筋现场切断

图 10-26　工作中的机器

② 钢筋切断施工常用数据。钢筋切断机性能数据见表 10-10。

表 10-10　钢筋切断机性能数据

机械型号	切断直径/mm	外形尺寸/mm	功率/kW	质量/kg
GJ5-40	6～40	1770×685×828	7.5	950
GJ40-1	6～40	1400×600×780	5.5	450
GJ5Y-32	8～32	889×396×398	3.0	145

③ 钢筋切断安全操作要点。

a. 启动前必须检查切刀，刀体上没有裂纹；还要检查刀架螺栓是否已紧固，防护罩是否牢靠。然后用手盘动带轮，检查齿轮啮合间隙，调整切刀间隙。

b. 启动后要先空运转，检查各传动部分及轴承，确认运转正常后方可作业。

c. 接送料工作台面应与切刀下部保持水平，工作台的长度可根据加工材料的长度决定。机械未达到正常转速时不得切料。切料时必须使用切刀的中下部位，紧握钢筋，对准刃门迅速送入。

d. 不得剪切直径及强度超过机械铭牌规定的钢筋，也不得剪切烧红的钢筋。一次切断多根钢筋时，钢筋的总截面积应在规定范围内。

e. 在切断强度较高的低合金钢钢筋时，应换用高硬度切刀。一次切断的钢筋根数随直径大小而不同，应符合机械铭牌的规定。

f. 切断短料时，手与切刀之间的距离应保持在 150mm 以上，如手握端小于 400mm 时，应使用套管或夹具将钢筋短头压住或夹牢。

 知识拓展

钢筋切断应合理统筹配料，将相同规格钢筋根据不同长短搭配，统筹排料；一般先断长料，后断短料，以减少短头、接头和损耗。避免用短尺量长料，以免产生累积误差；切断操作时应在工作台上标出尺寸刻度并设置控制断料尺寸用的挡板；经常性地组织相关人员对切断钢筋进行抽查。

（3）钢筋网、架焊接

工艺流程如下。

① 钢筋网、架焊接细节详解。

a. 搭接方法的选择。搭接方法见表 10-11。

表 10-11 搭接方法

方法	内容	图片
叠搭法	一张网片叠在另一张网片上的搭接方法	1—纵向钢筋；2—横向钢筋
平搭法	一张网片的钢筋镶入另一张网片,使两张网片的纵向和横向钢筋各自在同一平面内的搭接方法	(a)搭接前 (b)搭接后 1—纵向钢筋；2—横向钢筋

续表

方法	内容	图片
扣搭法	一张网片扣在为一张网片上，使横向钢筋在一个平面内、纵向钢筋在两个不同平面内的搭接方法	 1—纵向钢筋；2—横向钢筋

b.钢筋网（骨架）安装。

ⓐ 钢筋焊接网运输时应捆扎整齐、牢固，每捆质量不宜超过 2t，必要时应加刚性支撑或支架。

ⓑ 进场的钢筋焊接网宜按施工要求堆放，并应有明显的标志。

ⓒ 对两端须插入梁内锚固的焊接网（图 10-27），当网片纵向钢筋较细时，可利用网片的弯曲变形性能，先将焊接网中部向上弯曲，使两端能先后插入梁内，然后铺平网片。

图 10-27 焊接网的布置

🚀 知识拓展

当钢筋较粗而焊接网不能弯曲时，可将焊接网的一端少焊 1~2 根横向钢筋，先插入该端，然后退插另一端，必要时可采用绑扎方法补回所减少的横向钢筋。

ⓓ 钢筋焊接网安装时，下部网片应设置与保护层厚度相当的塑料卡或水泥砂浆垫块；板的上部网片应在接近短向钢筋两端，沿长向钢筋方向每隔 600~900mm 设一个钢筋支架（图 10-28）。

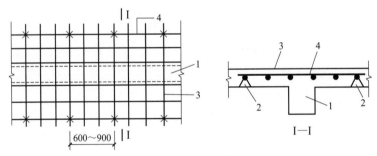

图 10-28 钢筋焊接网支墩示意
1—梁；2—支墩；3—短向钢筋；4—长向钢筋

② 钢筋网、架焊接施工常用数据

a.焊接网尺寸允许偏差见表 10-12。

表 10-12 焊接网尺寸允许偏差

项目	允许偏差
网片的长度、宽度/mm	±25
网格的长度、宽度/mm	±10
对角线差/%	±1

b.冷拔光面钢筋直径允许偏差见表 10-13。

表 10-13　　冷拔光面钢筋直径允许偏差　　　　　　　　　　单位：mm

钢筋公称直径 d	≤5	5<d<10	≥10
允许偏差	±0.10	±0.15	±0.20

③ 钢筋网、架焊接施工要点

a. 焊接骨架和焊接网的搭接接头，不宜位于构件和最大弯矩处，焊接网在非受力方向的搭接长度宜为 100mm；受拉焊接骨架和焊接网在受力钢筋方向的搭接长度应符合设计规定；受压焊接骨架和焊接网在受力钢筋方向的搭接长度，可取受拉焊接骨架和焊接网在受力钢筋方向的搭接长度的 0.7 倍。

b. 在梁中，焊接骨架的搭接长度内应配置箍筋或短的槽形焊接网。箍筋或网中的横向钢筋间距不得大于 $5d$。对轴心受压或偏心受压构件中的搭接长度内，箍筋或横向钢筋的间距不得大于 $10d$。

c. 在构件宽度内有若干焊接网或焊接骨架时，其接头位置应错开。在同一截面内搭接的受力钢筋的总截面面积不得超过受力钢筋总截面面积的 50%；在轴心受拉及小偏心受拉构件（板和墙除外）中，不得采用搭接接头。

d. 焊接网和焊接骨架沿受力钢筋方向的搭接接头，宜位于构件受力较小的部位，如承受均布荷载的简支受弯构件，焊接网受力钢筋接头宜放置在跨度两端各 1/4 跨长范围内。

（4）钢筋网、架绑扎及安装

工艺流程如下。

① 钢筋网、架绑扎及安装操作细节详解

a. 钢筋网片预制绑扎。钢筋网片的预制绑扎（图 10-29）多用于小型构件。此时，钢筋网片的绑扎多在平地上或工作台上进行。一般大型钢筋网片预制绑扎的操作程序为：平地上划线→排放钢筋→绑扎→临时加固钢筋的绑扎。

 知识拓展

钢筋网片若为单向主筋时，只需将外围两行钢筋的交叉点逐点绑扎，而中间部位的交叉点可隔根呈梅花状绑扎；若为双向主筋时，应将全部的交叉点绑扎牢固。相邻绑扎点的铁丝扣要呈"八"字形，以免网片歪斜、变形。

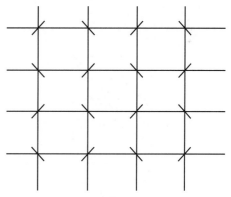

图 10-29　钢筋网片绑扎示意

b. 钢筋骨架预制绑扎。绑扎轻型骨架（如小型过梁等）时，一般选用单面或双面悬挑的钢筋绑扎架。这种绑扎架的钢筋和钢筋骨架，在操作时要穿、取、放、绑扎都比较方便。绑扎重型钢筋骨架时，可用两个三脚架横担一根光面圆钢组成一对，并由几对三脚架组成一组钢筋绑扎架。

c. 绑扎钢筋网（骨架）安装。

ⓐ 单片或单个的预制钢筋网（骨架）的安装比较简单，只要在钢筋入模后，按规定的

保护层厚度垫好垫块，即可进行下一道工序。但当多片或多个预制的钢筋网（骨架）在一起组合使用时，则要注意节点相交处的交错和搭接。

ⓑ 钢筋网与钢筋骨架（图 10-30）应分段（块）安装，其分段（块）的大小、长度应按结构配筋、施工条件、起重运输能力来确定。

📚 知识拓展

经验指导：一般钢筋网的分块面积为 6～20m²，钢筋骨架的分段长度为 6～12m。

ⓒ 钢筋网与钢筋骨架，为防止在运输和安装过程中发生歪斜变形，应采取临时加固措施（图 10-31 和图 10-32）。为保证吊运钢筋骨架时吊点处钩挂的钢筋不变形，在钢筋骨架内的挂吊钩处设置短钢筋，将吊钩挂在短钢筋上，这样可以不用兜吊，既有效地防止了骨架变形，又防止钢筋骨架中局部钢筋的变形（图 10-33）。

图 10-30 钢筋网与钢筋骨架

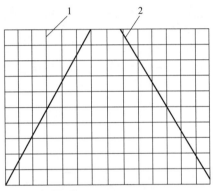

图 10-31 临时加固示意
1—钢筋网；2—加固钢筋

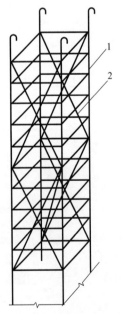

图 10-32 绑扎骨架临时加固示意
1—钢筋骨架；2—加固筋

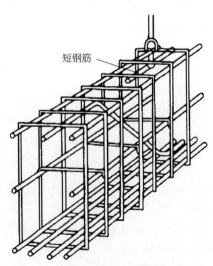

图 10-33 加短钢筋起吊钢筋骨架示意

ⓓ 钢筋网与钢筋骨架的吊点，应根据其尺寸、重量及刚度而定。宽度大于 1m 的水平钢筋网宜采用四点起吊，跨度小于 6m 的钢筋骨架宜采用两点起吊（图 10-34）。跨度大、刚度差的钢筋骨架宜采用横吊梁（铁扁担）四点起吊（图 10-35）。为了防止吊点处钢筋受力变形，可采用兜底或加短钢筋。

② 钢筋网、架绑扎及安装时常见错误及解决方法。钢筋网、架在安装过程中常常出现吊装时不能顺利起吊的现象，如图 10-36 所示。

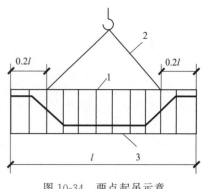

图 10-34 两点起吊示意
l—构件的长度

解决方法：吊装时不能顺利起吊的主要原因是胎具腹板侧面布置纵向角钢上均切了定位凹槽，胎具与钢筋互相摩擦，起吊时凹槽太多，相互牵制，只是卡住后无法活动，只好将胎具一侧切除横移开后才能起吊；可以对胎具进行改进，腹板侧面三根角钢上，只对顶部的一根角钢进行切槽定位，其余两根以角背作为支撑来控制骨架外形。

图 10-35 四点起吊现场照片

图 10-36 现场吊装不顺利

③ 钢筋网、架绑扎及安装操作要点。

a. 在绑扎骨架中非焊接的搭接接头长度范围内，当搭接钢筋为受拉时，其箍筋的间距不应大于 5d 且不应大于 100mm；当搭接钢筋为受压时，其箍筋间距不应大于 10d，且不应大于 200mm。

b. 焊接骨架的焊接网的搭接接头，不宜位于构件的最大弯矩处；焊接网在非受力方向的搭接长度，不宜小于 100mm。

3. 混凝土浇筑及构件养护

（1）混凝土浇筑

工艺流程如下。

混凝土浇筑细节详解如下。

① 混凝土第一次浇筑及振捣。混凝土第一次浇筑及振捣（图 10-37）的操作要点如下。

a. 浇筑前检查混凝土坍落度是否符合要求，过大或过小均不允许使用，且要料时不准超过理论用量的 2%。

b. 浇筑振捣时尽量避开埋件处，以免碰偏埋件。

图 10-37 混凝土第一次浇筑

c. 采用人工振捣方式，振捣至混凝土表面无明显气泡溢出，保证混凝土表面水平，无突出石子。

d. 浇筑时控制混凝土厚度，在达到设计要求时停止下料；工具使用后清理干净，整齐放入指定工具箱内。

② 安装连接件。将连接件通过挤塑板预先加工好的通孔插入混凝土中，确保混凝土对连接件握裹严实，连接件的数量及位置根据图纸工艺要求，保证位置的偏差在要求的范围内。

③ 混凝土第二次浇筑及振捣。混凝土第二次振捣应采用布料机自动布料，振捣时采用振捣棒进行人工振捣至混凝土表面无明显气包后松开底模，见图 10-38。

④ 赶平。当第二次混凝土浇筑及振捣完毕后，应采用振捣赶平机对混凝土表面进行振捣，见图 10-39。

图 10-38 混凝土第二次浇筑及振捣

图 10-39 预制构件赶平施工

知识拓展

经验指导：在振捣的同时应对混凝土表面进行刮平，根据表面质量及平整度等状况调整刮平机的相关参数。

（2）构件养护

为了使已成型的混凝土构件尽快获得脱模强度，以加速模板周转、提高劳动生产率、增加产量，需要采取加速混凝土硬化的养护措施。常用的构件养护方法及其他加速混凝土硬化的措施为蒸汽养护，分常压、高压、无压三类，以常压蒸汽养护应用最广。

① 在常压蒸汽养护中，又按养护设施的构造分为以下几类。

a. 养护坑（池）。主要用于平模机组流水工艺。由于构造简单、易于管理、对构件的适应性强，是主要的加速养护方式。它的缺点是坑内上下温差大、养护周期长、蒸汽耗量大。

b. 立式养护窑。窑内分顶升和下降两行，成型后的制品入窑后，在窑内一侧层层顶升，同时处于顶部的构件通过横移车移至另一侧，层层下降，利用高温蒸汽向上、低温空气向下流动的原理，使窑内自然形成升温、恒温、降温三个区段。立窑具有节省车间面积、便于连续作业、蒸汽耗量少等优点，但设备投资较大，维修不便。

c. 水平隧道窑和平模传送流水工艺配套使用。构件从窑的一端进入，通过升温、恒温、降温三个区段后，从另一端推出。其优点是便于进行连续流水作业，但三个区段不易分隔，温、湿度不易控制，窑门不易封闭，蒸汽有外溢现象。

② 热模养护：将底模和侧模做成加热空腔，通入蒸汽或热空气，对构件进行养护。可用于固定或移动的钢模，也可用于长线台座。成组立模也属于热模养护型。

③ 太阳能养护：用于露天作业的养护方法。当构件成型后，用聚氯乙烯薄膜或聚酯玻璃钢等材料制成的养护罩将产品罩上，靠太阳的辐射能对构件进行养护。养护周期比自然养护可缩短（1/3）～（2/3），并可节省能源和养护用水，因此已在日照期较长的地区推广使用。

4.预制混凝土生产操作要点

（1）模板与支撑操作要点

① 模板与支撑的一般规定。

a.装配式结构的模板与支撑应根据施工过程中的各种工况进行设计，应具有足够的承载力、刚度，并应保证其整体稳固性。装配式结构的模板与支撑应根据工程结构形式、预制构件类型、荷载大小、施工设备和材料供应等条件确定，本条中所要求的各种工况应由施工单位根据工程具体情况确定，以确保模板与支撑稳固可靠。

b.模板与支撑安装应保证工程结构和构件各部分形状、尺寸和位置的准确，模板安装应牢固、严密、不漏浆，且应便于钢筋安装和混凝土浇筑、养护。

c.预制构件应根据施工方案要求预留与模板连接用的孔洞、螺栓或长螺母，预留位置应符合设计或施工方案要求。装配式结构的模板与支撑应根据施工过程中的各种工况进行设计计算，根据荷载计算确定支撑间距和构造要求，应保证整体稳固性。

d.预制构件接缝处宜采用与预制构件可靠连接的定型模板。定型模板与预制构件之间应粘贴密封条，在混凝土浇筑时节点处模板不应产生明显变形和漏浆。编制模板施工专项方案，预制构件根据施工方案要求预留与模板连接用的孔洞、螺栓。预制构件宜预留与模板连接用的孔洞、螺栓，预留位置应与模板模数相协调并便于模板安装。预制墙板现浇节点的模板支设是施工的重点，为了保证节点区模板支设的可靠性，通常采用在预制构件上预留螺母、孔洞等连接方式，施工单位应根据节点区选用的模板形式，将构件预埋与模板固定相协调。

e.模板宜采用水性脱模剂。脱模剂应能有效减小混凝土与模板间的吸附力，并应有一定的成膜强度，且不应影响脱模后混凝土表面的后期装饰。

② 模板与支撑安装操作要点。

a.叠合楼板施工应符合下列规定：

ⓐ 叠合楼板的预制底板安装时，可采用龙骨及配套支撑，龙骨及配套支撑应进行设计计算；

ⓑ 宜选用可调标高的定型独立钢支柱作为支撑，龙骨的顶面标高应符合设计要求；

ⓒ 预制底板搁置在剪力墙墙体上时，搁置面的标高应准确控制。

当预制板支撑于现浇混凝土剪力墙时，宜在剪力墙墙体浇筑混凝土前，钢模板上端安装控制标高的方钢或木模，按设计标高调整并固定位置（图10-40）。根据施工工艺选择，也可采用弹线切割找平的方式来保证叠合板安装标高。

ⓓ 浇筑上层混凝土时，预制底板上部应避免集中堆载。

b.叠合梁施工应符合下列规定：

ⓐ 预制梁下部的竖向支撑可采取点式，支撑位置与间距应根据施工验算确定；

ⓑ 预制梁竖向支撑宜选用可调标高的定型独立钢支架；

ⓒ 预制梁的搁置长度及搁置面的标高应符合设计要求。

c.安装预制墙板、预制柱等竖向构件时，应采用可调式斜支撑临时固定；斜支撑的位置应避免与模板支架、相邻支撑冲突。

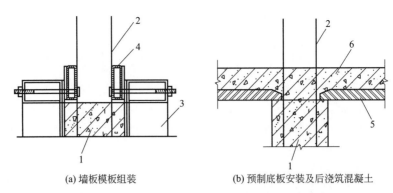

(a) 墙板模板组装   (b) 预制底板安装及后浇筑混凝土

图 10-40　预制板板底标高控制

1—现浇剪力墙墙体；2—剪力墙竖向钢筋；3—钢模板；4—控制标高方钢或木模；
5—预制底板；6—后浇混凝土

　　d. 夹芯保温外墙板竖缝采用后浇混凝土连接时，宜采用工具式定型模板支模，并应符合下列规定：

　　ⓐ 定型模板应通过螺栓或预留孔洞拉结的方式与预制构件可靠连接；

　　ⓑ 定型模板安装应避免遮挡预制墙板下部灌浆预留孔洞；

　　ⓒ 夹芯墙板的外叶板应采用螺栓拉结或夹板等加强固定；

　　ⓓ 墙板接缝部位及与定型模板连接处均应采取可靠的密封防漏浆措施。

　　本条对夹芯保温外墙板拼接竖缝节点后浇混凝土采用定型模板做了规定（图 10-41），通过在模板与预制构件、预制构件与预制构件之间采取可靠的密封防漏浆措施，使后浇混凝土与预制混凝土相接表面平整度符合验收要求。

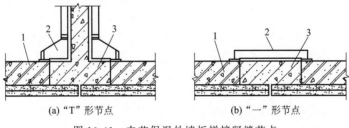

(a) "T" 形节点   (b) "一" 形节点

图 10-41　夹芯保温外墙板拼接竖缝节点

1—夹芯保温外墙板；2—定型模板；3—后浇混凝土

　　e. 采用预制外墙模板进行支模时，预制外墙模板的尺寸参数及与相邻外墙板之间拼缝宽度应符合设计要求。安装时与内侧模板或相邻构件应连接牢固并采取可靠的密封防漏浆措施。

　　本条规定采用预制外墙模板时（图 10-42），应符合建筑与结构设计的要求，以保证预制外墙模板符合外墙装饰要求并在使用过程中结构安全可靠。预制外墙模板与相邻预制构件安装定位后，为防止浇筑混凝土时漏浆，需要采取有效的密封措施。

　　f. 预制梁柱节点区域后浇筑混凝土部分采用定型模板支模时，宜采用螺栓与预制构件可靠连接固定，模板与预制构件之间应采取可靠的密封防漏浆措施。

　　③ 模板与支撑拆除操作要点。

　　a. 模板拆除时，可采取先拆非承重模板、后拆承重模板的顺序。水平结构模板应由跨中向两端拆除，竖向结构模板应自上而下进行拆除。

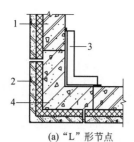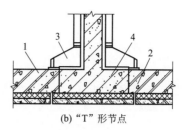

(a) "L" 形节点   (b) "T" 形节点

图 10-42 预制外墙模板拼接竖缝节点

1—夹芯保温外墙板；2—预制外墙模板；3—定型模板；4—后浇混凝土

b. 多个楼层间连续支模的底层支架拆除时间，应根据连续支模的楼层间荷载分配和后浇混凝土强度的增长情况确定。

c. 当后浇混凝土强度能保证构件表面及棱角不受损伤时，方可拆除侧模模板。

d. 叠合构件的后浇混凝土同条件立方体抗压强度达到设计要求后，方可拆除龙骨及下一层支撑；当设计无具体要求时，同条件养护的后浇混凝土立方体试件抗压强度应符合表 10-14 的规定。

表 10-14 模板与支撑拆除时的后浇混凝土强度要求

构件类型	构件跨度/m	达到设计混凝土强度等级值的比率/%
板	≤2	≥50
	>2,≤8	≥75
	>8	≥100
梁	≤8	≥75
	>8	≥100
悬臂结构		≥100

受弯类叠合构件的施工要考虑两阶段受力的特点，支撑的拆除时间需要考虑现浇混凝土同条件立方体抗压强度，施工时要采取措施满足设计要求。

e. 预制墙板斜支撑和限位装置应在连接节点和连接接缝部位后浇混凝土或灌浆料强度达到设计要求后拆除；当设计无具体要求时，后浇混凝土或灌浆料应达到设计强度的 75% 以上方可拆除。

f. 预制柱斜支撑应在预制柱与结构可靠连接、连接节点部位后浇混凝土或灌浆料强度达到设计要求，且上部构件吊装完成后方可拆除。

g. 预制墙板斜支撑拆除宜在现浇墙体混凝土模板拆除前进行。

本条对预制墙板斜支撑拆除与现浇墙体模板拆除顺序进行规定，以避免斜支撑与模板支架之间的施工相互干扰。

h. 拆除的模板和支撑应分散堆放并及时清运。应采取措施避免施工集中堆载。

（2）钢筋连接与定位操作要点

① 钢筋连接操作要点。

a. 预制构件的钢筋连接可选用钢筋套筒灌浆连接接头。采用直螺纹钢筋灌浆套筒时，钢筋的直螺纹连接部分应符合现行行业标准《钢筋机械连接技术规程》（JGJ 107—2016）的规定；钢筋套筒灌浆连接部分应符合设计要求或有关标准规定。

b. 钢筋焊接连接接头应符合现行行业标准《钢筋焊接及验收规程》（JGJ 18—2012）的有关规定。

c. 钢筋机械连接接头应符合现行行业标准《钢筋机械连接技术规程》（JGJ 107—2016）的有关规定。机械连接接头部位的混凝土保护层厚度宜符合现行国家标准《混凝土结构设计规范》（GB 50010—2010）中受力钢筋的混凝土保护层最小厚度的规定，且不得小于15mm；接头之间的横向净距不宜小于25mm。

d. 当钢筋采用弯钩或机械锚固措施时，钢筋锚固端的锚固长度应符合现行国家标准《混凝土结构设计规范》（GB 50010—2010）的有关规定。采用钢筋锚固板时，应符合现行行业标准《钢筋锚固板应用技术规程》（JGJ 256—2011）的有关规定。

e. 叠合板上部后浇混凝土中的钢筋绑扎前，应检查并校正其下部预制底板桁架钢筋的位置，并设置钢筋定位件固定钢筋的位置。绑扎过程中采取有效措施保证钢筋位置。

叠合板桁架钢筋通常可作为后浇混凝土叠合层中的钢筋马凳使用，但应对其高度进行检查校正，确保上铁钢筋位置准确。

f. 预制墙板连接部位宜先校正水平连接钢筋，后安装箍筋套，待墙体竖向钢筋连接完成后绑扎箍筋；连接部位加密区的箍筋宜采用封闭箍筋。本条对预制剪力墙构件之间、预制与现浇剪力墙构件之间连接节点区域的钢筋连接施工顺序做了规定，以便提高安装效率。

g. 当预制构件外露钢筋影响相邻后浇混凝土中钢筋绑扎时，可在预制构件上预留钢筋接驳器，待相邻后浇混凝土结构钢筋绑扎完成后，再将锚筋旋入接驳器形成连接。

本条对预制构件安装与相邻现浇混凝土中钢筋相互干扰的处理方式进行了规定。可采用在预制构件上预留钢筋接驳器的做法，该做法应在预制构件深化设计时完成。

h. 安装预制墙板用的斜支撑预埋件应在叠合板的后浇混凝土中埋设，预埋件安装定位应准确，并采取可靠的防污染措施。

② 钢筋定位操作要点。

a. 装配式结构后浇混凝土内的连接钢筋应埋设准确，连接与锚固方式应符合设计和现行有关技术标准的规定。

b. 构件连接处的钢筋位置应符合设计要求。当设计无具体要求时，应保证主要受力构件和构件中主要受力方向的钢筋位置，并应符合下列规定：

ⓐ 框架节点处，梁纵向受力钢筋宜置于柱纵向钢筋内侧；

ⓑ 当主次梁底部标高相同时，次梁下部钢筋应放在主梁下部钢筋之上；

ⓒ 剪力墙中水平分布钢筋宜置于竖向钢筋外侧，并在墙端弯折锚固。

c. 钢筋套筒灌浆连接接头的预留钢筋应采用专用模具进行定位，并应符合下列规定：

ⓐ 定位钢筋中心位置偏差≤1∶10时，宜采用套管方式进行调整；

ⓑ 定位钢筋中心位置偏差＞1∶10时，应按设计单位确认的技术方案处理；

ⓒ 应采用可靠的固定措施控制连接钢筋的外露长度满足设计要求。

本条对如何保证现浇混凝土内钢筋套筒灌浆连接接头的预留钢筋定位精度做了规定。预留钢筋定位精度对预制构件的安装有重要影响，因此对预埋于现浇混凝土内的预留钢筋采用专用定型钢模具对其中心位置进行控制，采用可靠的绑扎固定措施对连接钢筋的外露长度进行控制。

d. 预制构件的外露钢筋应防止弯曲变形，并在预制构件吊装完成后，对其位置进行校核与调整。

e. 预制梁柱节点区的钢筋安装时，应符合下列规定：

ⓐ 节点区柱箍筋应在构件厂预先安装于预制柱钢筋上，随预制柱一同安装就位；

ⓑ 预制叠合梁采用封闭箍筋时，预制梁上部纵筋应在构件厂预先穿入箍筋内临时固定，

并随预制梁一同安装就位；

ⓒ 预制叠合梁采用开口箍筋时，预制梁上部纵筋可在现场安装。

f.叠合板上部后浇混凝土中的钢筋宜采用成形钢筋网片整体安装定位。叠合板上部后浇混凝土中的钢筋宜采用成形钢筋网片整体或分片安装定位，分片安装时，应按照设计和现行有关技术标准的规定做好接头连接处理。

g.装配式结构后浇混凝土施工时，应采取可靠的保护措施，防止定位钢筋整体偏移及受到污染。

（3）混凝土浇筑操作要点

① 混凝土浇筑的一般规定。

a.装配式结构施工应采用预拌混凝土。预拌混凝土应符合现行相关标准的规定。

b.装配式结构施工中的结合部位或接缝处混凝土的工作性应符合设计与施工规定；当采用自密实混凝土时，应符合现行相关标准的规定。

c.装配式结构工程在浇筑混凝土前应进行隐蔽项目的现场检查与验收。

d.装配式结构的后浇混凝土节点应根据施工方案要求的顺序浇筑施工。

e.混凝土浇筑完毕后，应按施工技术方案要求及时采取有效的养护措施，并应符合下列规定：叠合层及构件连接处混凝土浇筑完成后，可采取洒水、覆膜、喷涂养护剂等养护方式，为保证后浇混凝土的质量，规定养护时间不应少于14d。

ⓐ 应在浇筑完毕后的12h以内对混凝土加以覆盖并养护；

ⓑ 浇水次数应能保持混凝土处于湿润状态；

ⓒ 采用塑料布覆盖养护的混凝土，其敞露的全部表面应覆盖严密，并应保持塑料布内有凝结水；

ⓓ 叠合层及构件连接处后浇混凝土的养护时间不应少于14d；

ⓔ 混凝土强度达到1.2MPa前，不得在其上踩踏或安装模板及支架。

② 叠合构件混凝土浇筑操作要点。

a.叠合构件混凝土浇筑前，应清除叠合面上的杂物、浮浆及松散骨料，表面干燥时应洒水润湿，洒水后不得留有积水。叠合面对于预制与现浇混凝土的结合有重要作用，因此本条对叠合构件混凝土浇筑前表面清洁与施工技术处理做了规定。

b.叠合构件混凝土浇筑前，应检查并校正预制构件的外露钢筋。

c.叠合构件混凝土浇筑时，应采取由中间向两边的方式。

本条规定的目的是保证叠合构件混凝土浇筑时，下部预制底板的龙骨与支撑的受力均匀，减小施工过程中不均匀分布荷载的不利作用。

d.叠合构件与周边现浇混凝土结构连接处，浇筑混凝土时应加密振捣点，当采取延长振捣时间措施时，应符合有关标准和施工作业要求。

e.叠合构件混凝土浇筑时，不应移动预埋件的位置，且不得污染预埋件外露连接部位。

③ 构件连接混凝土浇筑操作要点。

a.装配式结构中预制构件的连接处混凝土强度等级不应低于所连接的各预制构件混凝土强度等级中的较大值。本条规定与《混凝土结构工程施工规范》（GB 50666—2011）中对装配式结构接缝现浇混凝土的要求相一致。如预制梁、柱混凝土强度等级不同时，预制梁柱节点区混凝土应按强度等级高的混凝土浇筑。

b.用于预制构件连接处的混凝土或砂浆，宜采用无收缩混凝土或砂浆，并宜采取提高混凝土或砂浆早期强度的措施；在浇筑过程中应振捣密实，并应符合有关标准和施工作业要求。

c.预制构件连接节点和连接接缝部位后浇混凝土施工应符合下列规定：

ⓐ 连接接缝混凝土应连续浇筑，竖向连接接缝可逐层浇筑，混凝土分层浇筑高度应符合现行规范要求，浇筑时应采取保证混凝土或砂浆浇筑密实的措施；

ⓑ 同一连接接缝的混凝土应连续浇筑，并应在底层混凝土初凝之前将上一层混凝土浇筑完毕；

ⓒ 预制构件连接节点和连接接缝部位的混凝土应加密振捣点，并适当延长振捣时间。

d. 预制构件连接处混凝土浇筑和振捣时，应对模板及支架进行观察和维护，发生异常情况应及时进行处理；构件接缝混凝土浇筑和振捣应采取措施防止模板、相连接构件、钢筋、预埋件及其定位件的移位。

第四节　墙板制作工艺

1. 墙板制作工艺的种类及操作要点

（1）成组立模法

成组立模是指采用垂直成型方法一次生产多块构件的成组立模。如用于生产承重内墙板的悬挂式偏心块振动成组立模；用于生产非承重隔墙板的悬挂式柔性板振动成组立模等。

① 成组立模分类。

a. 按材料分类如图 10-43 所示。

图 10-43　按材料分类

钢立模特点：刚度大，传振均匀，升温快，温度均匀，制品质量较好，模板周转次数多，有利于降低成本，但耗钢量大。

钢筋混凝土立模特点：刚度好，表面平整，不变形，保温性能好，用钢量较少。但自重大，升温较慢，周转次数少。

b. 按支撑方式分类如图 10-44 所示。

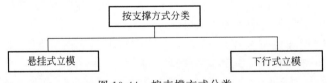

图 10-44　按支撑方式分类

悬挂式立模特点：振动效果较好，开启、拼装方便，安全，但会增加车间土建投资。

下行式立模特点：车间土建比较简单，但拼装、开启不便，且欠安全。

c. 按振动方式分类如图 10-45 所示。

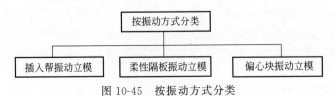

图 10-45　按振动方式分类

插入帮振动立模特点：对模板影响小，振动效果较好，但需要较长振动时间，且劳动强度较大。

柔性隔板振动立模特点：振动效果较好，隔板刚度差，制品偏差较大。

偏心块振动立模特点：振动效果一般，装置简单，但对模板影响较大。

② 施工操作详解。

a.悬挂式偏心块振动成组立模。垂直成型工艺，具有占地面积小、养护周期短、节约能源、产量高等优点，与平模机组流水生产工艺相比，占地面积可减少 60%～80%，产量可提高 1.5～2 倍。悬挂式偏心块振动成组立模技术参数见表 10-15。

表 10-15　悬挂式偏心块振动成组立模技术参数

制品规格 （长×宽×厚） /mm×mm×mm	每组制品数量 /块	轨中心距 /mm	偏心动力矩 /N·mm	成组立模外形尺寸 （长×宽×高）/mm	成组立模质量 /kg
4780×2660×140	8	7000	12000	7400×3420×3400	30985
3420×2660×140	8	5200	12000	5550×3420×3400	26540

📚 知识拓展

经验指导：立模养护为干热养护，在封闭模腔内设置音叉式蒸汽排管。立模骨架用 [18 槽钢矩形结构布置，两面封板采用 8mm 厚钢板。

b.悬挂式柔性隔板振动成组立模。悬挂式柔性隔板振动成组立模主要适用于生产 5cm 厚混凝土内隔墙板。此种立模是在一组立模中刚性模板与柔性模板相间布置，刚性模板不设振源，它的功能是做养护腔使用；柔性隔板是一块等厚的均质钢板，端部设振源，它的功能是做振动板使用。具有构造简单、重量轻、移动方便等特点，不仅适用于构件厂使用，而且也适宜在施工现场使用。

刚性模板：热模采用电热供热方式，在每块热模腔内设置九根远红外电热管（每根容量为担负两侧混凝土制品的加热养护）。

柔性模板：既要有一定柔性，又要有足够的刚度，当有效面板内设置 4～6 个锥形垫时，用于成型 5cm 厚混凝土隔墙板，可采用 140mm 厚普通钢板。

③ 成组立模法的特点。

a.墙板垂直制作，垂直起吊，比平模制作可减少墙板因翻身起吊的配筋。

b.因为立模本身既是成型工具，又是养护工具，这样浇筑、成型、养护地点比较集中，车间占地面积较平模工艺要少。

c.立模养护制品的密闭性能好，与坑养护、隧道窑养护、立窑养护比较，可降低蒸气耗用量。

d.制作的墙板两面光滑，适合于制作单一材料的承重内墙板和隔墙板。

（2）台座法

台座法是生产墙板及其他构件采用较多的一种方法，常用于生产振动砖墙板和单一材料或复合材料混凝土墙板以及整间大楼板。

台座分为冷台座和热台座两种。冷台座为自然养护，我国南方多采用这种台座，并有临时性、半永久性和永久性之分。热台座是在台座下部和两侧设置蒸汽管道，墙板在台座上成型后覆盖保温罩，通蒸汽养护，这种台座多在我国北方采用和冬期生产使用。

① 冷台座（做法要求）。

a. 要将台座基础上的杂土和耕土清除干净，并夯实压平，使基土的密实度达到 $1.55g/cm^3$。遇有回填的沟坑或局部下沉的部位，均须进行局部处理。

b. 台座表面最好比周围地面高出 100mm，其四周应设排水沟和运输道路。台座表面应找平抹光，以 2m 靠尺检查，表面凸凹不得超过±2mm。

c. 台座的长度一般以 120m 左右为宜，台座的伸缩缝应设在拟生产墙板构件型号块数的整倍数处，一般宜每 10m 左右设一道伸缩缝。切不可将墙板等构件跨伸缩缝生产，否则制品易产生裂缝。

② 热台座（做法要求）。

a. 基础：一般为 200mm 厚级配砂石（或高炉矿渣）碾压，其上部铺设 3∶7 灰土，然后浇灌 100mm 厚 C15 混凝土，作为热气室的基底。

b. 炕壁：一种做法为 240mm 厚砖墙上压 150mm×240mm 混凝土拉结圈梁；另一种做法是 100mm 现浇混凝土。前一种做法中炕壁易产生温度裂缝。

c. 热台面：120mm×180mm×500mm 素混凝土梁，间距 500mm，按蒸汽排管形式横向排列，上铺 500mm×500mm×30mm 的混凝土预制盖板，再在盖板上浇灌 30～70mm 厚的 C20 钢筋混凝土，混凝土应边铺边抹光，形成热台面。

（3）制作墙、板构件所用隔离剂

① 隔离剂的选用。

a. 隔离效果较好，减少吸附力，要能确保构件在脱模起吊时不发生黏结损坏现象。

b. 能保持板面整洁，易于清理，不影响墙面粉刷质量。

c. 因地制宜，就地取材，货源充足，价格较低，便于操作。

② 隔离剂的涂刷方法。隔离剂的涂刷方法见表 10-16。

表 10-16　隔离剂的涂刷方法

名称	涂刷方法
皂角隔离剂	涂刷两遍,在第一遍干燥后再进行第二遍涂刷
皂化混合油脱模剂	涂刷两遍施工
柴油石蜡隔离剂	后撒法:适用于夏季少风季节,先将柴油石蜡隔离剂涂刷在台座上,再撒滑石粉或防水粉,并用刷子铺盖均匀 混涂法:适用于冬季多风季节,先将隔离剂调成涂料,倒在板面上之后均匀涂刷

③ 隔离剂涂刷的注意事项。

a. 涂刷隔离剂必须采取边退边涂刷边撒粉料的方法，操作人员需穿软底鞋，鞋底不得带有泥土、灰浆等杂物。

b. 隔离剂涂刷后不得踩踏，并要防止雨水冲刷和浸泡，遇有冲刷、浸泡和踩踏，必须补刷。待隔离剂干涸后，方可进行下一道工序。涂刷隔离剂的工具可采用长把毛刷子或手推刷油车。

c. 周转使用次数较多的台座，使用前和使用期间宜每隔 1～2 个月刷机油柴油隔离剂（机油∶柴油＝1∶1）一次。

2. 墙板制作质量控制

（1）墙板预制构件质量控制要点

① 预制构件在加工过程中安排监理驻场，依据制作要领书进行检查，定期将检查结果反馈给总包及甲方。

② 预制构件厂在生产构件前必须编制《预制构件制作要领书》，要领书内容应包括质量

管理组织架构、构件生产流程各个阶段质量控制方法、安全管理、检查表等内容。

③ 预制构件构件在出厂时必须有出厂合格证。

（2）套筒灌浆质量控制要点

① 预制剪力墙底部灌浆缝，其厚度不应大于 20mm。

② 灌浆施工时环境温度不应低于 5℃；当连接部位养护温度低于 10℃时，应采取加热保温措施。

③ 灌浆操作全过程有专职检验人员负责旁站监督并及时形成施工质量检查记录。

④ 灌浆料和水的用水量必须严格按照产品使用说明书，每次拌制的灌浆料拌和物应进行流动度的检测。

⑤ 灌浆作业应采取压浆法从下口灌注，当浆料从上口均匀流出后及时封堵。

⑥ 构件连接部位后浇混凝土及灌浆料的强度达到设计要求后，方可拆除临时固定措施。

⑦ 灌浆料拌和物应在制备后 30min（合理的时间内）使用完毕。

⑧ 每层灌浆为一个检验批；每工作班应制作一层且每层不应少于三组 40mm×40mm×160mm 试件，标准养护 28d 后进行抗压强度试验。

⑨ 灌浆施工中常常会出现灌浆料收缩的问题，针对这一问题，可以在预制剪力墙构件中设置灌浆收缩补偿管（图 10-46）。

图 10-46　灌浆收缩补偿管

（3）预埋构件安装质量控制要点

① 在装配式结构施工中，对预制构件上的预埋件应采取保护措施；不得对预制构件进行切割、开洞。

② 在工作面上应进行测量放线、设置构件安装定位标志。

③ 安装施工前必须检查吊装设备及吊具是否处于安全操作状态。

④ 装配式结构施工前，选择有代表性的单元板块进行预制。

⑤ 构件试安装，并根据试安装结果及时调整完善施工方案和施工工艺。

⑥ 按楼层、结构缝或施工段划分检验批。在同一检验批内，对梁、柱应抽查构件数量的 10%，且不应少于 3 件；对墙板和楼板，应按有代表性的自然间抽查 10%，且不应少于 3 间；对大空间结构，墙可按相邻轴线间高度 5m 左右划分检查面，板可按纵、横轴线划分检查面，抽查 10%，且均不应少于 3 面。

第五节　墙板起吊及运输

1. 墙板起吊

（1）墙板脱模、起吊

墙板脱模、起吊（图 10-47）的操作要点如下。

① 在混凝土达到 20MPa 后方可脱模。

② 起吊之前，检查吊具及钢丝绳是否存在安全隐患，如有问题则不允许使用，及时上报。

③ 检查吊点、吊耳及起吊用的工装等是否存在安全隐患（尤其是焊接位置是否存在裂缝），吊耳工装上的螺栓要拧紧。

④ 检查完毕后，将吊具与构件吊环连接固定，起吊指挥人员要与吊车配合好，保证构

图 10-47　墙板起吊

件平稳，不允许发生磕碰。

⑤ 起吊后的构件放到指定的构件冲洗区域，下方垫 300mm×300mm 木方，保证构件平稳，不允许磕碰。

（2）破坏吸附力的操作要点

① 采用预应力钢筋吊具的墙板，应采取加大预应力值以增加墙板的压缩变形来破坏吸附力。但在吸附力破坏后，要将预应力立即退至原控制值，否则会使墙板构件产生偏心破坏。

② 单层生产的墙板，宜用千斤顶、丝杠等做横向水平推移，使墙板产生水平移动。重叠生产的墙板，在脱模起吊前宜先将吊绳绷紧，再用扁凿在两层墙板之间靠吊点部位的两角接缝处（或黏结处）进行剔凿。待出现通缝和空鼓声后，再利用吊装机械缓慢提升。

（3）墙板起吊的技术要求

① 当设计无规定时，各种墙板的脱模起吊强度不得低于设计强度等级的 70%。其中振动砖墙板的砂浆强度不低于 7.5MPa。

② 采用重叠生产的墙板，在脱模起吊前，应在墙板底部放上木凳，木凳放置高度应和待起吊的墙板高度一致，要垫稳垫牢，起吊时扶稳，防止构件下滑。

③ 墙板在大量脱模起吊前，应先进行试吊，待取得经验后再大量起吊。采用平模生产时，凡有门窗洞口的墙板，在脱模起吊前，必须将洞口内的积水和漏进的砂浆、混凝土清除干净，否则不得起吊。

④ 墙板构件脱模起吊前，应将外露的插筋弯起，避免伤人或损坏台座。采用预应力钢筋吊具的墙板构件，在脱模起吊前应先施加预应力。采用混凝土吊孔的墙板构件，在脱模起吊前要将吊孔内杂物清理干净，活动吊环必须正确放入吊孔内，转动灵活，且与吊孔牢牢勾住。

2. 墙板运输

（1）运输方法的选择

① 平运法。平运法适宜运输民用建筑的楼板、屋面板等构配件和工业建筑墙板。构件重叠平运时，各层之间必须放方木支垫，垫木应放在吊点位置，与受力主筋垂直，且须在同一垂线上。

② 立运法。立运法分为外挂式和内插式两种，具体内容见表 10-17。

表 10-17　立运法的具体内容

运输方法	适用范围	固定方法	特点
外挂（靠放）式	民用建筑的内外墙板、楼板和屋面板。工业建筑墙板	将墙板靠放在车架两侧，用开式索具螺旋扣（花篮螺栓）将墙板构件上的吊环与车架拴牢	(1)起吊高度低，装卸方便 (2)有利于保护外饰面
内插（插放）式	民用建筑的内外墙板	将墙板构件插放在车架内或简易插放架内，利用车架顶部丝杠或木楔将墙板构件固定	(1)起吊高度较高 (2)采用丝杠顶压固定墙板时，易将外饰面挤坏 (3)能运输小规格的墙板

（2）墙板运输和装卸的注意要点

① 运输道路须平整坚实，并有足够的宽度和转弯半径。

② 根据吊装顺序组织运输，配套供应。

③ 用外挂（靠放）式运输车时，两侧重量应相等，装卸时，重车架下部要进行支垫，

防止倾斜。用插放式运输车采用压紧装置固定墙板时，要使墙板受力均匀，防止断裂。

④ 装卸外墙板时，所有门窗扇必须扣紧，防止碰坏。

⑤ 墙板运输时，车辆不宜高速行驶，应根据路面好坏掌握行车速度，起步、停车要稳。夜间装卸和运输墙板时，施工现场要有足够的照明设施。

（3）预制混凝土构件运输与储存的规定

① 预制混凝土构件运输的规定。

a.预制混凝土构件运输宜选用低平板车，并采用专用托架，构件与托架绑扎牢固。

b.预制混凝土梁、楼板、阳台板宜采用平放运输；外墙板宜采用竖直立放运输；柱可采用平放运输，当采用立放运输时应防止倾覆。

c.预制混凝土梁、柱构件运输时平放不宜超过 2 层。

d.搬运托架、车厢板和预制混凝土构件间应放入柔性材料，构件应用钢丝绳或夹具与托架绑扎，构件边角或锁链接触部位的混凝土应采用柔性垫衬材料保护。

② 预制混凝土构件储存的规定。

a.预制构件应按吊装、存放的受力特征选择卡具、索具、托架等吊装和同定措施，并应符合下列要求：

ⓐ 构件存放时，最下层构件应垫实，预埋吊环宜向上，标识向外；

ⓑ 每层构件间的垫木或垫块应在同一条垂直线上；

ⓒ 楼板、阳台板构件存储宜平放，采用专用存放架或木垫块支撑，叠放存储不宜超过 6 层；

ⓓ 外墙板、楼梯宜采用托架立放，上部两点支撑。

b.构件脱模后，在吊装、存放、运输过程中应对产品进行保护，并符合下列要求：

ⓐ 木垫块表面应覆盖塑料薄膜，防止污染构件；

ⓑ 外墙门框、窗框和带外装饰材料的表面宜采用塑料贴膜或者其他防护措施；钢筋连接套管、预埋螺栓孔应采取封堵措施。

第六节　墙板结构安装操作

1.墙、板结构安装

施工流程如下。

（1）施工方法的选择

装配式墙板的安装方法主要有直接吊装法和储存吊装法两种。

① 直接吊装法的概述及特点。直接吊装法又称原车吊装法，将墙板由生产场地按墙板安装顺序配套运往施工场地，使用运输工具直接向建筑物上安装，如图 10-48 所示。

🔖 **知识拓展**

直接吊装法特点

① 可以减少构件的堆放，减少施工场地的占用。

② 运输过程中，所需的墙板运输车较多。

② 储存吊装法的概述及特点。构件从生产场地按型号、数量配套直接运往施工现场吊装机械工作半径范围内储存（图 10-49），然后进行安装；构件的储存数量一般为民用建筑储存 1～2 层所用的构配件。

图 10-48　直接吊装法安装墙板　　　　图 10-49　构件储存在吊装机械工作范围内

知识拓展

储存吊装法特点

① 使用此方法要有充分的时间做好准备工作，可以保证墙板安装连续进行。

② 使用此方法所占的施工场地较多，为了减少施工场地的占用可使用插放（或靠放）架摆放。

（2）吊装机械的选择

墙板结构安装所使用的机械主要有塔式起重机和履带式起重机，其主要特点见表 10-18。

表 10-18　吊装机械的特点

名称	图片	特点
塔式起重机		(1)起重高度和工作半径较小 (2)转移、安装和拆除较为烦琐 (3)驾驶室位置较高，司机视野宽阔
履带式起重机		(1)起吊高度受到一定限制 (2)起重机形式和转移较为方便

在选择吊装机械的过程中不但要考虑表 10-18 中的因素，还应注意以下两点。

① 吊装机械的起重量应不小于墙板的最大重量和其中索具重量之和。

② 吊装机械的工作半径应不小于吊装机械中心到最远墙板的位置，其中包括吊装机械

与建筑物之间的安全距离。若采用履带式起重机时，还要考虑臂杆与屋顶挑檐的最小安全距离。

（3）墙板结构安装注意事项

① 外墙板进场后，先复核墙板四边的尺寸和对角线，并弹出与柱子连接的位置线，将墙板上部与柱子连接的角钢焊好。

② 外墙板安装就位后，先用木楔调整墙板的安装标高，使墙板上端与柱子连接的位置线和柱子下端与墙板连接的位置线相互对准，并在墙板下端焊上角钢，用螺栓固定。在调整墙板安装标高的同时，用倒链（图 10-50）进行临时固定。

图 10-50　倒链

 知识拓展

使用倒链临时固定墙板施工技巧

倒链一端勾在外墙板的吊环上，另一端勾在楼板吊环上；用松紧倒链的方法来调整墙板的垂直度，使墙板里皮与柱子上的墙板里皮垂直线相吻合。

③ 每层框架和楼板安装后，根据控制轴线在柱子上弹出墙板里皮垂直位置线和水平控制线，并根据水平控制线画出柱子下端与墙板连接的位置线，将柱子下端连接角钢焊好。

④ 待墙板下端与柱子固定后，再焊接柱子上端与墙板连接的角钢和墙板上端的角钢，用螺栓固定。

（4）加气混凝土外墙板安装

施工流程如下。

① 施工方法的选择。加气混凝土外墙布置形式的分类如图 10-51 所示。

图 10-51　加气混凝土外墙布置形式的分类

a.横向为主布置形式。墙板沿开间方向水平布置，板材两端与柱连接。施工方法与竖向墙板类似，只是所用吊装工具不同，它可以单块吊装，也可以黏结拼装后吊装。

b.竖向为主布置形式。竖向为主的布置形式，即板材沿层高方向垂直布置，通过两板之间的板槽内灌浆插筋，与上下部位的楼板、梁连接。窗过梁一般均为横放，窗槛墙可以竖放，亦可横放。

施工时可采用两种形式吊装：一种是单块吊装；另一种是由两块或两块以上的板材黏结后吊装。竖墙板的施工，一般是留出门窗洞门，最后安装过梁和窗槛墙。

c.拼装大板。由于加气混凝土板窄、吊装次数多的缺点，现已发展将单板在工厂或现场拼装成比较大型的板材进行吊装。目前，多采用工地现场拼装的方法（组合拼装大板），如

图 10-52 所示。

图 10-52　现场拼装大板

　　组合拼装大板：将小块条板在拼装平台上用方木和螺栓组合锚固成大板，吊装就位后再灌缝。

　　② 施工工具的准备。加气混凝土外墙板施工中，经常要准备表 10-19 中所示的工具。

表 10-19　常用施工工具

名称	特性	图例
手工锯	分为分手锯和锋钢锯两种，用以局部切锯或异性构件切锯；锋钢锯专门用于锯板内钢筋	
电动台锯	能对最大厚度为 200mm 的板材进行纵横切锯。切锯 200mm 厚板材，一般用 10kW 电动机；采用 45 号钢盘周边粘金刚砂锯片	
钻孔工具	钻机可采用电动慢速钻或 13mm 手持电钻，也可采用木工手摇钻，钻头和钻杆根据不同构造要求而定，一般有三种：扩充钻、大孔钻和直孔钻	
空气压缩机	一般采用 5m³ 空气压缩机，用来清除板材表面粉末、缝隙孔内渣末	

续表

名称	特性	图例
撬棍	由于加气混凝土的强度较低,板材就位后,不能用一般撬棍调整挪动位置,此时宜采用专用撬棍	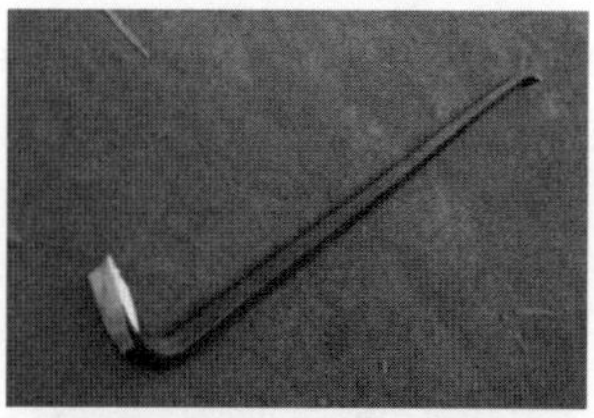 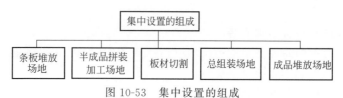
铺浆器	用于在板材侧面水平方向铺浆	 

③ 墙板安装操作。

a. 板材运输吊装切勿用钢丝绳兜吊装卸,如必须用时,应在钢丝绳上套上橡胶管,以免勒坏板材。切忌用铁丝捆扎和包装板材。

b. 外墙板如采用单块吊装方式,应尽可能将板材布置在建筑物周围;如果采用现场拼装大板形式,则在现场必须设置拼装场地,可根据现场大小采取集中或分散两种形式。

分散设置:将总组装场地分散安排在建筑物周围,这样既是拼装部位,又能代替成品堆放的插放架,其余场地可设置在施工场地以外。

集中设置的组成如图 10-53 所示。

```
            集中设置的组成
   ┌──────┬──────┬──────┬──────┬──────┐
条板堆放   半成品拼装   板材切割   总组装场地  成品堆放场地
  场地     加工场地
```

图 10-53 集中设置的组成

c. 竖向布置的墙板(图 10-54)两端应加工灌浆槽,灌浆槽的尺寸视所用灌缝砂浆而定。

图 10-54 竖向布置的墙板

知识拓展

槽缝如用普通砂浆灌缝，槽不宜小于 50mm×50mm；用黏结砂浆灌缝，槽不宜小于 35mm×35mm。

d. 加气混凝土条板切锯中应遵循以下两项原则。

ⓐ 应避免切锯在钢筋的纵断面上。

图 10-55　拼装大模板灌缝

ⓑ 高度 3m 以下时，施工方法采用单块墙板吊装，其墙板切锯的最小宽度不得少于 150mm，并应至少保留一对钢筋；如为拼装大板左右立柱，板材最小宽度不得小于 300mm，且至少保留两对钢筋。

e. 墙板吊装就位后，最好能与主体结构（如柱、梁或墙等）做临时固定。如因无法与主体结构临时固定时，可采用操作平台等方法固定墙板。

f. 板缝灌浆可采用灌浆斗。对垂直安装墙板的竖缝、拼装大板（图 10-55）以及水平安装墙板端头缝的灌浆必须饱满。

知识拓展

施工小常识

如采用水泥砂浆灌缝，事先必须对灌浆槽充分浇水湿润，以保证砂浆与板材有良好的黏结，随灌随用 φ10 钢筋捣实；如采用黏结砂浆灌缝，为避免板缝和板底跑浆，可先用石膏腻子内外勾缝后再灌浆。

2. 装配式大板住宅建筑结构安装

目前，装配式大板钢筋混凝土结构房屋已广泛用于 12 层以下的民用居住建筑，该类结构具有施工速度快、不受季节影响等优点。

（1）装配式大板住宅结构安装方法

① 主要用逐间封闭式吊装法。有通长走廊的单身宿舍，一般用单间封闭；单元式居住建筑，一般用双间封闭。

② 由于逐间闭合，随安装随焊接，施工期间结构整体性好，临时固定简便，焊接工作比较集中，被普遍采用。

③ 建筑物较长时，为了避免点焊线行程过长，一般由建筑物中部开始安装。建筑物较短时，也可由建筑物一端第二间开始安装。封闭的第一间为标准间，作为其他安装的依据。

（2）安装流程

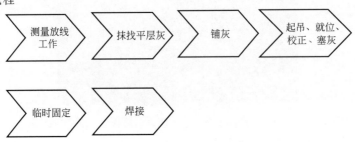

（3）施工操作细节详解

① 测量放线工作。

a. 根据规划资料或设计人员提供的相对关系桩引测的标准轴线和水准点，必须进行复测检验，无误后方准使用，并应做好妥善保护。

b. 板式建筑物（图 10-56）的放线，以两道外纵墙、两道山墙及单元分界墙的轴线为控制轴线，用经纬仪在地面上测出并钉立控制桩。以后每层放线均从控制轴线桩用经纬仪往上引测。

图 10-56 板式建筑物

 知识拓展

每楼层应在内墙板顶部下方 10cm 处设置控制楼层标高的水平线一道。

c. 塔式建筑物的放线，以纵横错动部位为单元体，引出单元体四边外框轴线为控制轴线，用经纬仪在地面上测出并钉立控制桩。以后每层放线均从控制轴线桩用经纬仪往上引测。

d. 每栋建筑物的控制轴线不得少于四条，即纵、横轴向各两条。当建筑物长度超过 50m 时，可增设附加横向控制线。

e. 楼面放线则根据引测至楼面的控制线用墨线放出分间轴线及墙板边线、门窗位置线、节点线等，并标注墙板型号。

f. 每栋建筑物应设置水准点 1～2 个。根据水准点在建筑物首层楼梯间墙面上确定控制水平线。各层水平标高，均由楼梯间控制水平线用钢尺向上引测。

② 找平层抹灰。

图 10-57 楼板吊装

a. 墙板吊装前抹找平层：墙板吊装前，在墙板两侧边线内两端铺两个灰饼（遇有门洞口要增设灰饼），以控制标高。灰饼的位置可与吊点位置相对应。灰饼长约 15cm，灰饼宽比墙板厚每边少 1cm，灰饼厚按抄平确定。灰饼用 1∶3 水泥砂浆，如厚度超过 3cm 时，应改为细石混凝土。灰饼表面要平整。墙板安装时，灰饼需有一定的强度。

b. 屋面板、楼板吊装（图 10-57）前抹找平层：每层墙板安好一半以上时，配合抄平放线工作进行楼板找平层施工。

 知识拓展

楼板吊装前应抹找平层：找平层用 1∶2.5 水泥砂浆，厚度超过 3cm 时改用细石混凝土。抹找平层可用靠尺，靠尺下端对准在墙板上弹出的水平线，上端对准楼板底标高，用砂浆抹平。

③ 铺灰。

a. 墙板安装前的铺灰与安装相隔不宜超过一间，铺灰时注意留出墙板两侧边线以便于墙板安装就位。楼板安装前的铺灰应随铺随安装。墙板铺灰用 1∶3 水泥砂浆,铺灰处事先应清除杂物、灰尘,并用水湿润。铺灰厚度大于 3cm 时,宜用细石混凝土。

b.楼板安装前要在找平层上坐浆。坐浆可用墙顶铺灰器,这种铺灰器不需要支搭脚手架,操作人员站在楼面上即可把灰浆均匀地铺在墙顶上。铺灰和坐浆必须严密饱满。

④ 起吊、就位、校正和塞灰。

a.楼板起吊(图 10-58)前应先检查墙板型号,整理预埋铁件,清除浮浆使其外露。缺棱掉角损坏严重的墙板,不得吊装。起吊前应进行试。

b.起吊应垂直、平稳,绳索与构件间的夹角不宜小于 60°,各吊点受力要均匀,如墙板构件存在偏重时,应采取适当措施。墙板在提升、转臂、运行过程中,应避免振动和冲击。

c.墙板就位(图 10-59)时,应对准墙板边线,尽量一次就位,以减少撬动。如果就位误差较大,应将墙板重新吊起调整。尤其是外墙板,在吊装就位校正时,不准用撬棍猛撬板底,防止将墙板的构造防水线角破坏。

图 10-58 楼板起吊

图 10-59 墙板就位

🔖 知识拓展

墙板就位后,用间距尺杆测量墙板顶部的开间距离,用靠尺测量墙板板面和立缝的垂直度,并检查相邻两块墙板接缝处是否平整。如有误差,则调整临时固定器或用撬棍进行少许调整。

d.校正外墙板立缝垂直度时,可采用在墙板底部垫铁楔的方法。两块一间的楼板的调平方法,可用楼板调平器调平时,将千斤顶和支柱分别支设在需要调平的楼板附近,用铁链吊钩勾住需调平部位的楼板吊环,调整千斤顶丝杆,使板面上平,调平后用薄铁垫板热平楼板底部,用水泥砂架将空隙塞严。

e.建筑物的四角须用经纬仪由底线校正,以控制建筑物的位置和山墙板的垂直度。吊装第一间标准间时,要严格控制轴线和外墙板垂直度,以保证以后安装的准确性。

f.墙板、楼板固定后,随即用 1∶2.5 水泥砂浆进行墙板下部和楼板底部的塞灰工作,塞缝应凹进 5mm 以利装修。待砂浆干硬后,退出校正用的铁楔子或铁板以备再用。用预应力钢筋吊具的墙板,临时固定后,应缓慢放松预应力,抽出预应力钢筋吊具。

⑤ 临时固定。墙板临时固定有操作平台法(图 10-60)和工具式斜撑法(图 10-61)两种,一般多采用操作平台法。操作平台法不但适用于标准间,而且也适用于其他房间。楼梯间及不宜放置操作平台的房间,配以水平拉杆和转角固定器做临时固定。

图 10-60　墙板采用操作平台法临时固定

图 10-61　墙板采用工具式斜撑法固定

 知识拓展

操作平台

每条吊装线按规格最多的大、小房间尺寸各配备一台。在操作平台两侧的立柱上附设两根测距杆，平时将测距杆附在立柱上，当操作平台安放就位时，将测距杆放平对准墙板边线，即可一次安放就位。在操作平台上部栏杆上附设墙板固定器，当墙板就位后，用墙板固定器固定墙板位置，并用中间的手轮丝杠调整墙板的垂直度。

拉杆

水平拉杆有钢、木两种。木制水平拉杆中间为方木，两端为钢卡头，长度按开间尺寸确定。墙板就位后，用卡头卡住墙板，并在墙板两侧卡头空当内用木楔楔紧，通过松紧木楔来调整墙板的垂直度；钢制水平拉杆中间为钢管，两端有钢卡头，其中一端配有内套丝杠，可以自由伸缩，随间距大小而任意调整。

⑥ 焊接。

a.墙板、楼板等构件经临时固定和校正后，随即进行焊接。焊接后方可拆除临时间定装置。

b.构件安装就位后，对各节点及板缝中预留的钢筋、锚环均须再次核对、剔找、调直、除锈。如遇构件伸出钢筋长度不符合设计搭接要求时，必须增加连接钢筋，以保证焊接长度。

（4）安装注意事项

① 吊具和索具应定期检查。非定型的吊具和索具均应验算，符合有关规定后才能使用。

② 构件起吊前应进行试吊，吊离地面 30cm，应停车缓慢行驶，检查刹车灵敏度及吊具的可靠性。

③ 吊装机械的起重臂和吊运的构件，与高低压架空输电线路之间应保持一定的安全距离，可按国家有关规定执行。

④ 当两台吊装机械同时操作时，应注意两机之间保持一定的安全距离，即吊钩所悬构件之间不得小于 5m。

⑤ 吊装机械在工作中，严禁重载调幅。起吊楼板时，不准在楼板面放小车。吊移操作平台时，上面严禁站人。

⑥ 墙板构件就位时，不得挤压电焊的电线，防止触电。

⑦ 墙板固定后，不准随便撬动。如需再校正时，必须回钩。墙板临时固定器须待焊接完成才能撤除。

⑧ 电焊机棚的电缆，应系于安全网里侧，电焊人员要逐层将其固定好。要经常检查焊把线，要有专人拉线及清理棚内外易燃物。

（5）施工总结

墙板吊装如出现偏差时，可在偏差允许范围内，按下列原则进行调整。

① 内墙板的轴线、垂直偏差和接缝平整发生矛盾时，应先以轴线为主进行调整。

② 外墙板不方正时，应以竖缝为主进行调整；内墙板不方正时，应以满足门口垂直为主进行调整。外墙板接缝不平时，应先满足外墙面平整为主；外墙板缝上下宽度不一致时，可均匀调整。

③ 相邻两块墙板错缝时，若在楼梯间与厨房、厕所间之间，应先保证楼梯间墙板平整；若在起居室与厨房、厕所间之间，应保证起居室墙面平整；若在两起居室之间，应均匀调整。

④ 内墙板吊装偏差在允许范围内连续倒向一边时，不允许超过两间，第二间必须向相反方向调整，以免误差积累。

⑤ 山墙角与相邻板立缝的偏差，以保证角的垂直为准。

3. 板缝施工

（1）板缝防水及保温施工

① 板缝防水处理。

a. 防水材料的选择。对嵌缝防水材料的要求是密实不渗水，高温不流淌，低温不脆裂，与混凝土、砂浆有良好的黏结性能，防腐蚀，抗老化，可以冷施工。目前常用的嵌缝防水材料有：建筑油膏、胶油；沥青油膏；聚氯乙烯胶泥等。

b. 板缝防水的常用形式。

ⓐ 内浇外挂的预制外墙板主要采用外侧排水空腔及打胶，内侧依赖现浇部分混凝土自防水的接缝防水形式。

特点：这种外墙板接缝防水是目前运用最多的一种形式，它的好处是施工比较简易，速度快，缺点是防水质量难以控制，空腔堵塞情况时有发生，一旦内侧混凝土发生开裂，直接导致墙板防水失败。

ⓑ 外挂式预制外墙板采用封闭式线防水形式。

特点：这种墙板防水形式主要有三道防水措施，最外侧采用高弹力的耐候防水硅胶，中间部分为物理空腔形成的减压空间，内侧使用预嵌在混凝土中的防水橡胶条上下互相压紧来起到防水效果，在墙面之间的十字接头处，在橡胶止水带之外再增加一道聚氨酯防水，其主要作用是利用聚氨酯良好的弹性封堵橡胶止水带相互错动可能产生的细微缝隙，对于防水要求特别高的房间或建筑，可以在橡胶止水带内侧全面施工聚氨酯防水，以增强防水的可靠性。每隔三层左右的距离在外墙防水硅胶上设一处排水管，可有效地将渗入减压空间的雨水引导到室外。

ⓒ 外挂式预制外墙板还有一种接缝防水形式称为开放式线防水。

特点：这种防水形式与封闭式线防水在内侧的两道防水措施即企口型的减压空间以及内侧的压密式的防水橡胶条是基本相同的，但是在墙板外侧的防水措施上，开放式线防水不采用打胶的形式，而是采用一端预埋在墙板内，另一端伸出墙板外的幕帘状橡胶条上下相互搭接来起到防水作用，同时外侧的橡胶条间隔一定距离设置不锈钢导气槽，同时起到平衡内外气压和排水的作用。

c.板缝防水施工要点。

ⓐ 墙板施工前做好产品的质量检查。预制墙板的加工精度和混凝土养护质量直接影响墙板的安装精度及防水情况，墙板安装前必须认真复核墙板的几何尺寸和平整度情况，检查墙板表面以及预埋窗框周围的混凝土是否密实，是否存在贯通裂缝，混凝土质量不合格的墙板严禁使用。

ⓑ 墙板施工时严格控制安装精度，墙板吊装前认真做好测量放线工作。不仅要放基准线，还要把墙板的位置线都放出来，以便于吊装时墙板定位。墙板精度调整一般分为粗调和精调两步，粗调是按控制线为标准使墙板就位脱钩，精调要求将墙板轴线位置和垂直度偏差调整到规范允许偏差范围内，实际施工时一般要求不超过 5mm。

ⓒ 墙板接缝防水施工时严格按工艺流程操作，做好每道工序的质量检查。墙板接缝外侧打胶要严格按照设计流程进行，基底层和预留空腔内必须使用高压空气清理干净。打胶前背衬深度要认真检查，打胶厚度必须符合设计要求，打胶部位的墙板要用底涂处理增强胶与混凝土墙板之间的黏结力，打胶中断时要留好施工缝，施工缝内高外低，互相搭接不能少于 5cm。

墙板内侧的连接铁件和十字接缝部位使用打聚氨酯密封处理，由于铁件部位没有橡胶止水条，施工聚氨酯前要认真做好铁件的除锈和防锈工作，聚氨酯要施打严密，不留任何缝隙。施工完毕后要进行泼水试验，确保无渗漏后才能密封盖板。

② 板缝保温处理。在寒冷地区，板缝要增加保温处理，以避免因冷桥作用产生结露现象，影响使用效果。处理方法可在接缝处附加一定厚度的轻质保温材料（如泡沫聚苯乙烯等），如图 10-62 所示。

图 10-62 板缝保温处理施工

（2）装配式大板混凝土建筑板缝施工工艺流程如下。

① 选用板缝混凝土浇筑模板。板缝混凝土浇筑的模板一般有钢模和木模两种形式，具体内容如下。

图 10-63 工具式钢模

a.工具式钢模，如图 10-63 所示。

b.工具式木模。木模板应刨光，支模前应将板缝内部和立缝下八字角处清理干净。木模支模应和结构吊装相隔两间以上的距离，以免电焊火花飞溅伤人。模板应伸入板缝 1cm。

拆模时间视气温情况而定。拆模时不允许混凝土有塌落现象，不得损坏构件。拆模后，应立即将漏出的混凝土铲除，保持墙面和楼地面的整洁。拆下的模板、铁件、木楔等要集中存放并清理干净，以备再用。

② 板缝混凝土浇筑。

图 10-64　板缝连续浇筑

a.灌筑板缝混凝土前，应将模板的漏洞、缝隙堵塞严密，并用水冲洗模板和将板缝充分浇水湿润。

b.板缝细石混凝土应按设计要求的强度等级进行试配选用。竖缝混凝土坍落度为 8～12cm；水平缝混凝土坍落度为 2～4cm。

c.每条板缝混凝土（图 10-64）都应连续浇筑，不得有施工缝，为使混凝土捣固密实，可在灌筑前在板缝内插放一根 $\phi30$ 左右的竹竿，随灌筑、随振捣、随提拔，并设专人敲击模板助捣。

🔖 知识拓展

上下层墙板接缝处的销键与楼板接缝处的销键所构成的空间立体十字抗剪销键块，必须一次浇筑完成。

d.灌筑板缝混凝土时，不允许污染墙面，特别是外墙板的外饰面。发现漏浆要及时用清水冲净。混凝土灌筑完毕后，应由专人立即将楼层的积灰清理干净，以免黏结在楼地面上。板缝内插入的保温和防水材料，灌筑混凝土时不得使之移位或破坏。

e.每一楼层的竖缝、水平缝混凝土施工时，应分别各做三组试块。其中，一组检测标准养护 28d 的抗压极限强度；一组检测标准养护 60d 的抗压极限强度；一组检测与施工现场同条件养护 28d 的抗压极限强度。评定混凝土强度质量标准以 28d 标准养护的抗压极限强度为准，其他两组供参考核对用。

f.常温施工时，板缝混凝土浇筑后应进行浇水养护。

③ 板缝保温和防水处理施工总结。

a.板缝的防水构造（竖缝防水槽、水平缝防水台阶）必须完整，形状尺寸必须符合设计要求。如有损坏，应在墙板吊装前用 108 胶水泥砂浆修补完好。

b.板缝采取保温隔热处理时，事先将泡沫聚苯乙烯按照设计要求进行裁制。裁制长度比层高长 50mm，然后用热沥青将泡沫聚苯乙烯粘贴在油毡条上（油毡条裁制宽度比泡沫聚苯乙烯略宽一些，长度比楼层高度长 100mm），以备使用。

c.外墙板的立槽和空腔侧壁必须平整光洁，缺棱掉角处应予以修补。立槽和空腔侧壁表面在墙板安装前，应涂刷稀释防水胶油（胶油：汽油＝7：3）等憎水材料一道。

4.隔墙板安装施工

隔墙板可作为各类建筑的非承重隔墙，如框架结构等，在装配式大板建筑中也采用。目前常用的轻质板材有加气混凝土条板和石膏板隔墙两种。

（1）加气混凝土隔墙板安装

① 工艺流程如下。

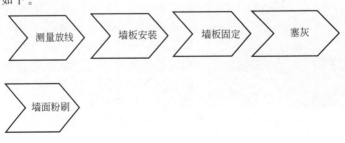

测量放线 → 墙板安装 → 墙板固定 → 塞灰 → 墙面粉刷

② 施工操作要点。

a. 运输和堆放：由于加气混凝土隔墙板（图 10-65）的厚度较薄（一般为 90~100mm，最小为 75mm），一般均成捆包装运输，严禁用铁丝捆扎和用钢丝绳兜吊。现场堆放应侧立，不得平放。一般做法是：20 块板侧立于载重汽车内，板下垫 10 号槽钢（带吊钩），上角垫角钢并用柔软的尼龙绳绑扎牢固。

运往现场后，由吊装机械卸下存放，墙板安装时运往楼层，逐层堆放。

b. 按设计要求，先在楼板底部、楼面和楼地面上弹好墙板位置线。

c. 架立靠放墙板的临时木方。临时木方应有上方和下方，中间用立柱支撑，上方可直接压线顶在上部结构底面，下方可离地面约 100mm，中间每隔 1.5m 左右立支撑木方，下方与支撑木方之间用木楔楔紧，然后即可安装隔墙板（图 10-66）。

图 10-65　加气混凝土隔墙板

图 10-66　隔墙板临时堆放

d. 目前较为普遍的做法是板的上端抹黏结砂浆，与梁或楼板的底部黏结，下部用木楔顶紧，最后在下部木楔空间填入细石混凝土，其安装步骤如下。

ⓐ 先将板侧和板顶清扫干净，涂抹一层胶黏剂，厚约 3mm，然后将板立于预定位置，用撬棍将板撬起，使板顶与楼板底面粘紧，板的一侧与墙面或另一块已安好的板粘紧，并在板下用木楔楔紧，撤出撬棍，板即固定。

ⓑ 隔墙板固定后，在板下堵塞 1：2 水泥砂浆，待砂浆凝固后，撤出木楔，再用 1：2 水泥砂浆（或细石混凝土）堵严木楔孔。

e. 有门窗洞口的隔墙板（一般用后塞口），在安装隔墙板时，留出口的位置，每边比槛框多留出 5mm。

当门口两侧隔墙板安装固定后，将门框两侧涂抹胶黏剂，立口后用铁钉钉牢，也可用塑料胀管及木螺钉间定。

③ 常用数据。加气混凝土隔墙板安装的常用数据见表 10-20。

表 10-20　加气混凝土隔墙安装的常用数据

项次	项目	允许偏差/mm	备注
1	墙面垂直	4	用 2m 靠尺检查
2	表面平整	4	
3	门、窗框余量(10mm)	±5	

（2）石膏空心条板隔墙安装施工

① 板材的选择。石膏空心条板隔墙，是指以石膏空心条板单板做的一般隔墙或以双层空心条板中设空气层或设矿棉等组成的防火、隔声墙。

a. 石膏空心条板。石膏空心条板（图 10-67）是以天然石膏或化学石膏为主要原料，也可掺加适量粉煤灰和水泥，加入少量增强纤维（也可加适量膨胀珍珠岩），经料浆拌和、浇注成型、抽芯、干燥等工艺制成的轻质板材，具有重量轻、强度高、隔热、隔声、防火等性能，可锯、刨、钻加工，施工简便。

图 10-67　石膏空心条板

石膏空心条板按原材料分，有石膏珍珠岩空心条板、石膏粉煤灰硅酸盐空心条板、磷石膏空心条板和石膏空心条板；按性能分，有普通石膏空心条板和防潮空心条板。

b. 黏结材料。石膏空心条板安装拼装的黏结材料，主要为 108 胶水水泥砂浆，其配合比为 108 胶水：水泥：砂＝1：1：3 或 1：2：4。

c. 石膏腻子。用于板缝处理材料，也可采用石膏：珍珠岩＝1：1 配制而成。

② 运输和堆放。

a. 石膏空心条板的场内外运输，宜垂直码放装车，板下距板两端 500～700mm 处应加垫木方，雨季运输应盖苫布。

b. 石膏空心条板的堆放，应选择地势较高且平坦的场地，板下用方木架起垫平，侧立堆放，上盖苫布。

③ 安装操作要点。

a. 墙面安装（图 10-68）时，应按墙位线先从门口通天框旁开始进行。通天框应在墙板安装前先立好固定。

b. 墙板的安装，最好使用定位木架。安装前在板的顶面和侧面刷涂 108 胶水泥砂浆，先推紧侧面，再顶牢顶面，具体方法可参见加气混凝土隔墙施工。

c. 在顶面顶牢后，立即在板下两侧各 1/3 处楔紧两组木楔，并用靠尺检查。随后在板下填塞干硬性混凝土。

图 10-68　墙面安装

d. 板缝挤出的黏结材料应及时刮净。板缝的处理，可在接缝处先刷水湿润，然后用石膏腻子抹平整。

e. 踢脚线施工前，先用稀释的 108 胶刷一层，再用 108 胶水泥浆刷至踢脚线部位，待初凝后用水泥砂浆抹实抹光。

5. 施工常见问题及解决方法

（1）构件运输（吊装）车辆安全问题

解决方法如下。

① 车辆进入现场后，必须停在平坦场地，车辆熄火后，必须及时进行前后轮固定，防止溜车。

② 注意构件吊装顺序，防止由于构件吊装顺序不当，倒车时车辆倾覆。

（2）吊具系统、绳索问题

解决方法如下。

① 每天早上必须检查吊具系统、钢丝绳的磨损、断丝情况。

② 自制的吊具系统必须经过加载试验或对预制构件进行试吊装，试吊装的重量不能低于构件重量的 2 倍。

（3）墙板构件安装误差过大、水平构件支撑标高不统一

解决方法如下。

① 调整支撑系统的标高，但是误差最大不超过 10mm。

② 在下一层水平拼缝 20mm 处处理，水平拼缝一般为 10～15mm，此时应保证水平灌浆部位的灌浆质量。

（4）灌浆孔在灌浆过程中不出浆

解决方法如下。

① 加强事前检查，对每一个套筒进行通透性检查，避免此类事件发生。

② 若前几个套筒不出浆，应立即停止灌浆，墙板重新起吊到存放场地，立即进行冲洗处理，检查原因并返厂修理。

③ 若最后 1～2 个套筒不出浆，可持续灌浆，灌浆完成后对局部 1～2 根钢筋位置进行焊接或其他方式处理。

（5）预制构件破损变形

解决方法如下。

① 在预制构件制作前，依据构件种类预制剪力墙、预制梁、预制叠合板，要求预制构件工厂按照相应种类构件提前备份。由于预制叠合板数量多、易破碎变形，这里以预制叠合板为例，每层进场的预制叠合板（配筋和尺寸完全相同）构件数量超过 10 块的，必须提供 1 块备份，以免发生破损变形，无法安装而影响施工。

② 预制剪力墙、预制梁构件的备份数量依据具体项目而定。

（6）预制剪力墙吊装完毕套筒钢筋误差过大

解决方法如下。

① 当预制剪力墙吊装完毕，发现竖向套筒连接钢筋过长（大于 5mm），无法安装下层预制剪力墙时，可以使用无齿锯进行切割。

② 当预制剪力墙吊装完毕，发现竖向套筒连接钢筋过短（小于 5mm），无法满足规范要求时，可以进行焊接或植筋，具体方案视情况而定。

③ 个别钢筋偏位过大，无法插入套筒，可采用深钻孔对钢筋纠偏，若偏位无法纠偏时，对局部钢筋进行切割，重新校正位置进行植筋。

第十一章

装饰装修施工

第一节　抹灰施工

抹灰施工（图 11-1）工艺适用于工业和民用建筑物的室内墙面抹灰。

图 11-1　抹灰施工

1. 基层处理

基层处理的方法见表 11-1。

表 11-1　基层处理的方法

基体类型	施工方法
砖砌体	应清除表面杂物残留灰浆、舌头灰、尘土等
混凝土基体	表面凿毛或在表面洒水润湿后涂刷 1∶1 水泥砂浆（加适量胶黏剂或界面剂）
加气混凝土基体	应在湿润后,边涂刷界面剂边抹强度不大于 M5 的水泥混合砂浆

知识拓展

基层处理的加强措施：当抹灰总厚度大于或等于 35mm 时，应采取加强措施。

细部处理：室内墙面、柱面和门洞口的阳角做法，设计无要求时，应采用 1∶2 水泥砂浆做暗护角，其高度不应低于 2m，每侧宽度不应小于 50mm。

2. 浇水湿润

一般在抹灰前一天，用软管或橡胶管或喷壶顺墙自上而下浇水湿润，每天宜浇两次。

3. 吊垂直、套方、找规矩、做灰饼

① 根据设计图纸要求的抹灰质量及基层表面平整垂直情况，用一面墙做基准，吊垂

直、套方、找规矩，确定抹灰厚度，抹灰厚度不应小于 7mm。当墙面凹度较大时应分层衬平。

② 每层厚度不大于 7～9mm。操作时应先抹上灰饼，再抹下灰饼。抹灰饼时应根据室内抹灰要求确定灰饼的正确位置，再用靠尺板找好垂直与平整。灰饼宜用 1：3 水泥砂浆抹成 5cm 见方形状。

③ 房间面积较大时应先在地上弹出十字中心线，然后按基层面平整度弹出墙角线，随后在距墙阴角 100mm 处吊垂线并弹出铅垂线，再按地上弹出的墙角线往墙上翻引弹出阴角两面墙上的墙面抹灰层厚度控制线，以此做灰饼，然后根据灰饼充筋。

 知识拓展

抹灰构造

通常抹灰构造各层厚度宜为 5～7mm，抹石灰砂浆和水泥混合砂浆时宜为 7～9mm。当设计无要求时，抹灰层的平均总厚度：内墙，普通 20mm，高级 25mm；外墙 20mm；石墙 35mm。

4. 抹水泥踢脚（或墙裙）

根据已抹好的灰饼冲筋（此筋可以冲得宽一些，8～10cm 为宜，因此筋即为抹踢脚或墙裙的依据，同时也作为墙面抹灰的依据），底层抹 1：3 水泥砂浆，抹好后用大杠刮平，木抹搓毛，常温第二天用 1：2.5 水泥砂浆抹面层并压光，抹踢脚或墙裙厚度应符合设计要求，无设计要求时凸出墙面 5～7mm 为宜。

5. 做护角

护角施工的方法如下。

① 墙、柱间的阳角应在墙、柱面抹灰前用 1：2 水泥砂浆做护角，其高度自地面以上 2m。然后将墙、柱的阳角处浇水湿润。

② 第一步在阳角正面立上八字靠尺，靠尺凸出阳角侧面，凸出厚度与成活抹灰面相平。然后在阳角侧面，依靠尺边抹水泥砂浆，边用铁抹子将其抹平，按护角宽度（不小于 5cm）将多余的水泥砂浆铲除。

③ 第二步待水泥砂浆稍干后，将八字靠尺移至抹好的护角面上（八字坡向外）。在阳角的正面，依靠尺边抹水泥砂浆，边用铁抹子将其抹平，按护角宽度将多余的水泥砂浆铲除。

④ 抹完后去掉八字靠尺，用素水泥浆涂刷护角尖角处，并用捋角器自上而下捋一遍，使其形成钝角。

6. 抹水泥窗台

先将窗台基层清理干净，松动的砖要重新补砌好。砖缝划深，用水润透，然后用 1：2：3 豆石混凝土铺实，厚度宜大于 2.5cm，次日刷胶黏性素水泥一遍，随后抹 1：2.5 水泥砂浆面层，待表面达到初凝后，浇水养护 2～3d，窗台板下口抹灰要平直，没有毛刺。

7. 墙面充筋

用与抹灰层相同砂浆充筋，冲筋根数应根据房间的宽度和高度确定，一般标筋宽度为 5cm。两筋间距不大于 1.5m。当墙面高度小于 3.5m 时宜做立筋，大于 3.5m 时宜做横筋，做横向冲筋时做灰饼的间距不宜大于 2m。

8. 抹底灰

抹底灰施工的步骤及方法如下。

① 一般情况下冲筋完成 2h 左右开始抹底灰为宜，抹前应先抹一层薄灰，要求将基体抹严，抹时用力压实，使砂浆挤入细小缝隙内，接着分层抹灰，抹灰厚度与充筋平，用木杠刮找平整，用木抹子搓毛。

② 全面检查底子灰是否平整，阴阳角是否方直、整洁，管道后与阴角交接处、墙顶板交接处是否光滑平整、顺直，并用托线板检查墙面垂直与平整情况。

③ 散热器后边的墙面抹灰，应在散热器安装前进行，抹灰面接槎应平顺，地面踢脚板或墙裙，管道背后应及时清理干净，做到活完底清。

9. 修抹预留孔洞、配电箱、槽、盒

当底灰抹平后，要随即由专人把预留孔洞、配电箱、槽、盒周边 5cm 宽的石灰砂刮掉，并清除干净，用大毛刷蘸水沿周边刷水湿润，然后用 1:1:4 水泥混合砂浆，把洞口、箱、槽、盒周边压抹平整、光滑。

10. 抹罩面灰

应在底灰六七成干时开始抹罩面灰（抹时如底灰过干应浇水湿润），罩面灰两遍成活，厚度约为 2mm，操作时最好两人同时配合进行，一人先刮一遍薄灰，另一人随即抹平。依先上后下的顺序进行，然后赶实压光，压时要掌握火候，既不要出现水纹，也不可压活，压好后随即用毛刷蘸水将罩面灰污染处清理干净。施工时整面墙不宜甩破活，如遇有预留施工洞时，可甩下整面墙待为宜。

11. 抹灰施工常见质量问题及解决方法

抹灰施工时常会在抹灰后出现泥点、孔洞的现象，如图 11-2 所示。

原因：现场施工人员责任心不到位，抹灰原材料质量未控制好，导致抹灰质量出现问题。出现这种问题，最有效的处理办法就是铲除后，重新施工，其他一些做法都是治标不治本，对于后期墙面施工还是会形成质量隐患。

图 11-2　现抹灰后出现泥点、孔洞

解决方法：对于抹灰用的材料质量检验应按照以下标准进行。

① 水泥：使用前或出厂日期超过三个月必须复验，合格后方可使用。不同品种、不同强度等级的水泥不得混合使用。

② 砂：要求颗粒坚硬，不含有机、有害物质，含泥量不大于 3%。

③ 石灰膏：使用时不得含有未熟化颗粒及其他杂质，质地洁白、细腻。

④ 纸筋：要求品质洁净，细腻。

⑤ 麻刀：要求纤维柔韧干燥，不含杂质。

第二节　饰面砖施工

饰面砖施工（图 11-3）适用于工业与民用建筑的外墙饰面贴面砖工程和内墙面砖工程的粘贴施工。

① 基层为混凝土墙面时饰面施工的操作方法见表 11-2。

图 11-3 饰面砖施工

表 11-2 基层为混凝土墙面时饰面施工的操作方法

施工要点	施工方法
基层处理	首先将凸出墙面的混凝土剔平,对大钢模施工的混凝土墙面应凿毛,并用钢丝刷满刷一遍,再浇水湿润
吊垂直、套方、找规矩、贴灰饼	外墙面砖粘贴时,若建筑物为高层,应在四大角和门窗口边用经纬仪打垂直线找直;如果建筑物为多层时,可从顶层开始用特制的大线坠绷铁丝吊垂直,然后根据面砖的规格尺寸分层设点、做灰饼。横线以楼层为水平基准线交圈控制,竖向线则以四周大角和通天柱或垛子为基准线控制,应全部是整砖
抹底层砂浆	先刷一道掺水重 10% 的胶水泥素浆,紧跟着分层分遍抹底层砂浆(采用配合比为 1∶3 水泥砂浆),第一遍厚度宜为 5mm,抹后用木抹子搓平,隔天浇水养护;待第一遍六至七成干时,即可抹第二遍,厚度为 8～12mm,随即用木杠刮平、木抹子搓毛,隔天浇水养护。若需要抹第三遍时,其操作方法同第二遍,直至把底层砂浆抹平为止
弹线分格	待基层灰六至七成干时,即可按图纸要求进行分段分格弹线,同时亦可进行面层贴标准点的工作,以控制面层出墙尺寸及垂直、平整
排砖	根据大样图及墙面尺寸进行横竖向排砖,以保证面砖缝隙均匀,符合设计图纸要求。注意大墙面、通天柱子和垛子要排整砖,以及在同一墙面上的横竖排列均不得有一行以上的非整砖。非整砖行应排在次要部位,如窗间墙或阴角处等,亦要注意一致和对称
浸砖	釉面砖和外墙面砖镶贴前,首先要将面砖清扫干净,放入净水中浸泡 2h 以上,取出待表面晾干或擦干净后方可使用
外墙镶贴	外墙镶贴应自上而下进行。高层建筑采取措施后,可分段进行。在每一分段或分块内的面砖均为自下而上镶贴。从最下一层砖下皮的位置线先稳好靠尺,以此托住第一皮面砖。在面砖外皮上口拉水平通线,作为镶贴的标准
室内面砖粘贴	室内面砖粘贴宜从房间阳角开始,并由上而下进行。按地面水平线上嵌上一根八字尺或直靠尺,用水平尺校正,作为第一行面砖水平方向的依据。粘贴时,墙面砖的下口坐在八字尺或靠尺上,这样可防止面砖因自重而向下滑移,以确保其横平竖直
面砖勾缝与擦缝	面砖铺贴拉缝时,用 1∶1 水泥砂浆勾缝,先勾水平缝再勾竖缝,勾好后要求凹进面砖外表面 2～3mm。若横竖缝为干挤缝,或小于 3mm 者,应用白水泥配颜料进行擦缝处理。面砖缝勾完后,用布或棉丝蘸稀盐酸擦洗干净

🔖 知识拓展

外墙镶贴做法

在面砖背面宜采用 1∶2 水泥砂浆镶贴,砂浆厚度为 6～10mm,贴上后用灰铲柄轻轻敲打,使之附线,再用钢片开刀调整竖缝,并用小杠通过标准点调整平面和垂直度。

另外一种做法是,用 1∶1 水泥砂浆加水重 20% 的胶,在砖背面抹 3～4mm 厚粘贴即可。但此种做法其基层灰必须抹得平整,而且砂子必须用窗纱筛后使用。

另外也可用胶粉来粘贴面砖，其厚度为2～3mm，用此种做法其基层灰必须更平整。

② 基层为砖墙面时的操作方法。

a. 抹灰前，墙面必须清扫干净，浇水湿润。

b. 大墙面和四角、门窗口边弹线找规矩，必须由顶层到底一次进行，弹出垂直线，并决定面砖出墙尺寸，分层设点、做灰饼。横线则以楼层为水平基线交圈控制，竖向线则以四周大角和通天垛、柱子为基准线控制。每层打底时则以此灰饼作为基准点进行冲筋，使其底层灰做到横平竖直。同时要注意找好突出檐口、腰线、窗台、雨篷等饰面的流水坡度。

c. 抹底层砂浆：先把墙面浇水湿润，然后用1∶3水泥砂浆刮一道，约6mm厚，紧跟着用同强度等级的灰与所冲的筋抹平，随即用木杠刮平，木抹搓毛，隔天浇水养护。

第三节 大理石与花岗岩的施工

大理石和花岗岩施工必须严格遵守操作工艺，要求基层必须清理干净，找平层砂浆用干硬性的，随铺随刷一层素水泥浆，大理石（或花岗石）板块在铺砌之前必须浸水湿润。干挂施工如图11-4所示。

图 11-4 干挂施工

① 大理石或花岗岩施工工艺见表11-3。

表 11-3 大理石或花岗岩施工工艺

施工步骤	施工方法
石材准备	用比色法对石材的颜色进行挑选分类,安装在同一面的石材颜色应一致,按设计图纸及分块顺序将石材编号
基层准备	清理预做饰面石材的结构表面,同时进行结构套方、规矩,弹出垂直线和水平线,并根据设计图纸和实际需要弹出安装石材的位置线和分块线
挂线	根据设计图纸要求,石材安装前要事先用经纬仪打出大角两个面的竖向控制线,最好弹在离大角20cm的位置上,以便随时检查垂直挂线的准确性,保证顺利安装,并在控制线的上下做出标记
支底层饰面板托架	把预先安排好的支托按上平线支在将要安装的底层石板上面。支托要支承牢固,相互之间要连接好;也可和架子接在一起,支架安好后,顺支托方向钉铺通长的50mm厚木板,木板上口要在同一个水平面上,以保证石材上下面处在同一水平面上

续表

施工步骤	施工方法
上连接铁件	用设计规定的不锈钢螺栓固定角钢和平钢板。调整平钢板的位置,使平钢板的小孔正好与石板的插入孔对上,固定平钢板,用扳子拧紧
底层石板安装	把侧面的连接铁件安好,便可把底层面板靠角上的一块就位
调整固定	面板暂固定后,调整水平度,如板面上口不平,可在板底的一端下口的连接平钢板上垫一个相应的双股铜丝垫。调整垂直度,并调整面板上口的不锈钢连接件的距墙空隙,直至面板垂直
顶部面板安装	顶部最后一层面板除了按一般石板安装要求外,安装调整好,在结构与石板的缝隙里吊一根通长的20mm厚木条,木条上平为石板上口下去250mm,吊点可设在连接铁件上。可用铝丝吊木条,木条吊好后,即在石板与墙面之间的空隙里放填充物,且填塞严实,防止灌浆时漏浆
清理大理石、花岗石表面	把大理石、花岗石表面的防污条掀掉,用棉丝把石板擦净

 知识拓展

底层石板安装

　　为防止底层板被碰撞破坏或移位,在最底层板与基层的空隙之间可灌300mm高的砂浆或细石混凝土。

　　② 外饰石板面层颜色不一,主要是石材质量较差,施工时没有进行试拼和认真的挑选。

　　③ 线条不直,缝格不匀、不直,主要是施工前没有认真按图纸尺寸核对结构施工的实际尺寸,以及分段分块,弹线不细,拉线不直和吊线校正不勤等原因造成的。

第四节　油漆涂饰施工

　　① 油漆涂饰施工（图 11-5）的作业条件：施工温度保持均衡,不得突然有较大的变化,且通风良好、湿作业已完并具备一定的强度,环境比较干燥。一般油漆工程施工时的环境温度不宜低于10℃,相对湿度不宜大于60％。木基层表面含水率一般不大于12％。

 知识拓展

图 11-5　油漆涂饰施工

涂料

　　涂料是属于包括油漆在内的有机化工高分子材料,所形成的涂膜属于高分子化合物类型。其起到保护和美观的作用,现在涂料广泛用于家装中。

　　② 油漆涂饰施工见表11-4。

表 11-4　油漆涂饰施工

施工步骤	施工方法
处理基层	用刮刀或玻璃片将表面的灰尘、胶迹、锈斑刮干净,注意不要刮出毛刺
封底漆	面板、线条等饰面材料在刷油漆前刷一道清漆,要求涂刷均匀,不能漏刷

续表

施工步骤	施工方法
磨砂纸	将打磨层磨光,顺木纹打磨,先磨线后磨四口平面
润油粉	用棉丝蘸油粉在木材表面反复擦涂,将油粉擦进棕眼,然后用麻布或木丝擦净,线角上的余粉用竹片剔除。待油粉干透后,用1号砂纸顺木纹轻打磨,打到光滑为止
基层着色、修补	饰面基层着色依据样板规定的涂料颜色确定,并采用清油、光油等配制而成,油分调得不可太稀,以调成粥状为宜。用20~40cm长的麻头来回揉擦,包括边、角等都要擦净
满批色腻子	颜色要浅于样板一两成,腻子油性大小适宜。用开刀将腻子刮入钉孔、裂缝等内,刮腻子时要横抹竖起,腻子要刮光,不留散腻子。待腻子干透后,用1号砂纸轻轻顺纹打磨,磨至光滑,用潮布擦粉灰
打磨	饰面基层上色和刮完腻子找平后采用水砂纸打磨平整,磨后用布清理干净。再用同样的色腻子满刮第二遍,要求和刮头一遍腻子相同。刮后用同样的色腻子将钉眼与缺棱掉角处补刮腻子,要求刮得饱满平整。干后磨砂纸,打磨平整。做到木纹清晰,不得磨破棱角,磨光后清扫,并用湿布擦净,晾干
刷油色	涂刷动作要快,顺木纹涂刷;收刷、理油时都要轻快,不可留下接头刷痕;每个刷面要一次刷好,不可留有接头;涂刷后要求颜色一致、不盖木纹,涂刷程序同刷油漆一样
刷第一道清漆	刷法与刷油色相同,并应使用已磨出口的旧刷子。待漆干透后,用1号旧砂纸彻底打磨一遍,将头遍漆面先基本磨掉,再用潮布擦干净
复补腻子	使用牛角腻板,待色腻子要收刮干净、平滑,无腻子疤痕,不可损伤漆膜
修色	将表面的黑斑、节疤、腻子疤及材色不一致处拼成一色,并绘出木纹
磨砂纸	使用细砂纸轻轻往返打磨,再用湿布擦净粉末
刷第二、第三道清漆	周围环境要整洁,操作同刷第一道清漆,但动作要敏捷,多刷多理,涂刷饱满、不流不坠、光亮均匀。涂刷下一道油漆前油漆干后局部磨平并湿布擦净。接着刷下一道涂料,再用水砂纸磨光、磨平,磨后擦净。重复三遍,要求做到漆膜厚度均匀,棱角、阴角等要打磨到位
刷罩面漆	最后按照要求需要刷一遍罩面漆

🔁 知识拓展

润油粉

其实是木材油漆工程中的一种工艺过程,它是以大白粉为主要原料,再掺加进一些其他油料,制成糨糊状物体后用其揩擦,填补木料表面的操作过程。

第五节 裱糊施工

裱糊施工(图11-6)工艺适用于工业与民用建筑的内墙面、顶棚等的裱糊工程。

图11-6 裱糊施工

（1）基层处理施工做法（表 11-5）

表 11-5　基层处理施工做法

施工步骤	施工方法
混凝土及抹灰基层处理	满刮腻子一遍，砂纸打磨，处理好的基层应该平整光滑，阴阳角线通畅、顺直，无裂痕、崩角，无砂眼、麻点
木质基层处理	接缝不显接槎，接缝、钉眼应用腻子补平；并满刮油性腻子一遍，用砂纸磨平；第二遍可用石膏腻子找平，打磨光，最后用抹布将表面擦净。金属壁纸的木基层处理应与木家具打底方法基本相同，批抹腻子的遍数要求在三遍以上，批抹最后一遍腻子并打平后用软布擦净
石膏板基层处理	批抹腻子处理平整光滑
涂刷防潮底漆和底胶	为了防止壁纸受潮脱胶，一般对要裱糊塑纸、壁布、纸基塑料壁纸、金属壁纸的墙面涂刷防潮底漆。涂刷底漆是为了增加黏结力，防止处理好的基层受潮弄污

知识拓展

混凝土及抹灰基层处理

墙面清扫干净，如有凸凹不平、缺棱掉角或局部面层损坏者，提前修补好并应干燥，预制混凝土表面提前刮石膏腻子找平。对湿度较大的房间和经常潮湿的墙体表面，如需做裱糊时，应采用具有防水性能的壁纸和胶黏剂等材料。

（2）吊直、套方、找规矩、弹线做法

① 按壁纸的标准宽度找规矩，每个墙面的第一条纸都要弹线找直，作为裱糊时的准线。习惯是进门左阴角处开始铺贴第一张，而将调整用的裁切边安排在墙的阴角处。

② 墙面上有门窗口的应增加门窗两边的垂直线。

（3）计算用料、裁纸、润纸的方法

① 按基层实际尺寸进行测量计算，并在每一边增加 2～3cm 作为裁纸量。

② 对有图案的材料，无论是顶棚还是墙面均应从粘贴的第一张开始对花，墙面从上部开始。边裁边编顺序号，以使按顺序粘贴。

③ 凡遇水会发生胀缩的壁纸（如塑料壁纸等），在上墙前，都要先刷一遍清水，再均匀刷黏结剂一遍，使壁纸充分吸湿伸张后再上墙。金属壁纸浸水 1～2min 即可。

（4）刷胶的方法

① 塑料纸基背面和墙面都应涂刷黏结剂，刷胶应厚薄均匀，不裹边、不起堆，以防流出弄脏壁纸。

② 刷胶时，基层表面的刷胶宽度要比壁纸宽约 3cm。

③ 壁纸背面刷胶后，应是胶面与胶面反复对叠，以避免胶干得太快，也便于上墙，并使裱糊的墙面整洁平整。

（5）裱贴

① 裱贴壁纸时，首先要垂直，后对花纹拼缝，再用刮板用力抹压平整。

② 原则是先垂直面，后水平面，先细部后大面。贴垂直面时先上后下，贴水平面时先高后低。

（6）修整的方法

① 壁纸裱糊后，应进行全面检查修补，表面的胶水、斑污应及时擦干净，各处翘角、翘边应进行补胶，并用木棍或橡胶辊压实。

② 有气泡处，可用钉头排气，同时注入胶液，再用辊子压实，如表面有褶皱时，可趁

胶液未干时轻刮。

③ 最后将各处的多余部分用壁纸刀小心裁去。

第六节　地板施工

地板施工（图 11-7）方法主要分为：粘贴式木地板、实铺式木地板和架空式木地板等，每种方式的铺设方法都不同，所以施工时要根据具体的实际情况而定。

图 11-7　地板施工

1. 强化复合地板施工工艺

清理基层→铺设塑料薄膜地垫→粘贴复合地板→安装踢脚板。

2. 木地板施工要点

① 木地板施工时，要将基层上的砂浆、垃圾、尘土等彻底清扫干净。空铺法施工时，地垄墙内的砖头、砂浆、灰屑等应全部清扫干净。

② 龙骨的安装方法。应先在地面做预埋件，以固定木龙骨，预埋件为螺栓及铅丝，预埋件间距为 800mm，从地面钻孔下入。

③ 木地板的安装方法。实铺式木地板应有基面板，基面板使用大芯板。

④ 安装踢脚线。先在墙面上弹出踢脚线的上口线，在地板面弹出踢脚线的出墙厚度线，用 50mm 钉子将踢脚线上下钉牢，再嵌入墙内的预埋木砖上。值得注意的是，墙上预埋的防腐木砖，应突出墙面与粉刷面齐平。接头锯成 45°斜口，接头上下各钻两个小孔，钉入钉帽打扁的铁钉，冲入 2～3mm。

⑤ 铺装木地板的龙骨应使用松木、杉木等不易变形的树种，木龙骨、踢脚板背面均应进行防腐处理。

⑥ 铺装实木地板应避免在大雨、阴雨等气候条件下施工。施工中最好能够保持室内温度、湿度的稳定。

⑦ 同一房间的木地板应一次铺装完，因此要备有充足的辅料，并要及时做好成品保护，严防油渍、果汁等污染表面。安装时挤出的胶液要及时擦掉。

 知识拓展

粘贴式木地板和架空式木地板

粘贴式木地板：在混凝土结构层上用 15mm 厚 1∶3 水泥砂浆找平，现在大多采用不采用高分子黏结剂，将木地板直接粘贴在地面上。

架空式木地板：架空式木地板是在地面先砌地垄墙，然后安装木格栅、毛地板、面层地板。因家庭居室高度较低，这种架空式木地板很少在家庭装饰中使用。

第七节 门窗制作安装

塑钢门窗是以聚氯乙烯树脂为主要原料，加上一定比例的稳定剂、着色剂、填充剂、紫外线吸收剂等，经挤出成型材，然后通过切割、焊接或螺接的方式制成门窗框扇，配装上密封胶条、毛条、五金件等，同时为增强型材的刚性，超过一定长度的型材空腔内需要添加钢衬（加强筋），这样制成的门户窗，称为塑钢门窗（图 11-8）。

1. 划线定位步骤及方法

① 根据设计图纸中门窗的安装位置、尺寸和标高，依据门窗中线向两边量出门窗边线。多层或高层建筑时，以顶层门窗边线为准，用线坠或经纬仪将门窗边线下引，并在各层门窗口处划线标记，对个别不直的边应剔凿处理。

图 11-8 塑钢门窗安装

② 门窗的水平位置应以楼层室内＋50cm 的水平线为准向上反，量出空下皮标高，弹线找直。每一层必须保持窗下皮标高一致。

2. 塑钢门窗披水安装

按施工图纸要求将披水固定在塑钢窗上，且要保证位置正确、安装牢固。

3. 防腐处理要求

① 门窗框四周外表面的防腐处理。如果设计有要求时，按设计要求处理。如果设计没有要求时，可涂刷防腐涂料或粘贴塑料薄膜进行保护，以免水泥砂浆直接与塑钢门窗表面接触，产生电化学反应，腐蚀塑钢门窗。

② 安装塑钢门窗时，如果采用连接铁件固定，则连接铁件，固定件等安装用金属零件，最好用不锈钢件，否则必须进行防腐处理，以免产生电化学反应，腐蚀塑钢门窗。

4. 塑钢门窗安装就位

根据划好的门窗定位线，安装塑钢门窗框，并及时调整好门窗框的水平、垂直及对角线长度等符合质量标准，然后用木楔临时固定。

 知识拓展

安装塑钢门窗框的注意事项

塑钢门窗框、副框和扇的安装必须牢固。固定片或膨胀螺栓的数量与位置应正确，连接方式应符合设计要求。固定点应距窗角、中横框、中竖框 150~200mm，固定点间距应不大于 600mm；塑钢门窗拼模料内衬增强型钢的规格、壁厚必须符合设计要求，型钢应与型材内腔紧密吻合，其两端必须与洞口固定牢固。窗框必须与拼模料连接紧密，固定点间距应不大于 600mm。

5. 塑钢门窗的固定方法

① 当墙体上预埋有铁件时，可把塑钢门窗的铁脚直接与墙体上的预埋铁件焊牢。

② 当墙体上没有预埋铁件时，可用射钉枪把塑钢门窗的铁脚固定在墙体上。

③ 当墙体上没有预埋铁件时，可用金属膨胀螺栓或塑料膨胀螺栓将射钉枪把塑钢门窗的铁脚固定在墙体上。

④ 当墙体上没有预埋铁件时，也可用电钻在墙上打 80mm 深、直径为 6mm 的孔，用 L 形 80mm×50mm 的 $\phi6$ 钢筋，在长的一端粘涂胶水泥浆，然后打入孔中。待胶水泥浆终凝后，再将塑钢门窗的铁脚与埋置的 $\phi6$ 钢筋焊牢。

6. 门窗框与墙体间缝隙间的处理方法

① 塑钢门窗安装固定后，应先进行隐蔽工程验收，合格后及时按设计要求处理门窗框与墙体之间的缝隙。

② 如果设计未要求时，可采用矿棉或玻璃棉毡条分层填塞缝隙，外表面留 5～8mm 深槽口填嵌嵌缝油膏，或在门窗框四周外表面进行防腐处理后，填嵌水泥砂浆或细石混凝土。

7. 门窗扇及门窗玻璃的安装步骤及方法

① 门窗扇和门窗玻璃应在洞口墙体表面装饰完工后安装。

② 推拉门窗在门窗框安装固定后，将配好玻璃的门窗扇整体安入框内滑道，调整好框与扇的缝隙即可。

③ 平开门窗在框与扇格架组装上墙、安装固定好后再安玻璃，即先调整好框与扇的缝隙，再将玻璃安入扇并调整好位置，最后镶嵌密封条、填嵌密封胶。

④ 地弹簧门应在门框及地弹簧主机入地安装固定后再安门扇。先将玻璃嵌入门扇格架并一起入框就位，再调整好框扇缝隙，最后填嵌门扇适度的密封条及密封胶。

8. 安装五金配件

五金配件与门宽用镀锌螺钉连接。安装的五金配件应结实牢固，使用灵活。

第八节　装饰装修常见质量问题

1. 块材贴面墙空鼓、裂缝而出现渗漏的机理

块材贴面墙空鼓、裂缝（图 11-9）而出现渗漏的机理：外墙面上的水，通过块材勾缝上的裂缝、接槎孔隙，进入空鼓块材"空鼓囊"内，这两部分的水如果与砌体的不饱满灰缝相通，则形成有虹吸作用的细孔通道，很容易使水分被内墙粉刷吸附、积聚和散发，形成墙面湿渌水。

图 11-9　块材贴面墙裂缝

产生的原因：产生块材贴面墙空鼓、裂缝和渗漏的原因有多种，除了砌体灰缝不饱满、空头缝多外，还有下面几种。

🔹 **知识拓展**

- -

块材贴面墙空鼓、裂缝和渗漏的处理方法

① 基底清理。使砌体灰缝凹进墙面 8～10mm，用水泥砂浆修补空头缝、脚手洞孔。

② 刮冷糙。在施工前一天，对墙面均匀浇水，清除灰尘，使墙面吸有一定水分，抹水泥砂浆 5~7mm，要用铁抹子压紧划毛。

③ 抹中层灰，厚度一般为 5~7mm，要用铁抹子压浆打平、密实，用刮尺刮平整，等抹灰达到一定强度后，检查平整度，并弹分格线。

④ 勾缝。清除已贴块材缝内的残浆，洒水湿润，以 1:1 水泥细砂砂浆勾缝，缝道凹进块材 1mm，勾缝要密实，不留空缝。

① 基底清理马虎，不认真清理缝道线、浮浆，不能很好地修补洞孔和空头缝，在抹底灰前墙体也不洒水湿润。

② 砂浆打底不管厚度如何，均一遍成活，容易发生裂缝和脱壳。

③ 块材清理不干净或进水不足，粘贴砂浆不饱满，易形成空鼓。

④ 勾缝不密实，接槎不好，有细孔存在。

2. 滴水线过窄、过浅，甚至没有线槽（图 11-10）

滴水线在阻隔沿外墙板的雨水倒流渗入板底天花中起着重要作用，但有些工程却存在着线槽不顺直、太窄、太浅的问题，少数甚至忽略不做，时间一长，雨水对天花和窗框周围内墙的渗透、污染在所难免。

① 导致上述状况发生的原因主要有两点：施工管理人员对滴水线重要性认识不够，听任工人随意施工；施工过程中没有按设计和规范要求进行技术交底及检查。

② 预防滴水线质量问题，关键是增强施工管理人员的质量意识，提高对滴水线作用的认识，在外墙窗台、窗楣、雨棚、阳台、压顶等需做隔水线的部位的施工过程中，要做到认真做好技术交底，随时进行检查验收，不符合要求，坚决返工。

图 11-10　滴水线安装错误

3. 穿板管洞渗漏、积水甚至倒流

卫生间、厨房、阳台穿过楼板的排水管施工要求高，稍一疏忽，就会导致渗漏、地面积水甚至地漏倒流的不良后果。

① 穿板管洞渗漏、积水的原因主要有以下几种。

a. 由于设计上预留孔洞位置改变，重新选位凿穿楼板留孔，工人补塞孔洞四周马虎，留下缝隙。

b. 灌缝混凝土没有按配合比下料，底模漏浆，使灌缝混凝土不密实。

c. 管洞四周及管壁表面不干净，灌浆前润湿不够，使新旧混凝土之间产生干缩裂缝。

② 要加强土建施工与水电安装间的协调，把好审图关，不要随意改变预留孔洞位置，在施工过程中要注意以下的几点。

a. 补塞孔洞要用细石混凝土，细石使用前要用清水冲洗，以免含砂过多，拌成的水泥砂浆应掺少量膨胀剂。

b. 灌缝前要用清水将洞口四周及该处管壁洗刷干净，安装底模要牢固，并与洞口一同湿润。

c. 灌缝时必须捣固密实，并注意洞口内侧向外侧稍微倾斜，安装地漏时还要按斜水坡度满足排水要求。

d. 面层完成后应做蓄水试验，浇水保养一周以上。

第十二章

季节性施工

扫码看视频

管道焊接现场

第一节　冬季施工

1. 土方工程冬季施工（图 12-1）步骤及方法

① 土方开挖，在冬期进行机械施工时，其施工方法应按防火冻结法进行。

② 采用防火冻结法开挖土方的，可在冻结以前，用保温材料覆盖或将表层土翻耕耙松，其翻耕深度应根据当地气温条件确定，一般不小于 30cm。

③ 开挖基坑（槽）或管沟时，必须防止基础下基土受冻。应在基地标高以上预留适当厚度的松土。或用其他保温材料覆盖。如遇开挖土方引起邻近建筑物或构筑物的地基和基础暴露时，应采取防冻措施，以防产生冻结破坏。

图 12-1　土方工程冬季施工

④ 填方工程在冬期施工时，其施工方法需经过技术、经济比较后确定。

⑤ 冬期填方前，应清除基底上的冰雪和保温材料；距离边坡表层 1m 以内不得用冻土填筑；填方上层应用未冻、不冻胀或透水性好的土料填筑，其厚度应符合设计要求。

⑥ 冬期施工室外平均气温在 $-5℃$ 以上时，填方高度不受限制；平均气温在 $-5℃$ 以下时，填方高度按照相关规范执行。但用石块和不含冰块的砂土（不包括粉砂）、碎石类土填筑时可不受相关规定的限制。

⑦ 冬期回填土方，每层铺筑厚度应比常温施工时减少 20％～25％，其中冻土块体积不得超过填方总体积，逐层压（夯）实。回填土方的工作应连续进行，防止基土或已填土方受冻，并且要及时采取防冻措施。

📚 知识拓展

冬期回填土方注意事项

回填管沟时，为防止管道中心线位移或损坏管道。应用人工先在管子周围填土夯实，并应从管道两边同时进行，直至管顶 0.5m 以上，在不损坏管道的情况下，方可采取机械回填和压实。在抹带接口处，防腐绝缘层或电缆周围，应使用细粒土料回填。

2. 钢筋工程冬季施工（图 12-2）步骤及做法（表 12-1）

图 12-2　钢筋工程冬季施工

表 12-1　钢筋工程冬季施工步骤及做法

施工类型	施工做法
钢筋冷拉	钢筋负温冷拉时，可采用控制应力法或控制冷拉率法。对于不能分清炉批的热轧钢筋冷拉，不宜采用控制冷拉率的方法。在负温条件下采用控制应力方法冷拉钢筋时，由于伸长率随温度降低而减小，如控制应力不变，则伸长率不足，钢筋强度将达不到设计要求，因此在负温下冷拉的控制应力较常温提高
钢筋负温焊接	从事钢筋焊接施工的施工人员必须持有焊工上岗证才可上岗操作。负温下钢筋焊接施工可采用闪光对焊、电弧焊（帮条、搭接、坡焊口）及电渣压力焊等焊接方法。焊接钢筋应尽量安排在室内进行，如必须在室外焊接，则环境温度不宜太低，在风雪天气时还应有一定的遮蔽措施。焊接未冷却的接头，严禁碰到冰雪
闪光对焊	负温闪光对焊，宜采用预热闪光焊或闪光-预热-闪光焊工艺。钢筋端面比较平整时，宜采用预热闪光焊；端面不平整时，宜采用闪光-预热-闪光焊工艺。与常温焊接相比，应采取相应的措施，如增加调伸度 10%～20%，提高预热时的接触压力，增长预热间歇时间。施焊时选用的参数可根据焊件的钢种、直径确定
电弧焊接	焊接时必须防止产生过热烧伤、咬肉和裂纹等缺陷，在构造上应防止在接头处产生偏心受力状态。为防止接头热影响区的温度突然增大，进行帮条、搭接电弧焊，应采用分层控温施焊。帮焊条时帮条与主筋之间用四点定位焊固定。搭接焊时用两点固定，定点焊缝离帮条或搭接端部 20mm 以上。坡口焊焊缝根部时，坡口端面以及钢筋与钢垫板之间均应熔合良好
电渣压力焊接	焊接电流的大小应根据钢筋直径和施焊时的环境温度而定。接头药盒拆除的时间宜延长 2min 左右，接头的渣壳宜延长 5min，方可打渣

📚 知识拓展

钢筋负温焊接注意事项

　　钢筋负温焊接，室外焊接温度不宜低于－20℃，风力超过 3 级时应有挡风措施，焊接后未冷却的接头严禁碰到冰雪。气焊夹具拆卸时间比正常环境温度下延迟 3～5min。

3. 地基处理工程冬季施工（图 12-3）步骤及做法

　　① 冬期进行地基与基础施工的工程，除应有建筑场地的工程地质勘察资料外，根据需要尚应提出地基土的主要冻土性能指标。

　　② 建筑场地宜在冻结前清除地上和地下障碍物、地表积水，并应平整场地与道路。冬期及时清除积雪，春融期做好排水。

　　③ 对建（构）筑物的施工控制坐标点、水准点及轴线定位点的埋设应采取防止土壤冻胀、融沉变位和施工振动影响的措施，并应定期复测校正。

　　④ 在冻土上进行打桩和强夯等所产生的振动，对周围建筑物及各种设施有影响时，应

图 12-3 地基处理工程冬季施工

采取隔震措施。

⑤ 地基处理。

a.重锤夯实地基的施工，应在地基土不冻结的状态下进行，并可采取逐段开挖，逐段夯实方法施工。在开挖时宜预留土层厚度，待施夯前再挖除增留部分。对已冻结地基，施夯前应采用解冻方法，待地基土解冻后方可施夯。在砂土地基上施夯需要向基槽内加水时，宜掺入氯盐防冻剂，其浓度应根据气温条件通过试验确定。

b.不应将冻结基土或回填的冻土块夯入基础的持力层。

c.在黏性土或粉土的地基上进行强夯，宜在被夯土层表面铺设粗颗粒材料，并应及时清除黏结在锤底上的土料。

d.冬期施工应及时堆填夯坑并平整场地，其堆填料不得有冰雪及其他杂物。

⑥ 浅埋基础。

a.浅埋基础施工时，同一建筑物的基础应坐落在同一类冻胀性土层上，不得出现坐落在一部分有冻土层，另一部分无冻土层的情况。

b.残留冻土层厚度应符合设计要求。

c.各部位基础施工时应同时进行，不得在同一建筑中一部分基础进行施工，一部分未施工而使地基遭到晾晒。基础施工完毕，应及时回填基侧土。

d.在基础施工中，不得使水或融化雪水浸泡基土。

⑦ 桩基础。在已冻结的地基土上施工挤土桩，当冻土层厚度超过 0.5mm 时，冻土层宜采用钻孔引桩（沉管）工艺，钻孔直径应小于桩径 50mm。也可采用挖出冻土或局部融化冻土等措施进行桩基础施工。

第二节　夏季施工

1. 夏季高温季节施工（图 12-4）的技术措施

（1）砌体工程做法及要求

① 高温季节砌砖，要特别强调砖块的加水，除利用清晨或夜间提前将堆放的砖块充分浇水湿透外，还应在临砌前适当的浇水，使砖块、片石保持湿润，防止砂浆失水过快影响其浆强度和黏结性。

② 砌筑砂浆的稠度要适当地加大，使砂浆有较大的流动性，灰缝容易饱满，亦可在砂浆中加入塑化剂，以提高砂浆的保水性、和易性。

③ 砂浆应随拌随用，对关键部位砌体，要进行必要的遮盖、养护。

（2）混凝土施工步骤及方法

① 混凝土配合比设计应考虑坍落度损失。

② 混凝土宜选用水化热较低的水泥。当掺有缓凝型减水剂时，可根据气温适当增加坍

扫码看视频

管道焊接

图 12-4 夏季高温季节施工

落度。

③ 混凝土浇筑宜选在一天内温度较低的时间进行。

④ 混凝土浇筑前应将模板或基地喷水湿润，浇筑宜连续进行。

⑤ 应加快混凝土的修整速度。修整时，可用喷雾器喷少量水防止表面裂纹，但不准直接往混凝土表面洒水。

2. 夏季高温季节施工的防护措施

① 严格加强易燃、易爆物的管理，合理配置消防器材，防范火灾、爆炸事故的发生。

② 现场设安全员、电工负责检查电机械设备及露天架设的线路，防止由于暴晒引起过热、自燃等。

③ 高温时段发现有身体感觉不适应的员工，及时按防暑降温知识急救方法处理或请医生诊治。

 知识拓展

混凝土施工

混凝土施工时宜选用低化热水泥，合理掺用 S95 矿粉，特别是针对大体积连续墙，配合比中必须掺用矿粉；宜将外加剂参量提高 $1.0\%\sim1.5\%$，即每立方混凝土增加 $0.4\sim0.6$kg 用量，以便降低坍落度损失，确保施工进度。

第三节　雨季施工

雨季施工现场如图 12-5 所示。

1. 土方与基础工程施工步骤及要求

① 雨季进行土方与基础工程时，各施工单位要妥善编制切实可行的施工方案、技术质量措施和安全技术措施，土方开挖前备好水泵。

② 雨季施工，人工或机械挖土时，必须严格按规定放坡，坡度应比平常施工时适当放缓，多备塑料布覆盖，必要时采取边坡喷混凝土保护。地基验槽时节，基坑及边坡一起检验，基坑上口 3m 范围内不得有堆放物和弃土，基坑（槽）挖完后及时组织打混凝土垫层，基坑周围设排水沟和集水井，随时保护排水畅通。

图 12-5　雨季施工现场

③ 施工道路距基坑口不得小于 5m。

④ 坑内施工随时注意边坡的稳定情况，发现裂缝和塌方及时组织撤离，采取加固措施并确认后，方可继续施工。

⑤ 基坑开挖时，应沿基坑边做小土堤，并在基坑四周设集水坑或排水沟，防止地面水灌入基坑。受水浸基坑打垫层前应将稀泥除净方可进行施工。

⑥ 回填时基坑集水要及时排掉，回填土要分层夯实，干容重符合设计及规范要求。

⑦ 施工中，取土、运土、铺填、压实等各道工序应连续进行，雨前应及时压完已填土层，并做成一定坡势，以利排除雨水。

扫码看视频

管道连接

⑧ 混凝土基础施工时考虑随时准备遮盖挡雨和排出积水，防止雨水浸泡、冲刷，影响质量。

⑨ 桩基施工前，除整平场地外，还需碾压密实，四周做好排水沟，防止下雨时造成地表松软，致使打桩机械倾斜影响桩垂直度。钻孔桩基础要随钻、随盖、随灌混凝土。每天下班前不得留有桩孔，防止灌水塌孔。重型土方机械、挖土机械、运输机械要防止场地下面有暗沟、暗洞造成施工机械沉陷。

2. 模板工程施工要求

① 各施工现场模板堆放要下设垫木，上部采取防雨措施，周围不得有积水。

② 模板支撑处地基应坚实或加好垫板，雨后及时检查支撑是否牢固。

③ 拆模后，模板要及时修理并涂刷隔离剂。

3. 钢筋工程施工应注意的事项

① 钢筋应堆放在垫木或石子隔离层上，周围不得有积水，防止钢筋污染、锈蚀。

② 锈蚀严重的钢筋使用前要进行除锈，并试验确定是否降级处理。

4. 混凝土工程施工应注意的问题

① 混凝土浇筑前必须清除模板内的积水。

② 混凝土浇筑时不得在中雨以上进行，遇雨停工时应采取防雨措施。待继续浇灌前应清除表面松散的石子，施工缝应按规定要求进行处理。

③ 混凝土初凝前，应采取防雨措施，用塑料薄膜保护。

④ 浇灌混凝土时，如突然遇雨，要做好临时施工缝，方可收工。雨后继续施工时，先对接合部位进行技术处理后，再进行浇筑。

5. 砌筑工程

① 水泥要堆放在地势较高的地点，必须有防雨、防潮措施，筑炉用耐火材料也应有防雨、防潮措施。

② 遇中、大雨时应停止施工，砌筑表面应采取防雨措施。

6. 脚手架工程施工应注意的事项

① 各工程队雨季施工用的脚手架、龙门架、缆风绳等定期进行安全检查，对施工脚手架周围的排水设施要进行认真清理和修复，确保排水有效，不冲不淹，不陷不沉，发现问题及时处理。

② 脚手架、龙门架地基应坚实，立杆下应设垫木或垫块。

③ 在每次大风或雨后，必须组织人员对脚手架、龙门架及基础进行复查，若有松动则及时处理。

④ 屋面施工必须设置防护栏杆。

 知识拓展

安全措施

施工人员上下施工应设盘道，栏杆要牢固，应拉网封严，踏步设防滑条；雷雨天不宜在室外施工，大雨时应切断电源，防止雷击。高层建筑设避雷设施，塔吊及井架应检查接地电阻，雷雨天停止使用。

参 考 文 献

●
○

［1］ GB 50300—2013.建筑工程施工质量验收统一标准.北京：中国建筑工业出版社，2013.
［2］ GB 50202—2018.建筑地基基础工程施工质量验收标准.北京：中国计划出版社，2018.
［3］ GB 50203—2011.砌体工程施工质量验收规范.北京：中国建筑工业出版社，2011.
［4］ GB 50204—2015.混凝土结构工程施工质量验收规范.北京：中国建筑工业出版社，2015.
［5］ GB 50207—2012.屋面工程施工质量验收规范.北京：中国建筑工业出版社，2012.
［6］ GB 50208—2011.地下防水工程施工质量验收规范.北京：中国建筑工业出版社，2011.
［7］ 上官子昌.实用钢结构施工技术手册.北京：化学工业出版社，2013.
［8］ 土木在线.图解钢结构工程现场施工.北京：机械工业出版社，2013.
［9］ 北京建工集团有限责任公司.建筑分项工程施工工艺标准（上、下册）.3版.北京：中国建筑工业出版社，2008.